Unsicherheit als Herausforderung für die Wissenschaft

WISSEN – KOMPETENZ – TEXT

Herausgegeben von Christian Efing, Britta Hufeisen
und Nina Janich

Band 13

Zu Qualitätssicherung und Peer Review der vorliegenden Publikation

Die Qualität der in dieser Reihe erscheinenden Arbeiten wird vor der Publikation durch externe, von der Herausgeberschaft benannte Gutachter im Double Blind Verfahren geprüft. Dabei ist der Autor der Arbeit den Gutachtern während der Prüfung namentlich nicht bekannt; die Gutachter bleiben anonym.

Notes on the quality assurance and peer review of this publication

Prior to publication, the quality of the work published in this series is double blind reviewed by external referees appointed by the editorship. The referees are not aware of the author's name when performing the review; the referees' names are not disclosed.

Nina Janich / Lisa Rhein (Hrsg.)

Unsicherheit als Herausforderung für die Wissenschaft

Reflexionen aus Natur-, Sozial-
und Geisteswissenschaften

PETER LANG

Bibliografische Information der Deutschen Nationalbibliothek
Die Deutsche Nationalbibliothek verzeichnet diese Publikation
in der Deutschen Nationalbibliografie; detaillierte bibliografische
Daten sind im Internet über http://dnb.d-nb.de abrufbar.

Gedruckt auf alterungsbeständigem, säurefreiem Papier.
Druck und Bindung: CPI books GmbH, Leck

ISSN 1869-523X
ISBN 978-3-631-76104-5 (Print)
E-ISBN 978-3-631-76152-6 (E-PDF)
E-ISBN 978-3-631-76153-3 (EPUB)
E-ISBN 978-3-631-76154-0 (MOBI)
DOI 10.3726/b14379

Peter Lang GmbH
Internationaler Verlag der Wissenschaften
Berlin 2018
Peter Lang – Berlin · Bern · Bruxelles · New York ·
Oxford · Warszawa · Wien

Diese Publikation wurde begutachtet.

www.peterlang.com

Inhaltsverzeichnis

Zukunft & Verantwortung

Nina Janich & Lisa Rhein (Darmstadt)

Einleitung

Nichtwissen • *unsicheres Wissen* • *Wissenslücken* • *fragile Evidenz* • *fragiles Wissen*
Grenzen des Wissens • *Grenzen der Erkenntnis*
konfligierende Evidenz • *Kontroverse*
Modell • *Szenario*
Fehler • *Irrtum*
Risiko

Die Beiträge im vorliegenden Band beschäftigen sich mit Unsicherheiten und Wissen mit unterschiedlicher epistemischer Qualität als Herausforderung für die Wissenschaft. Wissenschaftliches Nichtwissen ist von hoher gesellschaftlicher, politischer und kommerzieller Relevanz. Menschen müssen unter unsicherem Wissen und Nichtwissen handeln und Entscheidungen treffen. Dies stellt die Wissenschaft vor die Aufgabe, ihr Wissen und ihre Zweifel möglichst transparent und klar zu kommunizieren, möglicherweise auch: Empfehlungen an Politik und gesellschaftliche Institutionen und Verbände weiterzugeben, die wiederum staatliche und nicht-staatliche Regulierungen erarbeiten. Ebenso kann damit eine Handlungs- und Entscheidungsorientierung ermöglicht werden. Dabei zeigt sich aber, dass schon die *Benennung* des Nicht-Gewussten mit Hilfe einer der oben genannten, allesamt aus den hier versammelten Beiträgen stammenden Bezeichnungen einen weiten Problemhorizont im Blick auf die Zuschreibung von Unsicherheit eröffnen kann – und damit auch auf einen jeweils unterschiedlichen Umgang mit dieser. Mit der Benennung als *Nichtwissen* oder *Unwissen, Ungesichertheit* oder *Ungewissheit* wird das Nicht-Gewusste oder Nicht-sicher-Gewusste – wenn auch noch relativ unspezifisch – vor einen wissenskulturellen Hintergrund gestellt. Ob etwas, das nicht gewusst wird, als positiv oder negativ, als prinzipiell in Wissen überführbar oder nicht, als Risiko oder Chance etc. wahrgenommen wird, hängt dann von sehr verschiedenen Faktoren ab: von der epistemischen Kultur, von Denkstilen, von Forschungs- und Erkenntniszielen, im Science-Policy-Nexus möglicherweise auch von sachlichem, zeitlichem oder finanziellem Druck.

Konsens der Beiträge ist, dass Unsicherheiten in der Wissenschaft allgegenwärtig und für den wissenschaftlichen Forschungsalltag konstitutiv und damit erstmal ‚normal' sind. Das in verschiedenartigen Erkenntnisprozessen gewonnene

Wissen ist dabei oft vorläufig, fragil und nicht verlässlich, es steht zur Diskussion, wird in weiteren Studien verifiziert oder falsifiziert. Unsicheres Wissen ist also auch Ergebnis einer Kontroverse, wenn verschiedene Evidenzen einander widersprechen, wenn agonale Positionen vertreten werden und dadurch Wissenskonflikte entstehen. Zudem finden Erkenntnisprozesse innerhalb von verschiedenen epistemischen Kulturen auf der Basis unterschiedlicher epistemischer Praktiken statt. Die disziplinäre Arbeitsteilung in der Wissenschaft ermöglicht zwar eine zielgerichtete, hochspezialisierte und effektive Erforschung einer Problemstellung, doch blendet jedes disziplinär fixierte und theoretisch und methodisch fundierte Forschungsbestreben notwendigerweise alternative Sichtweisen aus – der Experte/die Expertin ist in der Regel Laie hinsichtlich des mit fremddisziplinären Methoden gewinnbaren Wissens.

Als Konsequenzen von bzw. Anforderungen an einen verantwortlichen Umgang mit wissenschaftlichen Unsicherheiten sehen die Autorinnen und Autoren in diesem Band zusammenfassend: ein gesteigertes Unsicherheitsbewusstsein (Selbstreflexion), Selbstregulierung, Methodenreflexion, Rationalität, Berufung auf wissenschaftliche Grundwerte, Verantwortungsbereitschaft, Transparenz wissenschaftlicher Verfahren, Sensibilisierung von Wissenschaftspolitik und Wissenschaftsjournalismus für die Ko-Produktion bzw. soziale Konstruktion von Nichtwissen und Wissen. Die Erfüllung dieser Erwartungen könnte dazu beitragen, Unsicherheiten nicht nur in den wissenschaftlichen Erkenntnis- und Reflexionsprozess, sondern auch (besser? überhaupt?) in die externe Wissenschaftskommunikation einzubinden. Damit würde den Unsicherheiten auch die zumindest außerhalb der Wissenschaft oftmals implizite negative Bewertung genommen.

Wie gehen die einzelnen Disziplinen also mit Unsicherheiten in der Forschung um? Was sind die Herausforderungen im Umgang mit Unsicherheiten, was sind die Folgen und Auswirkungen von Nichtwissen und Unsicherheiten für bzw. auf die Gesellschaft? Welche Rollen schreiben sich Wissenschaftlerinnen und Wissenschaftler in einer von Unsicherheiten geprägten Wissenschaftskommunikation zu?

Der erste Teil des Bandes widmet sich aktuellen und zugleich beispielhaften *Problemlagen in der Klima- und Umweltforschung.* Vor allem bei der Prognose klimatischer Veränderungen und deren Folgen stellen Modellierung und anschließende Modellbewertung Wissenschaftlerinnen und Wissenschaftler vor Probleme, da beide Schritte mit Unsicherheiten behaftet sind. Auch die Bewertung der Gefährlichkeit chemischer Stoffe und Stoffgruppen für Mensch und Umwelt ist problematisch. In beiden Fällen sind es vor allem die Komplexität der Daten und Analysen, die Auswahl der entscheidenden Parameter und Wechselwirkungen, die abschließende Bewertungen erschweren bzw. unmöglich machen – und damit Unsicherheit erzeugen. ANDREAS OSCHLIES beleuchtet die Unsicherheiten und Schwierigkeiten der Modellbildung in der Klimaforschung. Die hohe Komplexität der Modelle und die unterschiedliche Verfügbarkeit verschiedener Parameter für die Modellierung bergen bereits Unsicherheiten verschiedensten Typs, und auch die Ergebnisse der Modelle sind aufgrund solcher Ausgangsunsicherheiten sowie fehlender historischer Vergleichsdaten mit Unsicherheit behaftet. Selbst wenn die kontinuierliche Verbesserung der Modellqualitäten letztlich nicht zur Auflösung der Unsicherheiten beitragen könne, so der Autor, so sei die Klimamodellierung trotz allem das Beste, was man habe, um für die Zukunft verantwortungsbewusste Entscheidungen treffen zu können.

HERMANN HELD beschäftigt sich mit den ökonomischen Aspekten der Unsicherheiten in Klimaforschung und Klimapolitik. Da die Klimaökonomik mit Problemen sehr unterschiedlicher Art und Qualität konfrontiert ist, diskutiert er anhand eines Vergleichs verschiedener umweltökonomischer Modelle, wie Unsicherheiten formalisiert und gezielt in volkswirtschaftliche Kalküle eingebunden werden können. In diesem Zusammenhang plädiert er für die ökonomischen Vorteile von stringenteren Klimazielen und Investitionen in die Vermehrung und Verbesserung des wissenschaftlich fundierten Klimawissens.

MARTIN SCHERINGER befasst sich in seinem Beitrag mit der wissenschaftlichen Risikobewertung von Chemikalien in der Umwelt, die ebenso mit Unsicherheiten behaftet ist. Da es keine etablierte und routinierte Vorgehensweise der Risikobewertung von Chemikalien und vor allem ihrer Wechselwirkungen (z. B. im Wasser) gebe, seien Ergebnisse der Bewertung prinzipiell unsicher. Unsicherheiten bestünden dabei auf verschiedenen Ebenen (z. B. Stoffeigenschaften, Effekte aus chemischen Reaktionen zwischen verschiedenen Stoffen in der Umwelt), die in die Modelle und Bewertungen vererbt würden. Daher bedürfe es einer ständigen Methodenreflexion, auch damit Unsicherheit in handhabbare Risiken „übersetzt" und auf dieser Basis umwelt- und wirtschaftspolitische Handlungsempfehlungen ausgesprochen werden könnten.

Der zweite Teil des Bandes fokussiert auf *Unsicherheit in der wissenschaftsinternen und wissenschaftsexternen Kommunikation*. Unsicheres Wissen wird sowohl in wissenschaftlichen als auch in öffentlichen Diskursen offengelegt und kommuniziert – zum Teil mit gravierenden Unterschieden im Hinblick auf die zugrunde liegenden akteursspezifischen Diskursroutinen und Ziele der Thematisierung von wissenschaftlichen Unsicherheiten bzw. fragiler Evidenz.

LISA RHEIN widmet sich aus linguistischer Perspektive der Thematisierung von Nichtwissen und Unsicherheiten in interdisziplinären wissenschaftlichen Diskussionen und damit im Kontext der wissenschafts*internen* Kommunikation. Sie zeigt, dass das Kommunizieren von Nichtwissen und Unsicherheiten – insbesondere außerhalb der eigenen Disziplin – mit einem Imageproblem der Wissenschaftlerinnen und Wissenschaftler verbunden sein kann, wenn in Diskussions- und Aushandlungsprozessen Nichtwissen einzelnen Personen oder Personengruppen zugeschrieben und negativ bewertet wird. Nichtwissen wird in solchen Zuschreibungen mittels eines großen sprachlichen Arsenals angezeigt und dabei zugleich unterschiedlich typisiert und bewertet.

MICHAELA MAIER, LARS GUENTHER, GEORG RUHRMANN, BEREND BARKELA und JUTTA MILDE widmen sich der medialen Vermittlung wissenschaftlicher fragiler Evidenz an die Öffentlichkeit aus kommunikationswissenschaftlicher Perspektive. Sie geben einen Überblick über empirische Befunde zu den Einstellungen, Meinungen und Beweggründen der drei Akteursgruppen der Wissenschaftler/-innen, Journalisten/-innen und des Publikums im Hinblick auf die Thematisierung wissenschaftlicher Unsicherheit. Die drei Akteursgruppen gehen den Autorinnen und Autoren zufolge unterschiedlich mit unsicheren, widersprüchlichen Erkenntnissen und offenen Fragen um. Während konfligierende Evidenz für Wissenschaftler/-innen alltäglich sei und diese auch bereit seien, die anderen Akteursgruppen auf wissenschaftliches Nichtwissen hinzuweisen, werde konfligierende Evidenz von Journalisten/-innen adressatenspezifisch und in Abhängigkeit von den jeweiligen kommunikativen Zielen aufgegriffen. In der Öffentlichkeit wiederum werde gesichertes Wissen zwar positiver bewertet als ungesichertes Wissen; die transparente Kommunikation von letzterem führe aber nicht zwingend zu Verunsicherung.

MONIKA TADDICKEN, ANNE REIF und IMKE HOPPE fragen aus kommunikationswissenschaftlicher Sicht danach, was Laien über den Klimawandel wissen. Sie diskutieren an empirischen Beispielen die methodische Relevanz der Differenzierung von verschiedenen Wissenstypen, in denen Klimawissen repräsentiert sein kann: Orientierungs-, Erklärungs-/Deutungs-, Handlungs- und Quellenwissen. Dabei plädieren sie dafür, auch die jeweilige Sicherheit bzw. Gewissheit dieses Wissens abzufragen, um Fehldeutungen zu vermeiden und ein genaueres Bild auch über Einstellungen zur Wissenschaft zu erhalten.

Teil Drei des Bandes, *Zukunft und Verantwortung*, bündelt vier Aufsätze, die sich im weitesten Sinne und auf der Metaebene mit dem Konzept des verantwortlichen Handelns unter Unsicherheit beschäftigen. Sie zeigen, dass über die Bedeutung des Begriffs ‚Verantwortung' kein Konsens besteht, sondern dass dieser je nach Kontext und abhängig von beteiligten Akteursgruppen unterschiedlich aufgefasst wird. Angesichts unsicherer Zukünfte müsste aber auch der Zusammenhang von Unsicherheit (und ihrer Bewertung) und Verantwortung ergebnisoffener in Wissenschaft und Gesellschaft reflektiert werden.

Nils Matzner und Daniel Barben untersuchen aus sozialwissenschaftlicher Perspektive und mit diskursanalytischen Methoden, wie in verschiedenen Diskursarenen (Wissenschaft, Politik, Think Tanks, Nichtregierungsorganisationen) Unsicherheiten rund um das sog. Geo- oder Climate Engineering und ein damit zusammenhängender Verantwortungsbegriff mit spezifischen Deutungsmustern versehen werden. Vor dem Hintergrund des Forschungsprogramms *Responsible Research and Innovation (RRI)* diskutieren sie die Ergebnisse ihrer Analyse im Hinblick darauf, wie Bedingungen von Unsicherheit in Klimaforschung und Klimapolitik verantwortlich gehandhabt werden können.

Was Wissenschaftler, die derzeit tatsächlich zu den Risiken und Potenzialen von Climate Engineering forschen, konkret unter Verantwortung verstehen und welche Dimensionen und Werte sie diesem Begriff zuordnen, untersuchen Nina Janich und Christiane Stumpf aus linguistischer Perspektive. Anhand von Interviews mit Wissenschaftlerinnen und Wissenschaftlern, die als Projektverantwortliche am Schwerpunktprogramm „Climate Engineering – Risks, Challenges, Opportunities?" (SPP 1689) der Deutschen Forschungsgemeinschaft (DFG) beteiligt sind, rekonstruieren sie deren Sicht darauf, wer wofür und wem gegenüber vor dem Hintergrund welcher Werte verantwortlich ist: Trotz eines breiten Konsenses mit Blick auf die gesamtgesellschaftliche Verantwortung für das Klima und auf verantwortungsbewusste Forschung, sei kontrovers, welche Art von Verantwortung die Wissenschaft in der externen Wissenschaftskommunikation zu übernehmen habe.

Peter Wehling geht davon aus, dass Wissen und Nichtwissen zwangsläufig ko-produziert werden, dass wissenschaftliches Nichtwissen also unvermeidbar ist, ohne dass deshalb aber die Wissenschaft aus der Verantwortung für dieses Nichtwissen entlassen werden dürfe. Ob und wie Nichtwissen erkannt, reflektiert, bearbeitet und kommuniziert werde, sei von der jeweiligen epistemischen Kultur mit ihren jeweiligen Praktiken abhängig. Um die Ko-Produktion von Wissen und Nichtwissen und damit auch die diesbezügliche Verantwortung der Wissenschaft breiter anzuerkennen, sei die Förderung eines stärkeren Unsicherheitsbewusstseins und eine entsprechende ständige Selbstreflexion in der Wissenschaftspraxis und -kommunikation nötig.

Armin Grunwald fordert in seinem den Band beschließenden Beitrag explizit dazu auf, epistemische Unsicherheiten nicht negativ als minderwertig oder als Defizit zu bewerten, sondern als Möglichkeit und Potenzial für die Gestaltung der Zukunft wertzuschätzen. Am Beispiel des unsicheren Zukunftswissens in der Technikfolgenabschätzung macht er deutlich, dass Zukunftswissen umstritten und ambivalent ist, dass dies als Teil der *conditio humana* aber als positiv zu betrachten sei. Er plädiert für eine hermeneutische Herangehensweise an das Problem wissenschaftlicher und technologischer Unsicherheiten, um aus ihnen lernen und auf dieser Basis neue Orientierungen für verschiedene mögliche Zukünfte geben zu können.

Der Sammelband ist das Ergebnis einer Kooperation zweier Schwerpunktprogramme (SPP), die in den letzten Jahren von der Deutschen Forschungsgemeinschaft (DFG) gefördert wurden: dem vor allem sozialwissenschaftlich orientierten SPP 1409 „Wissenschaft und Öffentlichkeit" (http://wissenschaftundoeffentlichkeit.de/) sowie dem mit einem naturwissenschaftlichen Schwerpunkt interdisziplinären SPP 1689 „Climate Engineering – Risks, Challenges, Opportunities?" (https://www.spp-climate-engineering.de/). In beiden Schwerpunktprogrammen wurden und werden Fragen diskutiert und erforscht, die sich mit dem wissenschaftlichen, politischen und öffentlichen Umgang mit wissenschaftlicher Unsicherheit, fragiler Evidenz und Nichtwissen beschäftigen – mit einem Schwerpunkt auf dem Thema Klimawandel. Um über Fach- und Förderprogrammgrenzen hinweg ins Gespräch zu kommen, fand 2015 eine von den beiden Herausgeberinnen im Kontext ihres Forschungsschwerpunktes „Science Communication Research (SciCoRe)" (https://www.linglit.tu-darmstadt.de/index.php?id=scicore) organisierte interdisziplinäre Tagung an der Technischen Universität Darmstadt statt. Hier trafen Vertreterinnen und Vertreter beider SPPs und weitere Gäste aus verschiedenen Disziplinen bei Vorträgen und Diskussion aufeinander – der vorliegende Band dokumentiert diese anregende Zusammenkunft und ihre Ergebnisse. Dabei ist das Ziel des Tagungsbandes nicht in erster Linie, bislang unpublizierte Originaldaten zu präsentieren, sondern aus verschiedenen Disziplinen über Forschungsstand und aktuelle Erkenntnisse zu berichten, um den interdisziplinären Dialog zu befördern und zu erleichtern.

Es sei allen Beiträgerinnen und Beiträgern sowohl zur Tagung als auch zum vorliegenden Sammelband für ihr Interesse, ihre Vortrags- und Diskussionsbereitschaft sowie ihre schriftlichen Beiträge, vor allem aber auch für ihre Geduld im Hinblick auf den Redaktionsprozess vielmals gedankt. Außerdem danken wir einer Reihe von Kolleginnen und Kollegen, die sich für ein Double-Blind-Review-Verfahren zur Verfügung gestellt und den Autorinnen und Autoren konstruktive und anregende Rückmeldungen zu ihren Beiträgen gegeben haben. Niklas Simon und Lukas Daum sei herzlich für die Unterstützung bei der Redaktion und dem Peter Lang Verlag und insbesondere Michael Rücker für Beratung und ebenfalls große Geduld gedankt.

Beispielhafte Problemlagen: Unsicherheiten in der Klima- und Umweltforschung

Andreas Oschlies (Kiel)

Bewertung von Modellqualität und Unsicherheiten in der Klimamodellierung

Abstract: The chapter discusses sources of uncertainties in climate models and their possible impacts on the model results. The three criteria "adequacy", "consistency" and "representativeness" are suggested for a comprehensive assessment of the quality of climate models. The fit to data determines the model's representativeness. For many climate variables, such as precipitation, cloudiness and the climate sensitivity, this has not significantly improved from the second-to-last to the last assessment report of the Intergovernmental Panel on Climate Change (IPCC). However, the level of detailed mechanistic descriptions has increased for a number of processes included in the models, yielding an improved adequacy of these models. Still, with current climate models being still unable to consistently reproduce glacial cycles driven only by orbital parameters, and with the amplitude of climate change expected until the end of the century being of similar amplitude as glacial-interglacial changes, there is still considerable uncertainty regarding how reliable current models' projections of 21st century climate change can be. However, uncertainty must not hinder society to make informed decisions, and it is the responsibility of climate research to provide relevant information regarding the uncertainty of climate model projections.

Keywords: Erdklima – Erdsystemmodelle – Klimamodelle – CO_2-Emissionen – parametrische Unsicherheiten – Adäquatheit – Konsistenz – Repräsentativität

1 Einleitung

Ein Ziel der Klimawissenschaften ist es, ausgehend von bisher beobachteten Klimazuständen und ihren räumlichen und zeitlichen Veränderungen, ein Verständnis derjenigen Prozesse zu gewinnen, die für die Entwicklung des Erdklimas relevant sind. Von besonderer gesellschaftlicher Bedeutung ist dabei die Frage, wie das Klima auf anthropogene Eingriffe reagiert, vor allem auf die Emissionen von Kohlendioxid (CO_2). Diese steigen trotz aller politischen Absichtserklärungen, den Klimawandel begrenzen zu wollen, bisher praktisch ungebremst weiter an und erhöhen damit täglich das Risiko für erhebliche Klimaveränderungen mit vermutlich weitreichenden Auswirkungen auf Natur und Gesellschaft.

Eine in der gesellschaftlichen und klimapolitischen Diskussion etablierte Kenngröße zur Beschreibung des Klimawandels ist die *globale Mitteltemperatur*, die in der Regel die jährlich und räumlich gemittelte Lufttemperatur am Boden über Land und im Wasser an der Meeresoberfläche bezeichnet. Während sie im Alltag in der Regel keine unmittelbare Relevanz hat, sind viele klimatisch und gesellschaftlich bedeutsamere Klimafaktoren wie Niederschlag, die Höhe des Meeresspiegels oder die Intensität von Extremwetterereignissen mit ihr korreliert. So nimmt die globale Mitteltemperatur als leicht verständliche, messbare und damit nachprüfbare und geographisch neutrale Kenngröße eine sinnvolle Rolle in der Klimadebatte ein.

Die globale Mitteltemperatur des Planeten kann seit ungefähr 150 Jahren aus direkten Messungen der Lufttemperatur an der Erdoberfläche recht zuverlässig bestimmt werden. Über diesen Zeitraum zeigt sich bis heute eine Erwärmung von knapp einem Grad Celsius. Projektionen in die Zukunft lassen bei unverändertem CO_2-Emissionsverhalten eine weitere Erwärmung von einigen Grad bis zum Ende des Jahrhunderts erwarten. Diese Erwärmung kann man zu den Temperatur-unterschieden zwischen Eis- und Warmzeiten in Beziehung setzen, die etwa 4 bis 5 Grad Celsius betrugen und überall auf der Erde gravierende Veränderungen der Umweltbedingungen zur Folge hatten. Der heutige Erwärmungstrend wird überlagert von starken zwischenjährlichen Schwankungen von mehreren Zehntel Grad, die eine Folge der natürlichen Klimavariabilität sind und vor allem durch Schwankungen in der Wärmeaufnahme des Ozeans verursacht werden (z. B. El Niño). Der absolute Wert der globalen Mitteltemperatur hängt stark davon ab, wie genau diese Größe im Einzelfall definiert wird (z. B. dem Höhenrelief folgend an der Erd- oder Eisschildoberfläche oder auf Meeresspiegelniveau; über den Weltmeeren als Luft- oder Oberflächenwassertemperatur). Werden jedoch die Veränderungen der globalen Mitteltemperaturen im zeitlichen Verlauf der letzten Jahrzehnte betrachtet, stimmen diese zwischen verschiedenen, voneinander un-abhängigen Analysen unterschiedlicher Forschergruppen sehr genau überein. Die aus dem Grad der Übereinstimmung abgeschätzten Unsicherheiten in den bis-herigen Änderungen der jährlichen Mitteltemperaturen betragen typischerweise weniger als ein Zehntel Grad und ergeben sich vor allem aus der räumlich und zeitlich variierenden Datenabdeckung mit nach wie vor großen Beobachtungs-lücken vor allem über dem Ozean und auf der Südhemisphäre (vgl. Morice et al. 2012).

Die wesentliche Ursache der bisher im 20. und 21. Jahrhundert beobachteten globalen Erwärmung sind anthropogene Emissionen von CO_2 (vgl. aktueller Sach-standsbericht des Weltklimarats, IPCC 2013). Emissionen anderer Treibhausgase (insbesondere Methan), natürliche Klimaschwankungen und Variationen in der Sonnenaktivität spielen für die beobachtete Erwärmung nur eine kleinere Rolle. Weitere CO_2-Emissionen werden nach allem Wissen zu einer weiteren Erderwärmung führen. Geht man von einem steigenden globalen Wirtschaftswachstum aus und dem damit im historischen Kontext stets bedingten Anstieg fossiler Energieerzeugung, dann ist sogar eine Beschleunigung der aktuellen Erwärmungstendenz zu erwarten.

Um konkretere Aussagen darüber zu erhalten, wie sich bei gegebenem Emissionsverhalten das Klima in der Zukunft verändern wird, werden *numerische Klimamodelle* verwendet, in denen, ausgehend von physikalischen Grundgesetzen, das Verhalten von Ozean, Atmosphäre sowie Meer- und Landeis beschrieben wird. Die grundlegenden Gleichungen sind dabei sehr gut bekannt (vgl. Heavens et al. 2013). Sie beruhen auf der klassischen Mechanik und Thermodynamik und sind in einer Vielzahl von Experimenten und Beobachtungen empirisch hervorragend bestätigt. Nicht bekannt ist jedoch, wie diese klassischen Gleichungen exakt gelöst werden können, sobald verschiedene Komponenten auf unterschiedlichen Raum- und Zeitskalen miteinander in Wechselwirkung treten. Aufgrund der fehlenden analytischen Lösung der vollständigen Gleichungen müssen in Klimamodellen numerische Lösungsverfahren angewandt werden, die alleine schon wegen der endlichen Rechenkapazität immer nur eine endliche Zahl von Punkten in Raum und Zeit erfassen können und damit nie das komplette Spektrum aller in der Natur auftretenden Raum- und Zeitskalen abbilden können. Die Effekte der nicht aufgelösten Prozesse (z. B. Wolkenbildung, Vermischung durch kleinskalige turbulente Wirbel in Luft und Wasser) werden durch sogenannte Schließungsansätze näherungsweise beschrieben. Bei der praktischen Anwendung der grundlegenden Gleichungen in Klimamodellen werden außerdem Prozesse herausgefiltert, die in der Natur zwar auftreten, für das betrachtete Problem aber als unwichtig erachtet werden (für Klimavorhersagen sind das z. B. Schallwellen).

Modelle, die neben rein physikalischen Prozessen auch den Kohlenstoffkreislauf und gegebenenfalls weitere Stoffkreisläufe (insbesondere die von Nährstoffen wie Stickstoff, Phosphor, Eisen) berücksichtigen und damit auch die Landvegetation sowie die Chemie und Biologie des Meeres behandeln, werden *Erdsystemmodelle* genannt. Ein konzeptuell wesentlicher Unterschied zu den zuvor skizzierten physikalischen Klimamodellen besteht darin, dass vor allem für die Beschreibung biologischer und ökologischer Prozesse keine etablierten oder aus einfachen Annahmen ableitbaren Gesetze oder Gleichungen bekannt sind. Für die Beschreibung von Ökosystemen ist nicht einmal die Wahl der beschreibenden Kategorien eindeutig und reicht von klassischen Aufteilungen in Pflanzen und Tiere (und ggf. Bakterien, Viren usw.) über Artengruppen mit gleichen Stoffwechselfunktionen hin zu genetischen Merkmalen. Es ist derzeit

unklar, welche Kategorisierung am besten geeignet ist, um den Austausch klima-
relevanter Stoffe auch unter sich ändernden Umweltbedingungen und für sich
ständig anpassende und evolutionär weiterentwickelnde Arten und Ökosysteme
zuverlässig zu beschreiben. Zusätzlich zu den Komponenten des Ökosystems
werden Gleichungen benötigt, die die Stoffflüsse zwischen den Komponenten
beschreiben (u. a. Photosynthese, Nahrungsaufnahme, Verluste durch Fraß und
Tod). Abgesehen von Masseerhaltung gibt es dabei keine allgemeingültigen
ökologischen Grundgleichungen, so dass verschiedene Modelliergruppen auf
unterschiedliche empirisch-pragmatische Ansätze zurückgreifen. Ein systema-
tischer Vergleich der unterschiedlichen Modelle und ihrer Unsicherheiten ist
schon aufgrund der unterschiedlichen Modellstruktur und unterschiedlichen
Anzahl justierbarer Modellparameter schwierig. Auch wenn unterschiedliche
Modelle die vorhandenen Beobachtungsdaten ähnlich gut bzw. schlecht reproduzieren können (vgl. Kriest et al. 2012; Kriest 2017), können sich dieselben
Modelle sehr unterschiedlich verhalten, wenn sie auf bisher nicht beobachtete
Klimazustände angewandt werden (vgl. Löptien/Dietze 2017).

Eine weitere Ursache für Fehler und Unsicherheiten in den Ergebnissen von
Erdsystem- und Klimamodellen ergibt sich aus der *numerischen Implementierung* der Gleichungen. Numerische Verfahren liefern im Allgemeinen lediglich
Näherungslösungen der analytischen Gleichungen. Deren Güte hängt neben
den angewandten Schließungsansätzen (siehe oben) auch von der räumlichen
und zeitlichen Gitterweite des Modells und den verwendeten numerischen
Diskretisierungsverfahren ab. Zur Erklärung: Da das Modell Variablen und
ihre zeitlichen Änderungen nur für jeden Gitterpunkt des diskreten Modell-
gitters ausrechnet (d. h., ein „Pixelbild" der unbekannten richtigen Lösung der
Gleichungen produziert), müssen die kontinuierlichen Gleichungen so umge-
formt werden, dass auch sie nur Werte an diesen Gitterpunkten benötigen und
die Variablen zwischen den Gitterpunkten interpolieren (was zum Beispiel für
die Berechnung von raum-/zeitlichen Ableitungen oder der Varianz von Variablen ein Problem ist). Diese Projektion der kontinuierlichen Gleichungen auf das
Gitterraster des Modells nennt man Diskretisierung. Diskretisierungsverfahren
variieren für verschiedene Klimamodelle (und in der Regel sogar für verschiedene Komponenten eines Modells), unter anderem weil sich Modellentwickler
auf verschiedene Prozesse oder Diskretisierungsansätze fokussieren, aber auch
aufgrund der jeweils zur Verfügung stehenden Rechnerleistung, die entweder
in eine möglichst feine aber rechenintensive Auflösung des Gitterrasters oder
aber in möglichst genaue und ebenfalls rechenintensive Diskretisierungsverfahren investiert werden kann.

Selbst bei identischen Annahmen über die zukünftigen CO_2-Emissionen liefern verschiedene Klima- und Erdsystemmodelle daher unterschiedliche Ergebnisse der simulierten Entwicklung des Erdklimas. Um der Verschiedenheit der Modellergebnisse Rechnung zu tragen, werden z. B. im Sachstandsbericht des Weltklimarats (IPCC 2013) die unterschiedlichen Modelltrajektorien (z. B. der zeitliche Verlauf der globalen Mitteltemperatur) oftmals gemittelt und die Modellstreuung retrospektiv als Unsicherheitsbereich angegeben (vgl. Knutti/ Sedlacek 2013). Es ist bisher aber keineswegs klar, inwieweit die Modellstreuung tatsächlich ein Maß für die Unsicherheit der individuellen Modelle oder der Modellgesamtheit darstellt. Die Verbesserung der Abschätzung von Modellunsicherheiten ist daher derzeit ein aktives Forschungsfeld in der Klimamodellierung.

2 Qualitätsbewertung

Ein Modell ist immer ein vereinfachtes Abbild der Natur. Dies ist eine Prämisse für wissenschaftliche Anwendungen von Modellen, bei denen Hypothesen getestet werden und die komplexe Realität auf die dafür als wesentlich erachteten Prozesse reduziert wird. Dieser reduktionistische Ansatz gilt eingeschränkt ebenso für reine Vorhersageanwendungen, z. B. in der Wettervorhersage oder bei Crash-Tests von Autos. Auch hier muss immer vereinfacht werden, da eben nicht die Lage jedes Atoms zu jedem Zeitpunkt genau beschrieben werden kann und soll, in einer endlichen Zeit die für den Modellbetreiber relevanten Größen aber trotzdem möglichst gut beschrieben werden sollen. Eine perfekte Übereinstimmung eines Modells mit der Natur kann daher schon aus Prinzip niemals erreicht werden. Tatsächlich sind für individuelle Ergebnisse von Klimamodellen die Abweichungen zwischen Wirklichkeit und Modelllösung (z. B. der Temperatur an einem Ort und Zeitpunkt) in der Regel deutlich größer als die Genauigkeit, mit der wir die Realität beobachten können. Dennoch können dieselben Modelle durchaus in der Lage sein, zeitlich und räumlich ausreichend gemittelte Werte (z. B. die globale Mitteltemperatur) sogar innerhalb der Unsicherheiten der beobachtungsgestützten Abschätzungen zu reproduzieren. Welche Kriterien können wir also für ein „gutes" Modell anlegen? Im Folgenden schlage ich die drei Kriterien Adäquatheit, Konsistenz und Repräsentativität vor, die für eine Bewertung von Modellen zum Beispiel der Klimaforschung angewandt werden sollten:

1. *Adäquatheit*: Ein adäquates Modell beinhaltet die für die zugrundeliegende Fragestellung relevanten Prozesse (z. B. Strahlung, Wärmetransport, CO_2-Emissionen) und vernachlässigt unwichtige Prozesse (z. B. Schallwellen). Es

beschreibt relevante Zustandsgrößen, wie z. B. Temperatur, Windgeschwindigkeit oder Biomasse, aber eben nicht die Lokalisation jedes Luft- oder DNA-Moleküls. Der Grad der Relevanz einzelner Prozesse für eine Modellaussage kann z. B. über eine Sensitivitätsanalyse bestimmt werden, bei der die Stärke eines Prozesses in verschiedenen Modellsimulationen unterschiedlich stark eingestellt wird. Wie stark sich die Modellergebnisse unterscheiden, zeigt dann, wie sensitiv das Ergebnis gegenüber einer expliziten Darstellung des Prozesses ist. Eine hohe Sensitivität impliziert eine hohe Relevanz. Während die für die Beschreibung der physikalischen Komponenten des Klimasystems verwendeten Zustandsgrößen recht gut etabliert sind, gibt es bisher keinen Konsens zu den Zustandsvariablen oder gar Zustandsgleichungen, mit denen Ökosysteme gut beschrieben werden könnten. Häufig werden historisch gewachsene Einteilungen in ‚Tiere', ‚Pflanzen' und ‚Bakterien' verwendet, wobei möglicherweise wichtige Gruppen wie ‚Viren' oder das zumindest im Ozean weit verbreitete Prinzip der Mixotrophie (Fähigkeit einiger Organismen, sowohl autotroph Photosynthese zu betreiben als auch heterotroph vom Abbau organischer Substanz zu leben) ignoriert werden. Wir können daher nicht ausschließen, dass relevante Prozesse in den heutigen Modellen noch nicht enthalten sind und dass insbesondere die bisher in Erdsystemmodellen verwendeten Ökosystemkomponenten möglicherweise nicht adäquat sind. Adäquat sein muss auch die numerische Implementierung der Gleichungen. Erdsystemmodelle sind häufig über Jahrzehnte gewachsen und bestehen aus vielen Programmpaketen mit insgesamt einigen hunderttausend Zeilen Code, an denen eine Vielzahl von Wissenschaftlern und Wissenschaftlerinnen bzw. Programmierern und Programmiererinnen geschrieben haben. Auch abgesehen von den trotz aller Sorgfalt immer noch unentdeckten Programmierfehlern, sind numerische Verfahren nicht immer optimal und z. B. häufig mitverantwortlich für die Verletzung der Energieerhaltung in heutigen Klimamodellen (siehe unten).

2. *Konsistenz*: Ein konsistentes Modell erfüllt die für eine Beschreibung des zugrundeliegenden Systems als wichtig erachteten Grundprinzipien wie z. B. Massenerhaltung. Interessanterweise sind heutige Klimamodelle generell zwar massen-, aber nicht energieerhaltend, was nicht wirklich befriedigend ist (z. B. Lucarini/Ragone 2011; Eden 2016). Dies liegt zum Teil (aber nicht nur!) an der Parametrisierung[1] turbulenter Vermischung in der

---

1   Parametrisierungen sind vereinfachte Beschreibungen von Prozessen, die in Modellen nicht vollständig beschrieben werden können.

Atmosphäre und auch im Ozean. Energieerhaltung ist eines der wenigen und erfolgreichen Grundprinzipien der Naturwissenschaften und sollte nicht ohne guten Grund aufgegeben werden. Um ein Modell auf Konsistenz zu prüfen, können neben der Massenerhaltung aber zusätzlich einige idealisierte Testfälle gerechnet werden, für die es analytische Lösungen gibt, z. B. für die Ausbreitung von Wellen. Ebenso geprüft werden kann die Konsistenz mit Vorgängerversionen desselben oder verwandter Modelle sowie zwischen Implementierungen desselben Modells auf unterschiedlichen Rechnern. Diese Konsistenzprüfung ist wichtig, um die Reproduzierbarkeit von Ergebnissen zu gewährleisten, ein wichtiger Pfeiler wissenschaftlicher Praxis. Potenzielle Probleme ergeben sich hier aus aktuellen Beobachtungen, dass Simulationsergebnisse einiger strukturell sehr komplexer, aber durchweg deterministischer Modelle auf parallelen Rechnerarchitekturen nicht immer exakt dieselben Ergebnisse produzieren und sich stärker als durch Rundungsfehler erklärbar unterscheiden, auch wenn das identische, bereits in Maschinensprache übersetzte Programm auf demselben Rechner mehrmals gerechnet wird. Mögliche Ursachen hierfür sind neben bisher unentdeckten Programmierfehlern im Klimamodell, unterschiedliche Zuweisungen von möglicherweise fehlerhaften Prozessoren bei verschiedenen Aufrufen desselben Programms, aber auch Fehler in den Programmen, die die Programmiersprache in Maschinensprache übersetzen.

3. *Repräsentativität*: Dieses Kriterium beinhaltet die Übereinstimmung der Modellergebnisse mit Beobachtungen. Beobachtungen beziehen sich naturgemäß nur auf die Vergangenheit. Da aus der Vergangenheit bisher keine guten Analogien für die zu erwartenden zukünftigen Klimaänderungen bekannt sind, ist eine gute Übereinstimmung mit Beobachtungen nur ein notwendiges, aber kein hinreichendes Kriterium für die Repräsentativität bezüglich der erwarteten zukünftigen Klimazustände. Hier ist zunächst zu klären, gegen welche Beobachtungsgrößen die Modellergebnisse verglichen werden sollen: Jahresmitteltemperatur, Monats-, Tages-, Stundenmittel? Räumliche Mittel? In welcher Höhe/Tiefe? Wie sollen Abweichungen zwischen Modell und Daten gewertet werden? Ist die Standardabweichung ein gutes Maß? Wie sollen Abweichungen von verschiedenen Größen (z. B. Bodentemperatur und Primärproduktion) miteinander verglichen werden? Wie zuverlässig sind die gemessenen Daten? Die Antworten auf diese Fragen bestimmen die Form der Metrik, mit der die Distanz zwischen Modellergebnissen und Beobachtungen gemessen und in eine für die Modellbewertung handliche Anzahl von einem oder wenigen Werten zusammengefasst wird.

Damit ist die Metrik von der jeweiligen wissenschaftlichen Fragestellung abhängig und beinhaltet immer subjektive Elemente, die sich letztlich auch auf die Modellbewertung auswirken.

A priori ist nicht klar, inwieweit aus einer Übereinstimmung von Modellergebnissen mit Beobachtungen aus dem relativ gut beobachteten, klimatisch aber recht stabilen Zeitraum der letzten Jahrzehnte auch auf die Modellqualität bezüglich der erwarteten größeren Klimaänderungen in der Zukunft geschlossen werden kann. Eine Strategie für die Beantwortung dieser Frage besteht in der Verwendung von Daten über große Klimaänderungen in der Erdgeschichte, z. B. den Übergängen zwischen Eis- und Warmzeiten. Solche Daten beruhen in der Regel auf Information aus Klimaarchiven (z. B. Sedimentkerne, Eisbohrkerne, Baumringe, Mineralablagerungen in Höhlen) und stellen häufig nur indirekte Informationen über vergangene Klimazustände dar, was weitere Unsicherheiten in die Modellbewertung induziert.

Alle drei Kriterien werden im Allgemeinen von den einzelnen Modelliergruppen bei der Modellentwicklung, Validation und Verifikation beachtet. Mit Validation wird geprüft, inwieweit ein Modell für den Einsatzzweck geeignet ist, also ob es adäquat und konsistent ist. Bei der Verifikation wird schließlich überprüft, wie genau das Modell die relevanten Aspekte der Realität wiedergeben kann, also wie repräsentativ es ist. Weder für Validation noch für Verifikation gibt es bisher einheitliche Regeln zur Bewertung von Modellqualität. Besonders bei hochgradig komplexen Erdsystemmodellen, die aus einer Vielzahl von gekoppelten Komponenten (z. B. Ozean-, Atmosphären-, terrestrisches Modell) bestehen, ist die Verifikation extrem schwierig. Oft können zwar einzelne Komponenten auf ihre Repräsentativität hin geprüft werden, die Auswirkungen der im nächsten Abschnitt behandelten Unsicherheiten sind für gekoppelte Systeme aber nur sehr schwierig zu kontrollieren und zu bewerten.

3 Unsicherheiten

Einzelne Simulationsergebnisse und damit die Beantwortung der oben diskutierten Frage, in welchem Maß ein Modell repräsentativ ist, hängen von einer Reihe von unsicheren Faktoren ab. Wie bereits erwähnt, gehören dazu die vereinfachte Darstellung von nicht explizit aufgelösten Prozessen (z. B. Turbulenz) sowie die nicht immer genau bekannten Fehler numerischer Diskretisierungsverfahren. Weitere Unsicherheitsquellen resultieren aus der Darstellung von prinzipiell bekannten Faktoren im Erdsystem, wie z. B. der Farbe von Schnee,

Wasser, Wolken, Wüsten oder Vegetation. Diese sind von wesentlicher Bedeutung für den Strahlungshaushalt des Planeten und werden in Klimamodellen häufig mit fest voreingestellten, empirisch gewählten „plausiblen" Werten beschrieben, obwohl die Farbe jeder dieser Oberflächen in der Realität stark variieren kann. Die Darstellung von im Detail unbekannten oder nur sehr schwer messbaren Prozessen, wie z. B. der Sterblichkeit von Algen oder des Fressverhaltens von Zooplankton, generiert ebenfalls Unsicherheiten, die sich auf die Modellergebnisse auswirken können. Effekte solcher *parametrischer Unsicherheiten* können durch Sensitivitätsexperimente abgeschätzt werden, in denen einzelne der unsicheren Parameterwerte variiert werden und der Effekt auf die Modellergebnisse untersucht wird. Dies ist prinzipiell möglich, erfordert jedoch eine Vielzahl von oftmals aufwendigen Modellevaluationen und wird z. B. in der Modellierung von marinen Ökosystemen nur selten durchgeführt (vgl. Arhonditsis/Brett 2004).

Unsicherheiten entstehen außerdem durch ungenau bekannte *Anfangsbedingungen*, von denen aus die Modelle gestartet werden. Ein kompletter Klimazustand ist zu keinem Zeitpunkt (z. B. vorindustriell) genau bekannt. In der Regel werden Modelle daher für viele hundert bis tausend Modelljahre gerechnet, um über diese sogenannte Einschwingzeit einen mit der Modelldynamik konsistenten Klimazustand zu entwickeln, der weitgehend unabhängig von den nur ungenau bekannten Anfangsbedingungen ist. Dennoch wirken sich einige unsichere Faktoren wie beispielsweise der anfängliche Nährstoff- oder Kohlenstoffgehalt des Ozeans auch nach vielen tausend Jahren noch wesentlich auf das Erdsystem aus. Unsicherheiten ergeben sich weiterhin aus den angewandten *Randbedingungen*, d. h. aus Auswirkungen von Prozessen, die nicht mehr Teil des Modellsystems sind und daher als externe Einflussfaktoren vorgeschrieben werden müssen. Dies sind in der Regel die Sonnenaktivität, Vulkanismus und natürlich der Einfluss des Menschen, insbesondere in Form von anthropogenen Treibhausgasemissionen und Landnutzungsänderungen.

Klima- oder Erdsystemmodelle sind im Allgemeinen deterministisch formuliert, d. h., die Modelle beinhalten keine stochastischen Elemente (obwohl ein Einsatz solcher Elemente in einigen Bereichen vielversprechend erscheint, vgl. z. B. Palmer 2014). Unsicherheiten in den Modellergebnissen sind damit für heutige Modelle immer auf Unsicherheiten in den Modellparametern, Modellgleichungen und ihrer numerischen Lösung sowie in den Annahmen über Randbedingungen zurückzuführen. Unsicherheiten in den Randbedingungen können mit Ensemblesimulationen unter variierten Randbedingungen untersucht werden, Unsicherheiten in den Modellparametern durch Kalibration gegen ebenfalls mit Unsicherheiten behaftete Beobachtungsdaten (vgl. Schartau et al. 2016). Unsicherheiten in den Modellgleichungen und ihrer numerischen Umsetzung werden selten diskutiert und in der Regel wider besseren Wissens als klein im Vergleich zu den parametrischen Unsicherheiten angenommen.

4 Auswirkung von Unsicherheiten

Ein häufig verwendeter Indikator für Modellunsicherheiten ist die Qualität von modellierten ‚Vorhersagen' des heutigen Klimazustands oder bereits vergangener Klimazustände. Dies ist in Abbildung 1 für 42 Simulationen verschiedener Klimamodelle für die Abweichungen der globalen Monatsmitteltemperatur der letzten 35 Jahre relativ zum Zeitraum 1961 bis 1990 abgebildet. Alle Modelle wurden gemäß des *Climate Model Intercomparison Projects (CMIP5)* mit denselben beobachteten Treibhausgaskonzentrationen, Landnutzungsänderungen, Aerosolkonzentrationen und astronomischen Parametern angetrieben (vgl. Taylor et al. 2012). Es zeigt sich, dass die Abweichungen der Modellergebnisse von den tatsächlichen Beobachtungen tendenziell mit dem Abstand zum Normierungszeitraum zunehmen (hier der Zeitraum 1961–1990, dessen Mittelwert in dieser Darstellung für jedes einzelne Modell und für die Beobachtungen abgezogen wurde). Abweichungen zwischen Modellen und Daten lassen sich also nicht alleine durch einen konstanten Temperatur-Offset erklären, sondern werden wesentlich durch unterschiedliche Erwärmungsraten als Antwort auf steigende Treibhausgaskonzentrationen verursacht. Diese Erwärmungsrate ist eine zentrale Größe, für die von Klimamodellen präzise Vorhersagen erwartet werden. Die Abbildung zeigt, dass diese Vorhersagen bereits auf dekadischen Zeitskalen (auf denen viele unsichere Prozesse, wie z. B. Eismassenverluste von polaren Eisschilden, noch gar nicht relevant sind) beträchtliche Unterschiede zwischen den einzelnen Modellen aufweisen. So ist die Streuung der simulierten Temperaturanomalien am Ende des Zeitraums mit ca. 0,8 Grad größer als das beobachtete Erwärmungssignal. Es ist weiter sichtbar, dass die interne zwischenjährliche und dekadische Variabilität in Beobachtungen und Modellrealisierungen einige Zehntel Grad beträgt und damit von derselben Größenordnung ist wie die über den betrachteten 35-Jahreszeitraum gemessene Erwärmung.

Abb. 1: Simulierte globale Mitteltemperatur von 42 Klimamodellen des Climate Model Intercomparison Project 5 (CMIP5, Taylor et al. 2012, für jede Simulation relativ zum Mittelwert des Zeitraums 1961–1990 und mit einem gleitenden Mittelwert über 12 Monate geglättet. Farbige Kurven stellen die verschiedenen Modelllösungen dar, die fettgedruckte schwarze Kurve die Beobachtungsdaten (HadCRUT4, Morice et al. 2012).

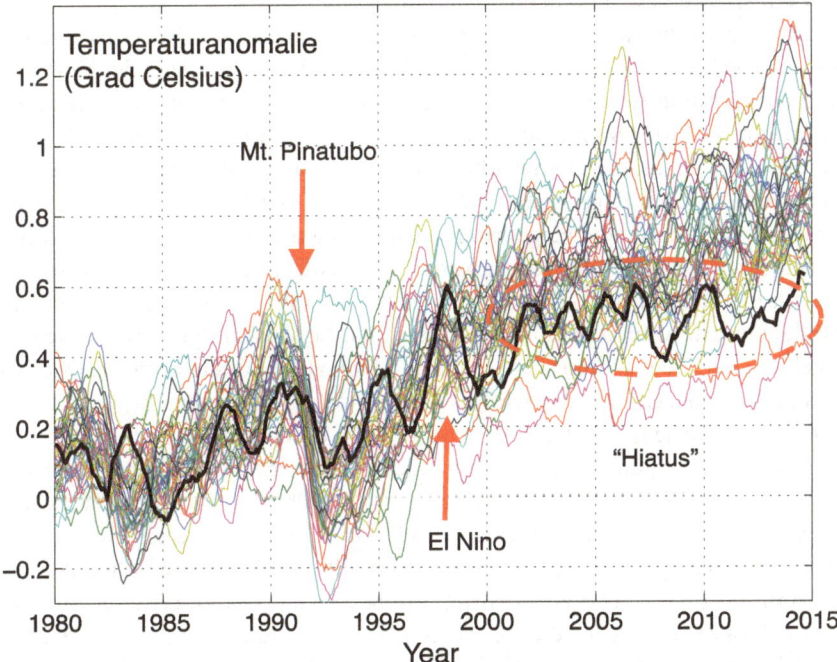

Einige Variationen, insbesondere die Abkühlung nach dem Ausbruch des philippinischen Vulkans Pinatubo im Jahr 1991, werden von den meisten Modellen gut wiedergegeben, was im Wesentlichen auf den externen Modellantrieb mit Aerosoleinträgen durch Vulkanismus zurückzuführen ist und Vertrauen in die Darstellung des kurzwelligen Strahlungsantriebs in Klimamodellen schafft. Andere Variationen, wie die beobachtete starke Erwärmung in den Jahren 1996/1997, die auf die interne Klimafluktuation El Niño zurückzuführen ist, werden von den meisten Modellen nicht zeitgleich korrekt wiedergegeben. Sie sind als interne Schwankung des gekoppelten Ozean-Atmosphäre-Systems nicht in den Antriebsdaten enthalten und finden in den Modellen daher nicht unbedingt zu denselben Zeiten statt wie in der Realität. Eine solche Phasenverschiebung kann trotz dynamisch richtiger Beschreibung der Prozesse zu großen lokalen Abweichungen zwischen Modellergebnissen und Beobachtungsdaten führen. Es bleibt eine große Herausforderung an die Modellbewertung, diejenigen Anteile an den Diskrepanzen zwischen Modellergebnissen und Beobachtungen zu identifizieren, die auf Phasenverschiebungen von internen Schwankungen im Klimasystem zurückgeführt werden können und damit nicht notwendigerweise ein Hinweis auf eine fehlerhafte Beschreibung der Klimadynamik sind.

Längerperiodische interne Schwankungen im Klimasystem wurden u. a. auch als Ursache für den sogenannten „Hiatus", d. h. die Verlangsamung der beobachteten Erwärmung zwischen Mitte der 1990er-Jahre bis 2014, vorgeschlagen (vgl. Schurer et al. 2015; Medhaug et al. 2017). Dass die meisten aktuellen Klimamodelle im Gegensatz zu den Beobachtungen eine ungebremste Fortsetzung des Erwärmungstrends zeigen (Abb. 1; Meehl et al. 2014), könnte demnach auf eine Phasenverschiebung von langperiodischen internen Schwankungen des Klimasystems hinweisen. Solche Schwankungen sind aufgrund des relativ kurzen Beobachtungszeitraums noch nicht komplett verstanden und können damit in Modellbewertungen vermutlich nicht adäquat berücksichtigt werden. Neuere Analysen von Beobachtungsdatensätzen deuten auf eine verstärkte Wärmeaufnahme des tiefen Ozeans als wichtiges Element der verlangsamten Erwärmung an der Erdoberfläche hin (vgl. Drijfhout et al. 2014; Gleckler et al. 2016). Diese verstärkte Wärmeaufnahme wird offensichtlich von den meisten heutigen Modellen zumindest nicht zur richtigen Zeit richtig wiedergegeben. Die Frage, ob es sich hierbei um systematische Modellfehler oder um eine Phasenverschiebung einer ansonsten richtig simulierten internen Variabilität im Klimasystem handelt, ist noch nicht abschließend beantwortet. Ein besseres Verständnis dieser Modell-Daten-Diskrepanz ist für die Bewertung von Modellqualitäten und typischen Unsicherheiten, besonders im Hinblick auf die weitere Entwicklung der globalen Erwärmung, von zentraler Bedeutung.

Während die Modellfehler für Simulationen des heutigen Klimas durch den Vergleich mit vorhandenen Beobachtungen identifiziert und sogar quantifiziert werden können, ist eine Abschätzung der Unsicherheiten der Projektionen in die Zukunft sehr viel schwieriger. In vielen Studien, u. a. in den Sachstandsberichten des Weltklimarats (IPCC 2013), wird die Streuung der Zukunftsprojektionen verschiedener Modelle als Maß der Unsicherheit verwendet. Eine Konvergenz unterschiedlicher Modelle ist jedoch nicht notwendigerweise gleichzusetzen mit einer Reduktion der Unsicherheiten. Konvergenz von Simulationsergebnissen kann z. B. auch durch pragmatisches Publikationsverhalten (die Veröffentlichung von Ausreißern ist oft schwieriger als die Veröffentlichung von Arbeiten, die frühere Ergebnisse bestätigen) oder durch Monopolisierung der Modelllandschaft entstehen. Robustere Kriterien für die Güte von Modellen unter möglichen zukünftigen Klimabedingungen sollten sich aus dem Abgleich von Simulationen vergangener Klimazustände mit der Information aus geologischen Klimaarchiven entwickeln lassen. Dies erfordert allerdings eine sorgfältige Analyse der Beobachtungsdaten und ihrer Aussagekraft hinsichtlich vergangener Klimazustände (z. B. unter Aspekten wie Jahresmittel oder saisonale Mittel? Extremwerte? Wie lokal bzw. regional?), was selbst für die vergangene Eiszeit vor wenigen zehntausend Jahren schwierig ist und für weiter zurückliegende Klimaereignisse mit zunehmender zeitlicher Distanz immer problematischer wird. Dennoch bieten die großen Klimaschwankungen der Vergangenheit eine einzigartige Möglichkeit, die heutigen Modelle unter Bedingungen zu testen, die den erwarteten zukünftigen Änderungen besser entsprechen als der direkt beobachtete Zeitraum der letzten Jahrzehnte. Eine Simulation des letzten glazialen Maximums vor 21 000 Jahren durch heutige Modelle zeigt z. B. eine systematische Überschätzung der simulierten Temperaturabnahme in den Tropen und eine systematische Unterschätzung der Temperaturabnahme im Nordatlantik und für den europäischen Kontinent (vgl. IPCC 2013). Dies lässt auf systematische Modellfehler schließen, die möglicherweise mit dafür verantwortlich sind, dass bis heute kein dynamisch konsistentes und alleine durch Schwankungen der Erdbahnparameter angetriebenes Erdsystemmodell den Wechsel von Eis- und Warmzeiten in einer realistischen Amplitude beschreiben kann.

5 Schlussfolgerungen

Aus dem Vergleich des vierten und des fünften Sachstandsberichts des Weltklimarats (IPCC 2007, 2013) wird deutlich, dass sich die Abweichungen zwischen Modellergebnissen und Beobachtungen im Mittel für viele Größen wie die Oberflächentemperatur verringert haben. Die Übereinstimmung für andere wichtige Klimavariablen, insbesondere Niederschlag, Bewölkung und die Sensitivität des Klimas gegenüber Änderungen im atmosphärischen CO_2-Gehalt, hat sich dagegen nicht wesentlich verbessert (vgl. IPCC 2013). Ebenso hat sich die Streuung der simulierten Vorhersagen der globalen regionalen Mitteltemperatur und Niederschlagsänderungen für das 21. Jahrhundert nicht verringert (vgl. Knutti/ Sedlacek 2013). Während sich aus den Modellergebnissen alleine damit keine Verbesserung der *Repräsentativität* der Modelle und der Genauigkeit von Prognosen ableiten lässt und aus Anwendersicht damit keine Verbesserung in der Qualität der Prognosen sichtbar ist, sind viele Prozesse in moderneren Modellen viel detailgetreuer aufgelöst. Diese Modelle haben daher mehr Freiheitsgrade, sind schwieriger zu kalibrieren und werden in der Regel auch eine stärkere in-

terne Variabilität aufweisen, die für viele Modelle im Vergleich zu den Beobachtungen immer noch zu gering ist. Eine detailliertere Prozessbeschreibung bei
gleichbleibender Streuung der Modellvorhersagen kann jedoch als eine bessere
Darstellung des Prozessverständnisses und damit eine Verbesserung bezüglich
Adäquatheit und ggf. *Konsistenz* gedeutet werden. Trotz unveränderter Übereinstimmung mit Beobachtungen und der Modelle untereinander hat damit die
Qualität der Modelle aus Modellierersicht zugenommen. Umgekehrt muss aber
ein besseres Prozessverständnis nicht automatisch verringerte Unsicherheiten
zur Folge haben.

Da gesellschaftliche Entscheidungen über die weiteren Wege der Klimapolitik
wesentlich von den Simulationsergebnissen von Erdsystemmodellen beeinflusst
werden, ist eine Bewertung der Modelle und ihrer Unsicherheiten dringend erforderlich. Bisher gibt es dafür keine einheitlichen Bewertungsmetriken, und die
Modellbewertung läuft in der Regel nach bestem Wissen und Gewissen der jeweiligen Modellentwickler und Anwender ab. Die Sachstandsberichte des Weltklimarats stellen eine hervorragende Übersicht über die Qualität der heutigen Modelle
bezüglich der Simulation vergangener und aktueller Klimazustände dar. Für viele,
aber nicht für alle Klimavariablen werden die Abweichungen der Simulationsergebnisse von den Beobachtungen dabei mit der Zeit kleiner. Modelle simulieren
jedoch immer noch eine im Allgemeinen zu geringe interne Klimavariabilität,
und es gibt bisher kein dynamisch konsistentes und alleine durch Schwankungen
der Erdbahnparameter angetriebenes Modell, das Übergänge zwischen Eis- und
Warmzeiten simulieren könnte. Dies wirft Zweifel bezüglich der Zuverlässigkeit
auf, mit der heutige Modelle die bereits für dieses Jahrhundert erwarteten Klimaänderungen simulieren können, die in ihrer Amplitude vermutlich ähnlich groß
sein werden wie die Unterschiede zur letzten Eiszeit. Letztlich sind diese Modelle
jedoch das beste Werkzeug, das wir für Projektionen in die Zukunft haben. Sie
enthalten den besten Stand des Wissens und sind im wissenschaftlichen Wettbewerb einer ständigen Überprüfung ausgesetzt. Auch wenn weitere Modellver-
besserungen, einhergehend mit verbesserten Methoden zur Modellbewertung,
das Vertrauen in Modelle weiter stärken sollten, können und müssen politische
und gesellschaftliche Entscheidungen natürlich auch unter den aktuellen Unsicherheiten getroffen werden. Entscheiden unter Unsicherheiten ist auch in
anderen Lebensbereichen alltäglich, es sollte daher auch in der Klimapolitik gelingen können. Eine wesentliche Herausforderung an die Klimaforschung sehe
ich darin, diese Unsicherheiten besser zu beschreiben, abzuschätzen und für die
Allgemeinheit zugänglich darzustellen.

Literatur

Arhonditsis, George B./Brett, Michael T. (2004): Evaluation of the current state of mechanistic aquatic biogeochemical modeling. Marine Ecology Progress Series 271, 13–26.

Drijfhout, Sybren S./Blaker, Adam T./Josey, Simon A./Nurser, A. J. George/Sinha, Bablu/Balmaseda, Magdalena A. (2014): Surface warming hiatus caused by increased heat uptake across multiple ocean basins. In: Geophysical Research Letters 41.22, 7868–7874.

Eden, Carsten (2016): Closing the energy cycle in an ocean model. In: Ocean Modelling 101, 30–42.

Gleckler, Peter J./Durack, Paul J./Stouffer, Ronald J./Johnson, Gregory C./Forest, Chris E. (2016): Industrial-era global ocean heat uptake doubles in recent decades. In: Nature Climate Change 6.4, 394–398.

Heavens, Nicholas G./Ward, Daniel S./Mahowald, Natalie M. (2013): Studying and Projecting Climate Change with Earth System Models. In: Nature Education Knowledge 4.5, 4.

IPCC (2007): Solomon, Susan/Qin, Dahe/Manning, Martin/Chen, Zhenlin/Marquis, M./Averyt, K. B./Tignor, Melinda M. B./Miller, H. L. (Hrsg.): Climate Change 2007: The Physical Science Basis. Contribution of Working Group I to the Fourth Assessment Report of the Intergovernmental Panel on Climate Change, Cambridge.

IPCC (2013): Summary for Policymakers. In: Stocker, Thomas F./Qin, Dahe/Plattner, Gian-Kaspe/Tignor, Melinda M. B./Allen, Simon K./Boschung, Judith/Nauels, Alexander/Xia, Yu/Bex, Vincent Pauline M. (Hrsg.): Climate Change 2013: The Physical Science Basis. Contribution of Working Group I to the Fifth Assessment Report of the Intergovernmental Panel on Climate Change, Cambridge/New York.

Kriest, Iris (2017): Calibration of a simple and a complex model of global marine biogeochemistry. In: Biogeosciences 14.21, 4965–4984.

Kriest, Iris/Oschlies, Andreas/Khatiwala, Samar (2012): Sensitivity analysis of simple global marine biogeochemical models. In: Global Biogeochemistry Cycles 26, GB2029, DOI: 10.1029/2011GB004072.

Knutti, Reto/Sedlacek, Jan (2013): Robustness and uncertainties in the new CMIP5 climate model projections. In: Nature Climate Change 3.4, 369–373.

Löptien Ulrike/Dietze, Heiner (2017): Effects of parameter indeterminacy in pelagic biogeochemical modules of earth system models on projections into a warming future: The scale of the problem. In: Global Biogeochemical Cycles 31.7, 1155–1172.

Lucarini, Valerio/Ragone, Francesco (2011): Energetics of climate models: Net energy balance and meridional enthalpy transport. In: Reviews of Geophysics 49.1, DOI: 10.1029/2009RG000323.

Medhaug, Iselin/Stolpe, Martin B./Fischer, Erich M./Knutti, Reto (2017): Reconciling controversies about the 'global warming hiatus'. In: Nature 545, 41–47.

Meehl, Gerald A./Teng, Hayian/Arblaster, Julie M. (2014): Climate model simulations of the observed early-2000s hiatus of global warming. In: Nature Climate Change 4.10, 898–902.

Morice, Colin P./Kennedy, John J./Rayner, Nick A./Jones, Phil D. (2012): Quantifying uncertainties in global and regional temperature change using an ensemble of observational estimates: the HadCRUT4 dataset. In: Journal of Geophysical Research 117, DOI: 10.1029/2011JD017187.

Palmer, Tim N. (2014): More reliable forecasts with less precise computations: a fast-track route to cloud-resolved weather and climate simulators? In: Philosophical Transactions of the Royal Society of London A: Mathematical, Physical and Engineering Sciences 372 (2018).

Schartau, Markus/Wallhead, Philip/Hemmings, John/Löptien, Ulrike/Kriest, Iris/Krishna, Shubham/Ward, Ben A./Slawig, Thomas/Oschlies, Andreas (2016): Reviews and syntheses: parameter identification in marine planktonic ecosystem modelling. In: Biogeosciences Discussions, DOI: 10.5194/bg-2016-242.

Schurer, Andrew P./Hegerl, Gabriele C./Obrochta, Stephen P. (2015): Determining the likelihood of pauses and surges in global warming. In: Geophysical Research Letters 42.14, 5974–5982.

Taylor, Karl E./Stouffer, Ronald J./Meehl, Gerald A. (2012): An overview of CMIP5 and the experiment design. In: Bulletin of the American Meteorological Society 93.4, 485–498.

Hermann Held (Hamburg)

Der ökonomische Wert von Klimainformation: Zur Neuinterpretation von Klimazielen unter antizipiertem Lernen

Abstract: How much would a rational decision maker be willing to invest in the reduction of uncertainty of climate projections by an order of magnitude? This seemingly technical question requires shedding some light on the foundations of the two leading schools of thought within climate economics: cost benefit and cost effectiveness analysis. While the former takes off from the most solid axiomatic basis, its results are currently not robust regarding some hard to determine input parameters. The latter operationalizes politically decided environmental targets that can be interpreted as an expression of strong sustainability. The 2°C target is of that sort. However under anticipated future learning fundamental conceptual difficulties appear within an interpretation as a hard limit. We offer a new, softer interpretation of the 2°C target that avoids these difficulties. Among other advantages of this new interpretation the question about the expected economic value of the reduction of climate response uncertainty regarding greenhouse gas emissions becomes a well-posed one. Perfect learning in that regard could on average save up to hundreds of billions of Euros per year if a stringent 2°C policy were pursued. It remains to be shown whether our softer interpretation is the only interpretation of a target that would be consistent with learning, or whether a third way between the traditional "hard" and our "soft" interpretation were possible.

Keywords: Unsicherheit – Risiko – Standardansatz – Vorsorgeansatz – Kosten-Nutzen-Analyse – Kosten-Effektivitäts-Analyse – Kosten-Risiko-Analyse – Klimapolitik

1 Einführung

Welchen ökonomischen Wert hätte es, die Unsicherheit von Klimaprojektionen zu verringern? Mit dieser Frage verbindet sich zunächst eine praktische Bedeutung, denn mit ihrer Beantwortung hängt eine zweite Frage eng zusammen, in welchem Umfang Klimawissenschaften vielleicht beschleunigt zu fördern wären, falls die Gesellschaft sich ernst gemeinte Klimaziele setzt. Dass der Eliminierung von Unsicherheit überhaupt ein ökonomischer Wert zuzuweisen ist, liegt letztlich daran, dass bessere Information über die Zukunft der Gesellschaft eine bessere Planbarkeit ermöglicht und sie sich dann nur noch gegenüber einem engeren Spektrum von Zukünften abzusichern braucht.

Hinter dieser technokratisch wirkenden Eingangsfrage verbergen sich jedoch
bislang ungeklärte Grundsatzfragen zur Bewertung von Klimapolitik-Optionen
unter heterogener Unsicherheit. Unter *Unsicherheit* verstehen wir hier die Wis-
sensdifferenz zu perfektem Wissen (insbesondere über die Konsequenzen unserer Entscheidungen) und folgen hierin der Definition des Weltklimarates IPCC
(*International Panel for Climate Change*) (vgl. Mastrandrea et al. 2010): In Vorbereitung auf seinen fünften Sachstandsbericht (2013/2014) hatte sich der IPCC
erstmalig dem Anspruch unterzogen, sich auf einen für alle seine drei Arbeitsgruppen verbindlichen Umgang mit Unsicherheit zu verständigen. In Bezug auf
den Begriff der Unsicherheit selbst musste er sich im Wesentlichen zwischen
zwei Begriffstraditionen entscheiden – derjenigen der Klimawissenschaft und
derjenigen der Ökonomie. Die Klimawissenschaft versteht unter *Unsicherheit*
das Komplement des Wissens – also alles dasjenige, was im jeweiligen Kontext
an wünschbarem Wissen fehlt. Probabilistisch formulierbares Wissen stellt hierbei nur eine von mehreren Unsicherheitskategorien dar. Hingegen grenzt ein
Teil der ökonomischen Community seit Knight (1921) *Unsicherheit* von *Risiko*
ab: *Risiko* bezeichnet hier die Möglichkeit, Handlungsfolgen-Kategorien vollständig und probabilistisch gewichtet prognostizieren zu können. *Unsicherheit*
bezeichnet demgegenüber die Situation, keine solchen probabilistischen Gewichte
oder noch nicht einmal alle Handlungsfolgen-Kategorien angeben zu können,
markiert gewissermaßen „weicheres" Wissen. Der IPCC ist der Tradition der
Klimawissenschaft gefolgt (vgl. Mastrandrea et al. 2010) und wir schließen uns
dem hier an: *Unsicherheit* stellt daher einen Sammelbegriff dar für alles, was wir
in einem bestimmten Kontext nicht wissen, aber gern wissen würden. *Hetero-
gene Unsicherheit* möge hier den Umstand bezeichnen, dass wir derzeit gewisse
Subsysteme des gekoppelten Systems aus Klima und Gesellschaft mit qualitativ
größerer Unsicherheit als andere Subsysteme zu beschreiben vermögen.

Im Folgenden wird ausgeführt, dass die beiden derzeit prominentesten und seit
zwei Jahrzehnten betriebenen Schulen der Klimaökonomik grundlegende konzeptionelle Schwierigkeiten damit haben, unter unserer derzeitigen Wissens- und
zugehörigen Unsicherheitsstruktur des Klimaproblems robuste Empfehlungen zu
liefern. Aus diesem Grunde schlugen wir vor einigen Jahren einen Hybridansatz
beider Schulen vor (vgl. Schmidt et al. 2011). Dieser erlaubt es u. a. erstmalig, den
ökonomischen Wert der Verringerung von Unsicherheit unter einer 2°C-Politik
als gut gestellte Frage zu formulieren und damit auch zu beantworten. Daher sollen nun zunächst die beiden Standardansätze der Klimaökonomik vorgestellt und
in ihren Konsequenzen für Klimapolitik-Empfehlungen ausgeleuchtet werden.

Hierbei wird besonderes Augenmerk auf ihren Umgang mit Unsicherheit gerichtet. Schließlich werden unser Hybridansatz und dessen Konsequenzen erläutert. Entlang dieser Sequenz wird auf Qualitätskriterien eingegangen werden, die uns als notwendig oder zumindest wünschenswert erscheinen, um beim heutigen Stand des Wissens (natürlich stilisierte) klimapolitische Empfehlungen unter Unsicherheit abzuleiten. Die Liste derartiger Qualitätskriterien liest sich wie folgt:

1. Dass Unsicherheit im betrachteten Problem einen Effekt erster Ordnung darstellt, legt nahe, Unsicherheit auch explizit bei klimapolitischen Entscheidungen zu berücksichtigen.

2. Da unstrittig ist, dass derzeit keine Obergrenze für die Sensitivität des Klimasystems gegenüber anthropogenen Treibhausgas-Antrieben angegeben werden kann, darf ein Entscheidungskriterium auch nicht rein numerisch-pragmatisch eine derartige Obergrenze als Hilfsgröße annehmen.

3. Angesichts andauernder Beobachtung des Klimasystems sowie fortgesetzt verfeinerter Beschreibung naturräumlicher Prozesse, die diese Sensitivität festlegen, ist davon auszugehen, dass wir kontinuierlich über die Sensitivität des Klimasystems dazulernen. Die Meinungen gehen darüber auseinander, wie zügig dieser Lernprozess voranschreiten kann. Wir halten es jedoch für wünschenswert, denjenigen, die eine bestimmte Erwartungshaltung hinsichtlich signifikanten Dazulernens einnehmen, ein Angebot zu machen – ein Angebot in Gestalt eines Entscheidungskalküls, das mit der Vorstellung eines Dazulernens über die Sensitivität des Klimasystems nicht strukturell überfordert ist.

4. Die Meinungen gehen weit darüber auseinander, bis zu welchem Grade die Klimawandelfolgen in ihrer Gesamtheit derzeit überhaupt darstellbar und dann auch noch monetarisierbar sind. Uns erscheint es als wünschenswert, denjenigen, die eine derartige Monetarisierung beim derzeitigen Kenntnisstand als so schwierig erachten, dass jedweder Unsicherheits-Formalismus überfordert wäre, ein Entscheidungskalkül anbieten zu können, das ohne eine derartige Monetarisierung auskommt.

5. Ferner ist als „Meta-Kriterium" zu fordern, dass sämtliche Eingangsgrößen, die ein Entscheidungskalkül benötigt, auch tatsächlich und robust angegeben werden können.

6. Schließlich wird man dem „Meta-Kriterium" zustimmen müssen, dass ein Kalkül eine Lösung zu liefern hat, andernfalls ist es schlicht nutzlos für eine Gesellschaft.

Diese Liste wünschbarer Eigenschaften von Entscheidungskalkülen ist selbstverständlich nicht vollständig. Etwa fehlt der Wunsch, dass sämtliche „Win-win-

Optionen" abgeschöpft sein mögen, dass also z. B. nicht nutzlos „Geld verbrannt"
werde. Jedoch möchten wir hier auf diejenigen Eigenschaften fokussieren, hinsichtlich derer sich die prominenten klimaökonomischen Schulen in Bezug auf
ihren Umgang mit heterogener Unsicherheit unterscheiden.

2 Unsichere Folgen des Klimawandels: Zwei Begründungsstränge für Klimaschutz

Die beiden oben erwähnten klimaökonomischen Schulen wurzeln in je unterschiedlichen Auffassungen darüber, welche Gründe für klimapolitische Eingriffe
akzeptiert werden. Im Folgenden wird dieses an der Klimapolitik-Option ‚Vermeidung' (im Gegensatz zu den Optionen ‚Anpassung' und ‚Climate Engineering')
illustriert, weil sich hierzu der klimaökonomische Diskurs als am ausgereiftesten
darstellt und wir fragen können, was sich hiervon für die Beurteilung von An-
passungs- und *Climate-Engineering*-Optionen nutzen ließe.

Der Standardansatz der Umweltökonomie zielt darauf, das Kabinett sämtlicher
Klimawandelfolgen auszuleuchten, diese zu listen und zu monetarisieren. Sollte
sich herausstellen, dass ein sich selbst überlassener Klimawandel in der Summe
schädlicher wäre als die Dekarbonisierung des Energiesystems, könnte dieses den
„rationalen" Grund für eine Vermeidungspolitik liefern.

Liest man hingegen den gegenwärtigen Wissensatlas der Klimafolgenforschung
so, dass jenseits gewisser Erwärmungswerte die Folgen noch nicht näherungsweise absehbar, angebbar oder gar monetarisierbar sind, könnte dieses ein Argument dafür liefern, eine entsprechende Erwärmung zumindest solange nicht
zuzulassen, wie sich die Wissensbasis entsprechend mager darstellt. Dieses würde
eine Umsetzung des Vorsorgeprinzips bedeuten. Gemäß diesem zweiten und
entgegen dem ersten Ansatz würde sich eine Empfehlung für eine Vermeidungspolitik gerade aus einem *Fehlen an Wissen* ableiten. (Hierbei sollen keineswegs
die Verdienste der Klimafolgenforschung geschmälert werden. Ein großer Anteil
der klimawissenschaftlichen Zunft hegt jedoch Zweifel daran, dass die Totalität
der Klimawandelfolgen für beliebige Erwärmungen zurzeit näherungsweise monetarisierbar sei, aller bislang erfolgten Anstrengungen zum Trotz.) Jedem dieser
beiden Ansätze entspricht nun eine „ökonomische Schule".

2.1 Der umweltökonomische Standardansatz

Aus dem Standardansatz folgt, im Verein mit weiteren Annahmen, die Kosten-
Nutzen-Analyse der Umweltökonomik, das axiomatisch am besten begründbare
Entscheidungs-Kalkül (vgl. Kunreuther et al. 2014; Savage 1954; von Neumann/

Morgenstern 1944). Das bedeutet, dass dieses Entscheidungskalkül auf wenige, scheinbar unmittelbar einleuchtende Annahmen zurückgeführt werden kann. Aufwendungen zur Umrüstung des Energiesystems, die bereits heute beginnen könnte, werden mit dadurch künftig vermiedenen Schäden verrechnet. Hierbei bezieht sich „künftig" auf die dem Klimasystem inhärente Antwort-Zeitskala von 50 bis 1000 Jahren. Hieraus folgt sofort, dass die Frage, wieviel in den kommenden Jahrzehnten in Vermeidungspolitik zu investieren ist, wesentlich von der ökonomischen Diskontierung der Zukunft abhängt (d. h. dem Ausmaß, in dem die Zukunft gegenüber der Gegenwart abgewertet wird; auf eine derartige Abwertung läuft auch der Zins hinaus). Ein seit den 1990er-Jahren häufig in Varianten gefundenes Ergebnis der Kosten-Nutzen-Analyse (siehe z. B. Nordhaus 2008) ist, dass eine Erwärmung um 3,5°C gegenüber dem vorindustriellen Niveau wohlfahrtsoptimal ist und in diesem Zuge in den kommenden drei Jahrzehnten im Wesentlichen die globalen Emissionen einem *Business-as-usual*-Szenario folgen könnten. Insofern wären gegenüber den bereits erfolgten Minderungsverpflichtungen der letzten *Conference of the Parties* (2015) keinerlei weitere Anstrengungen erforderlich, die Opferung des 2°C-Ziels wäre volkswirtschaftlich rational.

Kritiker haben auf die hohe Sensitivität dieser Empfehlung gegenüber Zusatzannahmen unter Unsicherheit hingewiesen (vgl. Kolstad et al. 2014; Nelson 2013; Stern 2013). Am wohl stärksten hat jedoch Weitzman (2009) die aktuelle Verwendbarkeit der Kosten-Nutzen-Analyse des Klimaproblems für Politikberatung in Frage gestellt: Er legte dar, dass eine konsequente Übernahme der Klimasensitivitäts-Wahrscheinlichkeitsverteilung (d. h. des Übertragungsfaktors von Treibhausgaskonzentration auf Temperatur) in eine Kosten-Nutzen-Analyse unter möglichen extremen Annahmen bezüglich Klimawandelfolgen zu einem „unendlich großen" Klimawandelschaden führen könne. Auf der Linie dieses Ansatzes liegt dann, dass wir eigentlich sofort eine maximal mögliche Vermeidungspolitik umsetzen müssten. (Zwar verwiesen Horowitz und Lange [2014] Weitzmans Ansatz auf einen engeren Gültigkeitsbereich, doch bleibt die Validität des Arguments als solche bestehen.) Man kann nun argumentieren, dieses sei das Beste, was die ökonomische Zunft derzeit liefern könne – die getroffenen Annahmen müssten eben Stakeholdern gegenüber transparent und die je folgende Empfehlung, die von nahezu „keiner" bis zu „totaler" sofortiger Vermeidungsanstrengung reichen kann, klar kommuniziert werden. Dieses ist eine Haltung, die durchaus nachvollziehbar eingenommen werden kann.

Man könnte jedoch auch dafür plädieren, dass eine Kosten-Nutzen-Analyse derzeit die klimawissenschaftliche Community in Bezug auf ihre Eingangsdatenseite überfordert. Die Unsicherheit der Klimawandelfolgen und ihrer Bewertung ist derzeit zu groß, um robuste Ergebnisse zu ermöglichen. Vermehrte Forschungsanstrengungen in entsprechender Richtung könnten hier schrittweise Abhilfe schaffen, jedoch besteht bereits heute gesellschaftlicher Bedarf an wissenschaftlicher Entscheidungs-Unterstützung, die Annahmen in greifbarerer Form als im Fall der Kosten-Nutzen-Analyse von Stakeholdern verlangt. Wegen des Budget-Effekts von Treibhausgasen (d. h. der Erkenntnis, dass einem Temperaturziel approximativ ein bestimmtes Budget an Kohlendioxid oder Kohlendioxidäquivalenten, über die Zeit summiert, entspricht) schließt sich das Fenster für das 2°C-Ziel in den kommenden zehn bis zwanzig Jahren (vgl. Meinshausen et al. 2009). Zudem wird durch die notwendige Renovierung des OECD-Kraftwerksparks und den Aufbau eines Energiesystems in den Schwellenländern eine Klimapolitik dieser Akteure in den kommenden zwei Jahrzehnten wesentlich festgelegt. Sollte die Kosten-Nutzen-Analyse eines Tages adäquat operationalisierbar sein, könnte es für die Gestaltung des realweltlichen Klimaproblems daher bereits zu spät sein.

In Bezug auf unseren eingangs angegebenen Forderungskatalog können wir zunächst festhalten, dass dieses Standardverfahren die Kriterien 1–3 erfüllt, was wir hier nicht im Einzelnen begründen können (siehe z. B. Gollier 2001). Kriterium 4 kann und will qua Konstruktion nicht erfüllt werden. Das Meta-Kriterium 5 ist jedoch aus unserer Sicht bis auf weiteres verletzt. Das Standardverfahren fordert Informationen, die derzeit nur unzureichend zur Verfügung stehen, und seine Ergebnisse reagieren nahezu beliebig auf schwer bestimmbare Eingangsgrößen. Schließlich wird das Meta-Kriterium 6 qua Konstruktion erfüllt, weil dem Standardverfahren eine unbeschränkte Optimierung zugrunde liegt, zu der stets eine formale Lösung gefunden werden kann.

Aus diesem Grunde vertritt ein Teil der klimaökonomischen Community eine Temperaturziel-gebundene *Kosten-Effektivitäts-Analyse* als notwendigerweise weniger objektives – minimal weniger objektives! –, jedoch kurzfristig verfügbares Entscheidungsinstrument (vgl. Kunreuther et al. 2014).

2.2 Eine mögliche Umsetzung des Vorsorgeprinzips: Die Kosten-Effektivitäts-Analyse des 2°C-Ziels

Wie ließe sich nun das Vorsorgeprinzip am Klimaproblem operationalisieren? Man kann fragen, welche natürliche Schwankungsbreite die globale Mitteltemperatur während der Entwicklung der Menschheit bereits erfahren hat. In der Tat wurden Erwärmungen gegenüber unserem vorindustriellen Standardklima von 1,5°C verzeichnet (vgl. Schellnhuber 2015: 453). Gesteht man Menschheit und Natur ein gewisses Anpassungspotenzial zu und fordert zugleich eine für den politischen Prozess einprägsame Zahl, gelangt man so zu 2°C maximal zu erlaubender Erwärmung.

Umgekehrt könnte man auch fragen, welcher Temperaturbereich vielleicht zu meiden sei, weil er qualitativ von dem unseren derart verschieden ist, dass wir ihn unter Vorsorgegesichtspunkten meiden sollten. Fragt man etwa, wie weit man in der Erdgeschichte zurückgehen muss, um denjenigen Temperatur-hub wiederzufinden, den wir bis 2100 bei ungebremster Erwärmung erwarten dürfen (bis zu 5°C; vgl. IPCC 2013: Abb. 7), so wären dieses mindestens zehn Millionen Jahre (vgl. Zachos et al. 2001). Außerdem bewegte man sich so in einer Temperaturänderungs-Skala, die derjenigen des Eiszeit-Warmzeit-Übergangs gleicht (vgl. Abb. 1 und Schneider von Deimling et al. 2006a), der einen drama-tischen Bruch in Gestalt der natürlichen Rahmenbedingungen, unter denen sich Kultur entwickeln musste, markiert.

Abb. 1: Temperaturverlauf mit und ohne Klimapolitik (adaptiert aus IPCC 2013: Abb. 7), ins Verhältnis gesetzt zum Eiszeit-Holozän-Übergang

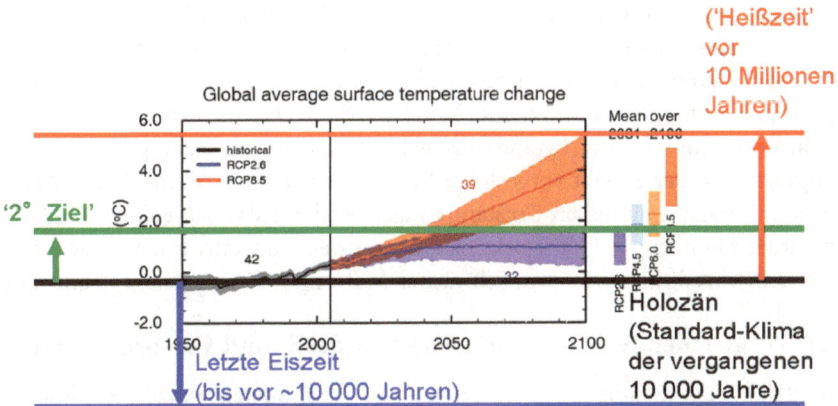

In der Eiszeit reichten die Eispanzer bis in die mittleren Breiten und rahmten daher einen qualitativ anderen Lebensraum als heute. Eine Differenz von 5°C bedeutet daher eine „große" Änderung. Ohne Klimapolitik würde die Menschheit nochmals eine Differenz derselben Größe induzieren, das Klimasystem gewisser-maßen in eine „Heißzeit" katapultieren (vgl. Abb. 1). Dieses wäre ein Temperatur-bereich, wie er seit einer Skala von 10 Millionen Jahren nicht aufgetreten ist (vgl. Zachos et al. 2001). Die Einhaltung des 2°C-Ziels würde bedeuten, näher am „Standardklima" zu verbleiben (dem Klima des Holozäns, das seit 10.000 Jahren vorherrscht) als am Klima der „Heißzeit", wenngleich 2°C auf dieser Skala auch keine „kleine" Änderung bedeuten. Das 2°C-Ziel lässt sich daher auf doppelte Weise aus einem Vorsorgegedanken ableiten.

Schließlich liefert eine Festlegung auf 2°C eine für den politischen Prozess hilfreiche Vergröberung in Gestalt einer einprägsamen, glatten Zahl, analog einer Geschwindigkeitsbeschränkung von 100 km/h. Das 2°C-Ziel will hingegen nicht sagen, dass bei dieser Temperatur ein objektiver „kritischer Schwellwert" (etwa eine Bifurkation oder ein Phasenübergang) in der Natur vorliegt. Es handelt sich vielmehr um eine letztlich politisch gesetzte Orientierungsmarke, wenngleich eine akademisch gut informierte, die vermutlich das europäische Wertesystem hervorragend abbildet. Auf diese Analogie werden wir noch zurückkommen, wenn wir später unser neues Entscheidungskalkül motivieren werden.

Das ökonomische Entscheidungsinstrument der Kosten-Effektivitäts-Analyse ersetzt nun in diesem Kontext den Versuch, Klimawandelfolgen zu projizieren, durch die Vorschrift, das vordefinierte umweltpolitische Ziel einzuhalten, d. h. im Sinne der COPs seit 2009, eine Erhöhung der globalen Mitteltemperatur gegenüber dem vorindustriellen Niveau auf 2°C zu begrenzen. Diese wichtigste Präferenz wird dann ergänzt durch die nachgeschaltete Vorschrift, unter den so erlaubten Klimapolitikpfaden nach dem Optimum der ökonomischen Wohlfahrt zu fragen. Vereinfacht gesagt, liefert die Kosten-Effektivitäts-Analyse den kostengünstigsten Energiemix, um das 2°C-Ziel gerade noch einzuhalten.

In Bezug auf unseren eingangs angegebenen Forderungskatalog ist festzuhalten, dass das hier zuletzt vorgestellte Verfahren Kategorie 4 qua Konstruktion erfüllt. Genau durch diesen Umstand umgeht es die Instabilitäten des Standardverfahrens in Bezug auf Kategorie 5. Leider werden wir weiter unten finden, dass es in seiner traditionellen Form Schwächen in Bezug auf Kategorien 1–3 aufweist.

2.3 Vergleichende Betrachtung von Standard- und Vorsorgeansatz

Vergleicht man die hinter Kosten-Effektivitäts- und Kosten-Nutzen-Analyse liegenden Ansätze, so könnte man sagen, dass hinter beiden eine je andere Arbeitsteilung zwischen ökonomischem Formalismus und menschlicher Intuition steckt (vgl. Neubersch et al. 2014): Die Kosten-Nutzen-Analyse überantwortet alles dem Formalismus, während in der Kosten-Effektivitäts-Analyse ein Teil des Systems durch die vorgeschaltete Setzung des Klimaziels für die Analyse als nicht handhabbar „weggeschnitten" wird. Was dort vor sich geht, wird schemenhaft durch erste Indikationen der Klimafolgenforschung wahrgenommen und es wird dann der Intuition „Dahin gehen wir nicht!" gefolgt. Insofern stellt das 2°C-Ziel auch eine Ausprägung starker Nachhaltigkeit dar (vgl. Hediger 1999).

Je mehr die Unsicherheit über Klimawandelfolgen reduziert wird, desto mehr bietet sich ein Wechsel von instinktbasiertem zu formalisiertem Entscheiden an. Diese sukzessive Verschiebung der Arbeitsteilung entfällt bei der Modellierung der Kosten der Umrüstung des Energiesystems: Dieses menschengemachte System ist qualitativ besser projizierbar als die Klimawandelfolgenkette (vgl. Stern 2007) und wird daher in beiden Entscheidungsinstrumenten formalisiert behandelt.

Abb. 2: Archetypischer Aufbau eines integrierten Modells zur temperaturzielbasierten Kosten-Effektivitäts-Analyse des Klimaproblems.

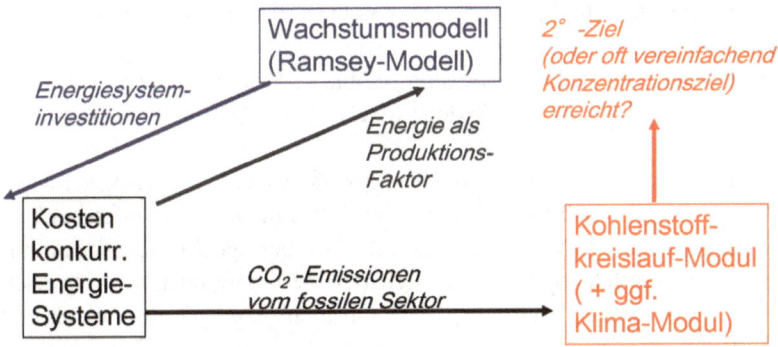

3 Das numerische Resultat einer Kosten-Effektivitäts-Analyse des 2°C-Ziels

Welchen volkswirtschaftlichen Aufwand bedeutet es nun, das 2°C-Ziel einzuhalten? Um diese Frage zu beantworten, werden Analysen mittels gekoppelter Klima-Energie-Ökonomie-Modelle benötigt, die eine Kosten-Effektivitäts-Analyse als Entscheidungskalkül in sich tragen (vgl. Abb. 2). Klimawandelfolgen werden nicht explizit modelliert, sondern es wird angenommen, dass diese stilisiert durch eine Temperaturobergrenze aufgefangen sind. Ein ökonomischer Kern erklärt globales Wachstum und projiziert das Ausmaß von Wohlfahrtseinbußen, das sich durch ein Aufzwingen eines Temperaturziels ergäbe. Die Ökonomie liefert Investitionen an den Energiesektor, dieser Energie als einen produktionssteigernden Faktor an die Volkswirtschaft zurück. Der Energiesektor ist in diverse Energietechnologien aufgespalten (bei hochauflösenden Modellen werden diese in einer Größenordnung von einhundert Technologien repräsentiert), worunter sich traditionelle fossile, aber auch konkurrierende, zunächst kostspieligere Niedrigemissions-Technologien befinden. Ein Klimamodul, das die Projektion der Maximaltemperatur komplexer Klimamodelle auf Zehntelgrad genau emuliert, prüft, ob die Maximaltemperatur im Einklang mit dem Klimaziel steht. Ist dieses nicht der Fall, werden Investitionen in den fossilen Sektor zugunsten des Niedrigemissions-Sektors zurückgenommen. So wird intertemporal der kostenminimale Energiemix gefunden, der gerade noch mit dem Temperaturziel verträglich ist.

Im Zuge des letzten IPCC-Berichts wurden ca. 1000 Klima-Energie-Ökonomie-Szenarien, im Modus der Kosten-Effektivitäts-Analyse generiert, ausgewertet und in eine Hand voll „Klimaschutz-Klassen" eingeteilt (IPCC 2014: 12). Betrachtet man diejenige Klasse, die in etwa dem 2°C-Ziel entspricht, so ergibt sich, dass die Implementierung einer 2°C-Politik die globale Wachstumsrate im Mittel um 0,06 %/Jahr-Punkte absenken würde (vgl. IPCC 2014). Sowohl gegenüber einem erwarteten globalen Wachstum von 1,6 %–3,0 %/Jahr als auch gegenüber der Unsicherheit in dieser Spanne bedeutet dies eine „kleine" Zahl.

Insofern liegt es für viele Betrachter nahe, dem 2°C-Ziel „geringe" Kosten zu attestieren. Folgt man dieser Diagnose, stünde nunmehr die Tür offen zur Umsetzung des 2°C-Ziels; die Gesellschaft könnte diese geringe „Versicherungsprämie" leicht zahlen, um sich gegen schwer abschätzbare Klimawandelfolgen abzusichern (die Analogie zur Versicherungsprämie gilt nicht streng, kann aber als nützliche Heuristik dienen). Insofern könnte man sagen, dass eine Verschiebung der Arbeitsteilung zwischen Formalismus und Intuition das eingangs beschriebene „Kosten-Nutzen-Patt" aufgelöst hat. Die Tatsache, Kosten des 2°C-Ziels angeben zu können, bedeutet auch, überhaupt eine Lösung dieses Kosten-Effektivitäts-Problems gefunden zu haben. Kriterium 6 ist also numerisch erfüllt. Sollte sich jedoch eine Umsetzung des 2°C-Ziels um Jahrzehnte verzögern, könnte der Fall eintreten, dass es keine Lösung mehr gibt (vgl. IPCC 2014: 15).

Doch ist es wirklich „fair", allein auf Grund der bislang aufgeführten Argumente den „Punkt" an die Kosten-Effektivitäts-Analyse, zu Lasten der Kosten-Nutzen-Analyse, zu vergeben? Wir erinnern daran, dass die Schwäche der Kosten-Nutzen-Analyse am eklatantesten durch Weitzmans konsequente Einbeziehung der Unsicherheit über die Klimasystem-Antwort auf Treibhausgas-Antrieb vorgeführt wurde. Sie findet ihren formalen Ausdruck u.a. in der konsequenten Einbeziehung der Wahrscheinlichkeitsverteilung der Klimasensitivität. Wurde diese formalisierbare Unsicherheit in den oben erwähnten 0,06 %/Jahr-Punkten Wachstumseinbuße, abgeleitet aus Kosten-Effektivitäts-Analysen, adäquat berücksichtigt?

3.1 Die probabilistische Verallgemeinerung der Kosten-Effektivitäts-Analyse

Was bedeutet es, das 2°C-Ziel einzuhalten, wenn die Temperaturantwort des Klimasystems unsicher ist? Zunächst hatte die Unsicherheit der Klimasensitivität bei der Formulierung des 2°C-Ziels wenig Beachtung gefunden. Es ist jedoch unmittelbar klar, dass die Klimasensitivität einen großen Einfluss auf das erlaubte Emissionsverhalten haben muss: Je größer die Sensitivität ist, desto stärker reagiert die globale Mitteltemperatur auf steigende Treibhausgas-Konzentrationen und desto weniger darf folglich pro vorgeschriebenem Temperaturziel emittiert werden.

Petschel-Held et al. (1999) und dann weiter ausführend Kriegler/Bruckner (2004) gaben einen analytischen Zusammenhang zwischen einem formulierten Temperaturziel T^*, dem dann erlaubten Emissions-Budget E und der Klimasensitivität γ an: Für E lässt sich eine strenge obere Schranke E^0 angeben, also $E < E^0$, mit $E^0 \propto (2^{T/\gamma} - 1)$. Derzeit kann die Klimawissenschaft keine Obergrenze für γ angeben. Wollte sich die Gesellschaft in ihrem Emissionsverhalten auf das gesamte Unsicherheits-Regime von γ vorbereiten, müsste sie sich gegen beliebig große γ wappnen und hätte bereits in der Vergangenheit kein Emissionsbudget aufhäufen dürfen (denn $\lim_{\gamma \to \infty} E^0 = 0$). Daraus folgt unmittelbar, dass sich jedes noch so laxe Temperaturziel T^* nur mit einer gewissen Wahrscheinlichkeit, aber nicht perfekt, einhalten lässt. Auch genügt es nicht, eine schlichte „Sensitivitätsstudie" in Bezug auf γ in Kosten-Effektivitäts-Studien durchzuführen, weil nahezu jedes beliebige Emissionsbudget als „optimal" eingeschätzt werden kann, je nachdem, welches γ verwendet wurde (vgl. Bürgenmeier et al. 2006; Held et al. 2009). Insofern ist es erforderlich, die ökonomische Analyse so zu verallgemeinern, dass die Unsicherheit in γ zu einem integralen Bestandteil jedes Entscheidungskalküls erhoben wird.

In Kleinen (2005) wurde das Konzept eines probabilistischen Temperaturziels formuliert. Neben die normative Setzung eines T^* tritt dann noch die geforderte Wahrscheinlichkeit P^*, dieses Ziel auch einzuhalten. Dieses bedeutet zugleich, dass eine Gesellschaft davon ausgeht, mit der Wahrscheinlichkeit $1-P^*$ das Ziel zu verfehlen. Diese ethische Figur ist in unserer Gesellschaft tief verankert, etwa im Vorfeld der Genehmigung großtechnischer Anlagen wie z. B. Kernkraftwerken, bei denen eine ernste Störung nie ganz auszuschließen ist, deren Wahrscheinlichkeit aber als abschätzbar gilt. Diese „Weichspülung" des 2°C-Ziels in ein nur noch probabilistisches Ziel wurde denn auch von der Öffentlichkeit ohne besondere Aufregung zur Kenntnis genommen. Im Vor-

feld der COP 2009 in Kopenhagen wurde eine „Copenhagen Diagnosis"[1] erstellt, in der das 2°C-Ziel stets gepaart mit einem P^* von 66 % bis 75 % auftrat.
Zwar erscheint dieses P^* als ungewöhnlich niedrig, jedoch ist so das Ziel noch
erreichbar (siehe Kriterium 6!) und kann daher weiterhin als Leitmotiv für die
Klimaverhandlungen dienen.

Die entsprechende Verallgemeinerung einer Kosten-Effektivitäts-Analyse auf
probabilistische Klimaziele wird „Chance Constraint Programming" (CCP; vgl.
Charnes/Cooper 1959) genannt. Im IPCC (2014) wurden ca. 1000 energieöko-
nomische Szenarien ausgewertet, die im Modus der Kosten-Effektivitäts-Analyse
bestimmt worden waren, also ohne explizite Berücksichtigung von Unsicherheit.
Allerdings konnten Held et al. (2009) zeigen, dass sich in derartige Rechnungen
näherungsweise eine CCP-Interpretation hineindeuten lässt. In der Tat wurden
die nach Konzentrations-Kennziffern klassifizierten Einhaltungen von (T^*, P^*)-
Zielen zugeordnet (vgl. IPCC 2014: 10). Jedoch bleibt offen, bis zu welchem Grade
die so gefundenen Lösungen dann wohlfahrtsoptimal sind. Zusammenfassend
kann daher festgehalten werden, dass im zentralen „0,06 %/Jahr-Punkte"-Ergebnis
des letzten Sachstandsberichts des IPCC die Klimaantwort-Unsicherheit bereits
gespiegelt und daher das Ergebnis als robust in dieser Hinsicht zu bezeichnen ist.
In diesem Sinne sind näherungsweise Kriterien 1–2 erfüllt. Wie verhält es sich
jedoch in Bezug auf Kriterium 3?

Schmidt et al. (2011) zeigen, dass in der Formulierung von CCP eine (folgen-
schwere) stillschweigende Annahme getroffen wurde, zu deren Rechtfertigung
divergierende Meinungen existieren, nämlich dass künftiges klimawissen-
schaftliches Lernen über die Größe der Klimaantwort, insbesondere über die
Klimasensitivität γ, vernachlässigbar sei. In der Tat haben sich seit dem Ende der
1970er-Jahre keine einschneidenden Änderungen der Unsicherheits-Einschätzung
zu γ ergeben. Andererseits ist nicht auszuschließen, dass durch Assimilierung
des Kohlendioxid-Temperatur-Zusammenhangs im letzten Glazial-Interglazial-
Übergang qualitativ bedeutsames Lernen der Klimawissenschaft über γ und damit
eine langfristige Reduktion der zugehörigen Unsicherheit möglich werden wird
(vgl. Schneider von Deimling et al. 2006b). Auch Optionen, subskalige Wolken-
prozesse aufzulösen, erscheinen vielversprechend (vgl. Klocke 2011). Insofern
erscheint es als naheliegend, vom ökonomischen Entscheidungskalkül zu fordern,
dass es auch antizipiertes künftiges Lernen zu verarbeiten, also Kriterium 3 zu
entsprechen vermag.

---

1   Copenhagen Diagnosis, http://www.copenhagendiagnosis.org, Fig. 22, Abrufdatum:
    08.01.2018.

3.2 Der „Quasi-Weitzman-Effekt" in der Kosten-Effektivitäts-Traditionslinie

Diese scheinbar harmlose formale Erweiterung von CCP auf antizipiertes Lernen stößt insbesondere am Klimaproblem auf fundamentale konzeptionelle Schwierigkeiten (vgl. Schmidt et al. 2011), deren Grundfigur bereits in der Entscheidungstheorie der 1970er-Jahre bekannt war (vgl. Blau 1974): Während das Standardverfahren jedem künftigen Lernen einen nicht-negativen ökonomischen Wert zuweist, könnte der erwartete ökonomische Wert von Lernen im Falle von CCP negativ sein. Erweitert man etwa das CCP des gekoppelten Klima-Energie-Ökonomie-Modells MIND (vgl. Edenhofer et al. 2005) um antizipiertes Lernen (z. B. in 2030), wird genau dieser Effekt gefunden (vgl. Schmidt et al. 2011). Die Gesellschaft würde demnach sogar noch Mittel dafür aufwenden, gewisse Forschungsfragen *nicht* beantwortet zu bekommen. Dieses ist mit der Werteordnung einer Gesellschaft, die Entscheidungen unter möglichst fundierten, wissenschaftlich gefundenen Rahmenbedingungen treffen möchte, nicht vereinbar. CCP verletzt Kriterium 3.

Noch gravierender ist folgender Effekt: Ein Entscheider sollte sich bereits heute auf die Möglichkeit vorbereiten, in 2030 einen relativ hohen Wert für γ zu erlernen. Um auch in diesem Fall P^* überhaupt noch einhalten zu können, müsste wegen des Budgeteffekts bereits heute ein Übermaß an Emissionsreduktion geleistet werden (vgl. Schmidt et al. 2011), darin Weitzmans Ergebnis für die Kosten-Nutzen-Analyse gleichend (dieser „Quasi-Weitzman-Effekt" der Kosten-Effektivitäts-Tradition ist bis heute von den Verfechtern von Temperaturzielen nahezu nicht zur Kenntnis genommen worden). Es kann darüber hinaus noch nicht einmal ausgeschlossen werden, einen derart hohen Wert für γ zu lernen, dass das P^*-Ziel auf Grund bereits erfolgter Emissionen nicht mehr einzuhalten ist. Insofern ist CCP als dysfunktional unter antizipiertem Lernen zu bezeichnen, es verletzt sogar das Meta-Kriterium 6.

Ein Hauptproblem scheint darin zu liegen, dass ein starres (T^*, P^*)-Ziel mit einer nicht benennbaren Obergrenze zu γ nicht vereinbar ist, wenn sich die Unsicherheit zu γ verringern könnte. Dieses sind Schwierigkeiten, die in einer Kosten-Nutzen-Analyse qua Konstruktion nicht auftreten können, weil letztere nicht über Ziele verfügt. Auch kann gezeigt werden, dass der erwartete Nutzen von antizipiertem Lernen nie negativ werden kann (siehe etwa Gollier 2001). Daher stellen Schmidt et al. (2011) die Frage, ob sich ein Entscheidungskalkül definieren ließe, das die Vorteile beider Entscheidungsschulen (Kosten-Nutzen vs. Kosten-Effektivität) erntet.

4 Das Hybridmodell „Kosten-Risiko-Analyse" (KRA)

Schmidt et al. (2011) schlagen vor, das Konstrukt eines probabilistischen Klimaziels beizubehalten, jedoch eine weitere Aufweichung in der Interpretation des
2°C-Ziels vorzunehmen: Das Ziel darf überschossen werden, jedoch wird die
Überschießungswahrscheinlichkeit in Kombination mit dem Grade des Übertritts
eingepreist (siehe Gleichung 1):

$$\max W = \int_0^T \int_0^\infty p(\gamma)\,\{U(t) - \beta R(T(t,\gamma))\}\,e^{-\delta t}\,\mathrm{d}\gamma\,\mathrm{d}t$$

Gleichung (1)

Hierbei indizieren t die Zeit und s die möglichen Zustände, die γ annehmen
kann. p_s bezeichnet die Wahrscheinlichkeit eines Zustands für γ, U die konsumge-
triebene Nutzenfunktion, R das noch zu spezifizierende „Risiko", das durch die
Überschreitung der Maximaltemperatur empfunden wird, und exp($-\delta t$) die bei
intertemporaler Optimierung übliche Diskontierung. U repräsentiert den rein
ökonomischen erfassten Anteil, in dem sich auch die Kosten der Transformation
des Energiesystems spiegeln. R stellt das „empfundene Risiko" der Überschreitung
der 2°C-Obergrenze dar.

Formal handelt es sich bei (1) um ein Kosten-Nutzen-Funktional. Daher können die bei CCP für antizipiertes Lernen gefundenen konzeptionellen Schwierigkeiten nicht auftreten.

Wurde nun „durch die Hintertür" wieder eine Schadensfunktion (in Gestalt
von R) eingeführt, die lediglich anders bezeichnet wird? Dieses ist nicht der Fall.
R bezeichnet eine Zahlungsbereitschaft, eine Temperaturüberschreitung zu vermeiden. Der tatsächlich eintretende Schaden braucht hierfür nicht gewusst zu
werden. Wüsste man ihn, würde man eine Standard-Kosten-Nutzen-Analyse
ausführen. Im Prinzip könnten nun R und sein Verrechnungsparameter β durch
Interviews mit Entscheidern bestimmt werden. In Neubersch et al. (2014) haben
wir jedoch der Community eine Interpretation der COP-2010-Formulierung
des 2°C-Ziels (wiederum eines probabilistischen Zieles) in Gestalt einer Kosten-
Risiko-Analyse (KRA) vorgeschlagen. Nach unserem Eindruck hat in den Klimaverhandlungen die Vorstellung, über γ dazuzulernen, kaum eine Rolle gespielt. Es
war lediglich von „likely compliance" mit dem 2°C-Ziel die Rede. Im „calibrated
language"-Verständnis des IPCC (Mastrandrea et al. 2010) entspricht dies einem
P^* von 66 %. Neubersch et al. (2014) kalibrierten nun den Verrechnungsparameter β derart, dass im Grenzfall ohne Lernen mit 66 % Wahrscheinlichkeit dem
2°C-Ziel entsprochen wurde. Alle übrigen Variablen wurden dann aus dem so

kalibrierten Modell diagnostiziert, insbesondere die Investitionsströme in die konkurrierenden Energietechnologien. *Wir betonen, dass dieses Entscheidungskalkül qua Konstruktion sämtlichen eingangs geforderten Qualitätskriterien genügt!* Doch mit welcher Funktion *R* wurde gearbeitet? Um auch hierfür einen stilisierten Vorschlag zu unterbreiten, wurde das Axiom der „Nicht-Opferung eines holozännahen Klimazustands" (Neubersch et al. 2014) proklamiert. Es wurde gefordert, dass bei imaginiertem perfekten Lernen keinesfalls der Fall eintreten dürfe, wenn sich (etwa wegen zu großen γ's) das 2°C-Ziel nicht mehr einhalten ließe, dann auf einen Standard-Emissionspfad ohne Klimapolitik einzuschwenken, „weil ja ohnehin alles egal ist". Wir behaupten, dass dieses Axiom in der Tat die Werteordnung der Proponenten des 2°C-Ziels wiedergibt. Entscheidend ist hierbei, dass, wie vorne ausgeführt, dieses Ziel keinen scharfen Übergang zum „Weltuntergang" kennzeichnet, sondern eine (akademisch informierte) politisch gesetzte Orientierungsmarke. Neubersch et al. (2014) zeigen dann, dass die Funktion *R(T)* konvex und daher jenseits des Ziels mindestens linear ansteigen muss, um dem Axiom zu genügen. Eine lineare Risikofunktion stellt daher die konservativstmögliche Darstellung (aus Sicht einer an Emissionen gewöhnten Gesellschaft, d. h. im Mittel ihr Minimum) einer Zahlungsbereitschaft dar.

Mit dieser Funktion wurde in den wenigen bisher existierenden Anwendungen dieses neuen Entscheidungs-Kalküls gearbeitet. Die entsprechenden numerischen Ergebnisse seien hier kurz zusammengestellt:

– Die Investitionspfade aus KRA und CCP unterscheiden sich nicht signifikant für die kommenden Jahrzehnte, auch dann nicht, wenn antizipiertes Lernen hinzugenommen wird (vgl. Neubersch et al. 2014). Der „Quasi-Weitzman-Effekt" von CCP ist entschärft. Dieses ist eine sehr gute Nachricht für all diejenigen, die zu den 1000 Szenarien des letzten IPCC-Berichts beigetragen haben. Vermutlich wird man zeigen können, dass auch bei der Verwendung komplexerer Modelle (wie dies in Neubersch et al. 2014 in Gestalt des MIND-Modells der Fall war) KRA und Kosten-Effektivitäts-Analyse sehr ähnliche Ergebnisse liefern. Insofern lassen sich die im letzten IPCC-Bericht präsentierten Rechnungen als Grenzfälle ohne Lernen interpretieren. Die zugehörigen Vermeidungskosten können als Obergrenzen der Kosten mit Lernen interpretiert werden, weil der erwartete Nutzen von Lernen in KRA qua Konstruktion nie negativ sein kann.

– Durch KRA ist es erstmalig möglich, den Erwartungsnutzen von klimawissenschaftlicher Information (hier stilisiert im Lernen zu γ vereinigt) konzeptionell sinnvoll zu formulieren. Es zeigt sich, dass sich durch heutiges perfektes

Lernen[2] ein Wohlfahrtsgewinn ergeben würde, der im zeitlichen Mittel bis zu 0,7 % Konsumgewinn entspräche. Zudem könnte im Mittel bis zu einem Drittel an Vermeidungskosten eingespart werden. Dieses bedeutet global hunderte von Milliarden Euro pro Jahr, falls man eine 2°C-Politik unterstützt. Es darf bezweifelt werden, dass der Forschung zur Reduktion von Klimaantwort-Unsicherheit derzeit Mittel in diesem Umfang zufließen.

– Die weichere Form des 2°C-Ziels in Gestalt der KRA erlaubt es, das Wertesystem, das hinter dem Ziel steht, in eine Zukunft zu extrapolieren, in der das Ziel vielleicht nicht mehr exakt einzuhalten sein wird, etwa durch eine weiterhin dem Ziel inadäquate Vermeidungspolitik. Roth et al. (2015) bestimmten die Vermeidungskosten unter verzögerter Klimapolitik. Sie sinken mit dem Grad der Verzögerung unter KRA, während sie unter einer Kosten-Effektivitäts-Analyse ansteigen (vgl. Luderer et al. 2013).

5 Zusammenfassung und Ausblick

Die Klimaökonomik muss mit Unsicherheiten sehr verschiedener Qualität umgehen. Hierbei verstehen wir, dem IPCC folgend, „Unsicherheit" als die Gesamtheit des in einem spezifischen Kontext fehlenden Wissens, inklusive eines solchen, das sich durch Wahrscheinlichkeitsmaße ausdrücken lässt. Während die Unsicherheit der Klimaantwort auf Treibhausgasemissionen als gut formal handhabbar gilt, ist im Fall von Klimawandelfolgen noch nicht einmal klar, ob wir derzeit den relevanten Zustandsraum hinreichend erfassen, d. h., ob wir bereits alle wichtigen Größen kennen und ins Kalkül einbeziehen. In den vergangenen zwei Jahrzehnten haben sich unterschiedliche entscheidungstheoretische Ansätze dazu herausgebildet, welche klimapolitischen Handlungen in dieser Situation zu empfehlen seien. Die Kosten-Nutzen-Analyse und die Kosten-Effektivitäts-Analyse stellen hierbei die am häufigsten verwendeten Entscheidungskalküle dar. Dabei entspricht die Kosten-Nutzen-Analyse dem „klassischen" Vorgehen der Umweltökonomik und sie kann auf die breiteste axiomatische Basis verweisen. Klimaziele sind darin Ergebnisse einer Abwägung aller zur Verfügung stehenden ökonomischen Informationen. Unsicherheiten werden stringent probabilistisch modelliert. Es hat sich gezeigt, dass das Ausmaß optimaler heutiger Vermeidungsanstrengungen so stark von schwer bestimmbaren Eingangsgrößen abhängt, dass nahezu das gesamte Spektrum möglicher Empfehlungen durch dieses Instrument in der Literatur gerechtfertigt wurde. Während der Schwerpunkt der Empfehlungen jenseits von

---

2   D. h. der Fiktion, heute „über Nacht" perfektes Wissen über die Temperaturentwicklung in Reaktion auf unser Emissionsverhalten zu erlangen.

3°C Erwärmung zu finden war, eröffnete eine konsequentere Buchhaltung der Unsicherheit zur Klimasensitivität einen Pfad, sogar stärkere Vermeidungspolitiken als diejenige eines 2°C-Ziels zu rechtfertigen. Nach unserem Eindruck benötigt dieses formal fundierteste Entscheidungsinstrument im Lichte eines kombinierten Effekts aus Unsicherheit von Klimasensitivität und Klimawandelfolgen noch einen deutlich längeren Vorlauf an Grundlagenforschung, bevor mit seiner Hilfe robuste Politikempfehlungen abgeleitet werden können.

Hingegen benötigt die Kosten-Effektivitäts-Analyse ein Klimaziel – wie etwa das 2°C-Ziel – bereits auf der Eingabeseite des Kalküls. Es legt einen akademisch informierten, doch auch stark auf die Intuition zurückgreifenden Schnitt durch das System im Sinne dessen, was angesichts von „großer" Klimawandelunsicherheit noch handhabbar bzw. möglicherweise nicht mehr handhabbar sei – sowohl akademisch als auch gesellschaftlich-praktisch. Dieses Ziel ersetzt dann eine explizit darzustellende Klimawandel-Folgen-Kostenfunktion der Kosten-Nutzen-Analyse. Die akademische Analyse kann sich dann auf diejenigen Teile des Systems beschränken, zu denen sie valide Aussagen zu treffen vermag: zum Zusammenhang von Treibhausgas-Emission und globaler Mitteltemperatur sowie zu den Kosten von Vermeidungspolitik. Auch diese Aussagen sind mit Unsicherheiten behaftet, die in derselben Größenordnung liegen wie die projizierten Effekte selbst; diese Unsicherheiten stellen daher „Effekte erster Ordnung" dar. Doch hier ist das Systemverständnis ausreichend entwickelt, um Unsicherheiten zu formalisieren und ins Entscheidungskalkül der Kosten-Effektivitäts-Analyse oder in dessen Nachfolge-Kalküle einzubeziehen.

Für diese Einbeziehung musste die Kosten-Effektivitäts-Analyse in einem Doppelschritt verallgemeinert werden: Zum einen war dem Umstand Rechnung zu tragen, dass bislang für die Klimasensitivität keine Obergrenze angegeben werden kann. Daher muss das 2°C-Ziel als ein probabilistisches Ziel interpretiert werden („mit 66 % Wahrscheinlichkeit einzuhalten"). Jedoch läuft man bei der Vorstellung, eines Tages könnten sich derart hohe Sensitivitäts-Werte konsolidieren, dass dann diese Grenze nicht mehr einzuhalten wäre, in Selbstwidersprüche. Es wäre rational, sich bereits heute darauf vorzubereiten. Dann muss jedoch darüber verhandelt werden, wie eine Überschreitung der 2°C-Grenze zu bewerten ist.

Nachdem nun beide erwähnten klimaökonomischen Schulen angesichts von Unsicherheit gravierende praktische bzw. konzeptionelle Schwierigkeiten aufweisen, wenn es darum geht, der *heutigen* Gesellschaft Empfehlungen zu liefern, haben wir aus beiden Ansätzen einen Hybrid konstruiert und diesen *Kosten-Risiko-Analyse (KRA)* genannt. Die Figur des Temperaturziels wird beibehalten,

eine Überschreitung wird jedoch verrechenbar gemacht. Der neue Verrechnungsparameter wird am 2°C-Ziel der COP 2010 geeicht. Alle anderen Systemgrößen
lassen sich dann daraus ableiten, wie etwa die Investitionen in den Energiesektor,
der Nutzen klimawissenschaftlicher Information oder das Verhalten bei verzögerter Klimapolitik.

Es zeigt sich, dass wesentliche Empfehlungen traditioneller Kosten-Effektivitäts-
Analysen, wie sie etwa im letzten IPCC-Bericht kompiliert wurden, durch KRA
reproduziert wurden. Dieses bedeutet, dass es möglich ist, bisherigen Kosten-
Effektivitäts-Analysen eine neue Interpretation zuzuweisen, so dass deren Ergebnisse gegen „Lernen über Klimasensitivitäts-Unsicherheit" „robustifiziert"
werden. Unterschiede treten hingegen auf, wenn Klimapolitik verzögert umgesetzt wird. Dann würde eine Kosten-Risiko-Analyse in ihrer konservativsten
Ausprägung (mit linearer Risikofunktion) weniger Vermeidung empfehlen als
eine Kosten-Effektivitäts-Analyse. Künftige Arbeiten haben auch zu zeigen, ob
es Alternativen gibt, einen Hybrid aus Kosten-Nutzen- und Kosten-Effektivitäts-
Analyse zu bilden, oder ob die Kosten-Risiko-Analyse „alternativlos" ist. Letztere
Frage mag sich Vertretern starker Nachhaltigkeit stellen, die eine Verrechnung
von Kosten und Risiken grundsätzlich ablehnen.

Diese Diskussion hat unmittelbare Konsequenzen für eine Beurteilung darüber, ob die Climate Engineering-Option „direkte Beeinflussung des Strahlungs-
haushalts" im Verbund mit Vermeidungsoptionen eingesetzt werden sollte, denn
die Nebenwirkungen dieser Option fällt in dieselbe Unsicherheits-Klasse wie
die Folgen des Klimawandels selbst. Die Konsequenzen eines entsprechenden
Konzept-Transfers werden derzeit von uns erforscht.

Entscheidung unter Unsicherheit am Klimaproblem stellt eine jahrzehnte-
lang unterschätzte Herausforderung an die ökonomische Grundlagenforschung
im Verbund mit den betroffenen klimawissenschaftlichen Bereichen dar – mit
potentiell gravierenden gesellschaftspolitischen Konsequenzen. Sie bietet nicht
nur die Chance auf faszinierende Forschungsagenden, sondern regt uns ebenfalls
an, neu über die Arbeitsteilung von Akademia und Gesellschaft nachzudenken.

Danksagung

Ich danke Christian Dieckhoff für zahlreiche, sehr hilfreiche Hinweise in Bezug
auf eine Vorversion dieses Textes.

Literatur

Blau, Roger A. (1974): Stochastic Programming and Decision Analysis: an Apparent Dilemma. In: Management Science 21.3, 271–276.

Bürgenmeier, Beat/Baranzini, Andrea/Ferrier, Catherine/Germound-Duret, Céline/Ingold, Karin/Perret, Sylvain/Rafaj, Peter/Kypreos, Socrates/Wokaun, Alexander (2006): Economics of climate policy and collective decision making. In: Climatic Change 79, 143–162.

Charnes, Abraham/Cooper, William W. (1959): Chance constrained programming. In: Management Science 6, 73–79.

Edenhofer, Ottmar/Bauer, Nico/Kriegler, Elmar (2005): The impact of technological change on climate protection and welfare — insights from the model MIND. In: Ecological Economics 54, 277–292.

Gollier, Christian (2001): The economics of risk and time. Cambridge (Mass.)/London.

Hediger, Werner (1999): Reconciling "Weak" and "Strong" Sustainability. In: International Journal of Social Economics 26, 1120–1143.

Held, Hermann/Kriegler, Elmar/Lessmann, Kai/Edenhofer, Ottmar (2009): Efficient Climate Policies under Technology and Climate Uncertainty. In: Energy Economics 31, 50–61.

Horowitz, John/Lange, Andreas (2014): Cost-Benefit Analysis under Uncertainty – A Note on Weitzman's Dismal Theorem. In: Energy Economics 42, 201–203.

IPCC (2013): Summary for Policymakers. In: Stocker, Thomas F./Qin, Dahe/Plattner, Gian-Kaspe/Tignor, Melinda M. B./Allen, Simon K./Boschung, Judith/Nauels, Alexander/Xia, Yu/Bex, Vincent Pauline M. (Hrsg.): Climate Change 2013: The Physical Science Basis. Contribution of Working Group I to the Fifth Assessment Report of the Intergovernmental Panel on Climate Change. Cambridge/New York.

IPCC (2014): Summary for Policymakers. In: Edenhofer, Ottmar/Pichs-Madruga, Ramón/Sokona, Youba/Minx, Jan C./Farahani, Ellie/Kadner, Susanne/Seyboth, Kristin/Adler, Anna/Baum, Ina/Brunner, Steffen/Eickemeier, Patrick/Kriemann, Benjamin/Savolainen, Jussi/Schlömer, Steffen/von Stechow, Christoph/Zwickel, Timm (Hrsg.): Climate Change 2014: Mitigation of Climate Change. Contribution of Working Group III to the Fifth Assessment Report of the Intergovernmental Panel on Climate Change. Cambridge/New York.

Kleinen, Thomas Christopher (2005): Stochastic Information in the Assessment of Climate Change. Diss. Universität Potsdam.

Klocke, Daniel (2011): Assessing the Uncertainty in Climate Sensitivity. In: Reports on Earth System Science 95.

Knight, Frank H. (1921): Uncertainty and Profit. Boston.

Kolstad, Charles/Urama, Kevin/Broome, John/Bruvoll, Annegrete/Olvera, Micheline C./Fullerton, Don/Gollier, Christian/Hanemann, William Michael/Hassan, Rashid/Jotzo, Frank/Khan, Mizan R./Meyer, Lukas/Mundaca, Luis (2014): Social Economic and Ethical Concepts and Methods. In: Edenhofer, Ottmar/Pichs-Madruga, Ramón/Sokona, Youba/Minx, Jan C./Farahani, Ellie/Kadner, Susanne/Seyboth, Kristin/Adler, Anna/Baum, Ina/Brunner, Steffen/Eickemeier, Patrick/Kriemann, Benjamin/Savolainen, Jussi/Schlömer, Steffen/von Stechow, Christoph/Zwickel, Timm (Hrsg.): Climate Change 2014: Mitigation of Climate Change. Contribution of Working Group III to the Fifth Assessment Report of the Intergovernmental Panel on Climate Change. Cambridge/New York.

Kriegler, Elmar/Bruckner, Thomas (2004): Sensitivity Analysis of Emission Corridors for the 21st Century. In: Climatic Change 66, 345–387.

Kunreuther, Howard/Gupta, Shreekant/Bosetti, Valentina/Cooke, Roger/Dutt, Varun/Ha-Duong, Minh/Held, Hermann/Llanes-Regueiro, Juan/Patt, Anthony/Shittu, Ekundayo/Weber, Elke (2014): Integrated Risk and Uncertainty Assessment of Climate Change Response Policies. In: Edenhofer, Ottmar/Pichs-Madruga, Ramón/Sokona, Youba/Minx, Jan C./Farahani, Ellie/Kadner, Susanne/Seyboth, Kristin/Adler, Anna/Baum, Ina/Brunner, Steffen/Eickemeier, Patrick/Kriemann, Benjamin/Savolainen, Jussi/Schlömer, Steffen/von Stechow, Christoph/Zwickel, Timm (Hrsg.): Climate Change 2014: Mitigation of Climate Change. Contribution of Working Group III to the Fifth Assessment Report of the Intergovernmental Panel on Climate Change. Cambridge/New York, 151–206.

Luderer, Gunnar/Pietzcker, Robert C./Bertram, Christoph/Kriegler, Elmar/Meinshausen, Malte/Edenhofer, Ottmar (2013): Economic Mitigation Challenges: How Further Delay Closes the Door for Achieving Climate Targets. In: Environmental Research Letters 8.3, 034033.

Mastrandrea, Michael D./Field, Christopher B./Stocker, Thomas F./Edenhofer, Ottmar/Ebi, Kristie L./Frame, David J./Held, Hermann/Kriegler, Elmar/Mach, Katherine J./Matschoss, Patrick R./Plattner, Gian Kasper/Yohe, Gary W./Zwiers, Francis W. (2010): Guidance Note for Lead Authors of the IPCC Fifth Assessment Report on Consistent Treatment of Uncertainties, Intergovernmental Panel on Climate Change IPCC.

Meinshausen, Malte/Meinshausen, Nicolai/Hare, William/Raper, Sarah C. B./Frieler, Katja/Knutti, Reto/Frame, David J./Allen, Myles R. (2009): Greenhouse-Gas Emission Targets for Limiting Global Warming to 2°C. In: Nature 458, 1158–1163.

Nelson, Julie A. (2013): Ethics and the Economist: What Climate Change Demands of Us. In: Ecological Economics 85, 145–154.

Neubersch, Delf/Held, Hermann/Otto, Alexander (2014): Operationalizing Climate Targets under Learning: An Application of Cost-Risk Analysis. In: Climatic Change 126, 305–318.

Nordhaus, William D. (2008): A Question of Balance: Weighing the Options on Global Warming Policies. New Haven/London.

Petschel-Held, Gerhard/Schellnhuber, Hans-Joachim/Bruckner, Thomas/Tóth, Ferenc L./Hasselmann, Klaus (1999): The Tolerable Windows Approach: Theoretical and Methodological Foundations. In: Climatic Change 41, 303–331.

Roth, Robert/Neubersch, Delf/Held, Hermann (2015): Evaluating Delayed Climate Policy by Cost-Risk Analysis, begutachteter EAERE2015-Artikel, Programmankündigung: http://www.eaere2015.org/programme.html, conference booklet S. 59 (aufgerufen 8.4.2018).

Savage, Leonard J. (1954): The Foundations of Statistics. New York.

Schellnhuber, Hans-Joachim (2010): Tragic Triumph. In: Climatic Change 100, 229–238.

Schmidt, Matthias G. W./Lorenz, Alexander/Held, Hermann/Kriegler, Elmar (2011): Climate Targets under Uncertainty: Challenges and Remedies. In: Climatic Change 104, 783–791.

Schneider von Deimling, Thomas/Ganopolski, Andrey/Held, Hermann/Rahmstorf, Stefan (2006a): How Cold was the Last Glacial Maximum? In: Geophysical Research Letters 33, L14709, DOI: 10.1029/2006GL026484.

Schneider von Deimling, Thomas/Held, Hermann/Ganopolski, Andrey/Rahmstorf, Stefan (2006b): Climate Sensitivity Estimated from Ensemble Simulations of Glacial Climates. In: Climate Dynamics 27, 463–483.

Stern, Nicholas (2007): The Economics of Climate Change – The Stern Review. Cambridge.

Stern, Nicholas (2013): The Structure of Economic Modelling of the Potential Impacts of Climate Change: Grafting Gross Underestimation of Risk onto already Narrow Science Models. In: Journal of Economic Literature 51, 838–859.

von Neumann, John/Morgenstern, Oskar (1944): Theory of Games and Economic Behavior. Princeton.

Weitzman, Martin L. (2009): Additive Damages, Fat-Tailed Climate Dynamics, and Uncertain Discounting. In: SSRN Electronic Journal 3, 1–24, http://www.economics-ejournal.org/economics/journalarticles/2009-39 (aufgerufen 8.4.2018).

Zachos, James/Pagani, Mark/Sloan, Lisa/Thomas, Ellen/Billups, Katharina (2001): Trends, Rhythms, and Aberrations in Global Climate 65 Ma to Present. In: Science 292, 686–693.

Martin Scheringer (Brünn/Zürich)

Unsicherheit als zentrales Problem in der Risikobewertung für Chemikalien

Abstract: The risk assessment of chemicals is a scientific procedure that aims to determine the risks to human health and the environment that are associated with the use of commercially relevant chemicals. There are many uncertainties associated with the procedure. These uncertainties derive from the high number of chemicals on the market (several tens of thousands), a lack of data on chemical properties, erroneous and inaccurate chemical property data, bias in chemical property measurement methods, the huge variety of uses of chemicals in many consumer products and technical applications, the wide range of chemical properties such as vapor pressure, water solubility, degradation half-lives, toxicity and many others, and the wide range of possible adverse effects in humans and wildlife. Here different sources and types of uncertainty along with methods for dealing with the different types of uncertainty are presented. Overall, the uncertainties associated with the different elements of the chemical risk assessment procedure are substantial. It is essential that these uncertainties are better characterized in the future in order to make chemical risk assessment more rational and reliable.

Keywords: Industriechemikalien – Emissionsdaten – Stoffeigenschaften – Umweltverhalten – Persistenz – Bioakkumulation – Toxizität – „Datenbank-Unsicherheit"

1 Risikobewertung für Chemikalien: Vorgehensweise

Die Risikobewertung für Chemikalien ist ein Verfahren, in dem chemische Produkte im Hinblick auf ihre schädlichen Effekte für Mensch und Umwelt untersucht werden. Die Ergebnisse dieser Untersuchung bilden die Grundlage für die Regulierung chemischer Substanzen, die als Arzneimittel, Pflanzenschutzmittel, Biozide, Industriechemikalien usw. verwendet werden und somit kommerziell relevant sind (vgl. van Leeuwen/Vermeire 2007).

Das Verfahren fußt auf einer Erfassung verschiedener Arten von Daten: Ein erstes Element bilden die physikalisch-chemischen Substanzeigenschaften wie die Brennbarkeit, der Dampfdruck, die Wasserlöslichkeit etc., welche entweder nach standardisierten Verfahren gemessen oder aus der chemischen Struktur abgeschätzt werden können. Das zweite Element sind die toxischen Wirkungen einer Substanz, die sich in Testorganismen (*in vivo*) oder *in-vitro*-Testsystemen zeigen, und das dritte Element sind die Verwendungsmuster und Verwendungsmengen; diese beeinflussen (neben den chemischen Eigenschaften der betrachteten Substanz), welche Exposition von Mensch und Umwelt zu erwarten ist. Aus allen diesen Elementen wird dann ermittelt, welche Konzentrationen der betrachteten Substanz als Folge einer bestimmten Verwendung, z. B. als Lösungsmittel, in verschiedenen Umweltkompartimenten (Luft, Wasser, Boden) zu erwarten sind, und ob diese Konzentrationen eine aus den toxikologischen Befunden abgeleitete Nichtwirkungs-Schwelle überschreiten. Wenn sich abzeichnet, dass die Nichtwirkungs-Schwelle überschritten werden könnte, müssen letztendlich Maßnahmen zur Risikominderung getroffen werden (vgl. van Leeuwen/Vermeire 2007).

Das Bewertungsverfahren existiert in dieser Grundform in vielen Ländern und für verschiedene Arten von Chemikalien; im Folgenden wird vor allem auf den Kontext der Europäischen Union (EU) Bezug genommen. Die Entwicklung von Testmethoden für die diversen physikalischen, chemischen und toxikologischen Eigenschaften, die im Verfahren benötigt werden, wird seit über 40 Jahren von der Organisation für Wirtschaftliche Zusammenarbeit und Entwicklung (OECD) koordiniert (vgl. OECD 2016). Das Verfahren befindet sich seit den 1980er-Jahren in einer kontinuierlichen Entwicklung und wurde mehrfach stark überarbeitet. Der Grund dafür liegt darin, dass die zu bewertenden Chemikalien eine große Vielfalt an unterschiedlichen Eigenschaften haben, welche sich nicht mit einem abschließend festgelegten Raster von Testverfahren erfassen lassen, und dass es sehr viele Substanzen sind, die bewertet werden müssen, nämlich mindestens einige zehntausend (ECHA 2018a, 2018b). Wichtige Meilensteine bei der Weiterentwicklung des Verfahrens waren die Richtlinie und die Verordnung für die Risikobewertung alter und neuer Stoffe, welche 1991 in Kraft traten (vgl. Richtlinie 93/67/EEC und Verordnung (EG) 1488/94; für Pflanzenschutzmittel die Richtlinie 91/414 EEC sowie die Verordnung (EG) 1107/2009, welche die Richtlinie 91/414 EEC ersetzt hat, sowie REACH, eine umfassende neue Verordnung der EU für Industriechemikalien, welche 2007 in Kraft trat (Verordnung (EG) 1907/2006). REACH steht für *Registration, Evaluation, Authorisation and Restriction of Chemicals* (Registrierung, Bewertung, Zulassung und Beschränkung von Chemikalien).

Das Bewertungsverfahren hat sich von Beginn an im Spannungsfeld zwischen Wissenschaft und echter Grundlagenforschung einerseits und Routine/Vollzug andererseits befunden, und damit wird das Thema der Unsicherheit relevant. Wie erwähnt, kann sich das Verfahren nämlich nicht auf eine abschließend definierte Vorgehensweise stützen, welche sich von Behörden und Auftragslaboren routinemäßig durchführen ließe, sondern es muss fortwährend weiterentwickelt werden. Der Grund dafür ist, dass die Anzahl der Substanzen, die zu prüfen sind, so groß ist, dass eine umfassende Untersuchung aller Substanzen nicht möglich ist. Es handelt sich um mehrere 10 000 verschiedene Substanzen, und hinzu kommt, dass für jede einzelne Substanz mehrere oder viele Verwendungsweisen zu prüfen sind, dass die Verteilungsmuster in der Umwelt sehr komplex sein können und dass es eine im Prinzip unbegrenzte Anzahl von schädlichen Effekten gibt, die zu prüfen wären. Schließlich kommt hinzu, dass jede Substanz für sich untersucht wird, was dazu führt, dass das Zusammenwirken verschiedener Substanzen in der Umwelt oder im menschlichen Körper im Rahmen des Bewertungsverfahrens systematisch ignoriert wird und die resultierenden Risiken systematisch unterschätzt werden. Hierin liegt der zentrale Punkt dieses Beitrags: Unsicherheiten sind ganz grundlegend mit dem Bewertungsverfahren für Chemikalien verbunden, und die Erfassung und Charakterisierung von Unsicherheiten muss als zentraler Bestandteil des Verfahrens angesehen werden.[1]

Illustrieren lässt sich die Problematik von Unsicherheiten im Bewertungsverfahren für Chemikalien mit der Situation gegen Ende der 1990er-Jahre: Zu dieser Zeit waren die sogenannten Industriechemikalien (dies sind im Wesentlichen alle Substanzen, die nicht als Arzneimittel, Pestizide oder Biozide verwendet werden, z. B. Lösungsmittel, Flammschutzmittel, Weichmacher für Kunststoffe, Imprägniermittel, Farbstoffe, u. v. a. m.) noch in „Altstoffe" und „Neustoffe" eingeteilt. Altstoffe waren Substanzen, die bereits vor 1981 auf dem Markt waren, Neustoffe solche, die nach 1981 auf den Markt kamen. Für die Risikobewertung der Altstoffe waren nicht die Hersteller, sondern die Behörden der EU-Mitgliedstaaten verantwortlich; in Deutschland unterstützte das Beratergremium für umweltrelevante Altstoffe (BUA) die Regierung bei der Altstoffbewertung, und darüber hinaus betrieb auch die OECD ein Altstoffprogramm. Ende der 1990er-Jahre waren von den ca. 100 000 Altstoffen (Neustoffe gab es nur knapp 6 000) auf EU-Ebene erst weniger als 20 offiziell bewertet (vgl. EEA 1998). Die Altstoffbewertung war somit festgefahren und die Situation war eigentlich vor allem durch *Nichtwissen* und

---

1   In diesem Beitrag liegt der Fokus auf den physikalisch-chemischen Stoffeigenschaften und dem Verteilungsverhalten in der Umwelt. Unsicherheiten, welche mit toxischen Wirkungen verbunden sind, gehen über den Rahmen dieses Beitrags hinaus, sind aber ebenfalls von großer Bedeutung und sind z. T. sehr hoch. Dies zeigt die aktuelle Diskussion über endokrine (d. h. hormonähnliche) Wirkungen von Chemikalien, die bereits bei sehr tiefen Konzentrationen auftreten können und in etablierten toxikologischen Testverfahren nicht erfasst werden (vgl. UNEP/WHO 2013). Die Anzahl möglicher sogenannter endokriner Disruptoren (*endocrine disrupting chemicals*, EDC) ist groß, aber Stärke und Art des Effekts sind sehr variabel; über die Definition und Regulierung von EDC wird seit längerem äußerst heftig gestritten (vgl. Bergman et al. 2013).

nicht durch Unsicherheit gekennzeichnet (vgl. Scheringer 2013). Daher wurde ein grundlegender Neuansatz für nötig gehalten, und dieser wurde im sogenannten Weißbuch für REACH präsentiert (vgl. EC 2001). REACH trat dann im Jahr 2007 in Kraft und kann als ein großer Fortschritt angesehen werden, da es von den Herstellern und Importeuren von Chemikalien verlangt, dass diese die Substanzen, welche sie auf dem Markt behalten wollen, selbst testen (oder testen lassen) und dann die erforderlichen Daten der Europäischen Chemikalienagentur (ECHA) übermitteln. Dies drückt sich im REACH-Motto, „No data, no market", aus. Dies soll dazu führen, dass nur noch Substanzen auf dem Markt gehalten werden, deren technische und ökonomische Bedeutung groß genug ist, um die Testung zu rechtfertigen, während alle anderen Substanzen vom Markt verschwinden.

Eine Hauptaussage des vorliegenden Beitrags ist, dass jedoch auch REACH das Problem nicht wirklich löst, da die Anzahl der zu untersuchenden Substanzen immer noch zu hoch ist. Es werden nun sehr viele Daten eingereicht, welche nicht korrekt sind und die dadurch die Qualität der Stoffdatenbank der ECHA erheblich beeinträchtigen (vgl. Stieger et al. 2014; Scheringer 2013; Springer et al. 2015; siehe auch unten Abschnitt 3).

2 Unsicherheiten bei der Bewertung einer einzelnen Substanz

Die mit der Risikobewertung verbundenen Unsicherheiten lassen sich gliedern, indem man von den Emissionsdaten zu den Stoffeigenschaften und dann zum Umweltverhalten (sowie den toxischen Wirkungen, hier nicht behandelt) übergeht.

– *Unsicherheiten bei Emissionsdaten:* Historisch sind Insektizide wie Dichlordiphenyltrichlorethan (DDT) und Industriechemikalien wie polychlorierte Biphenyle (PCB) gute Fallbeispiele, da sie einerseits ausführlich untersucht worden sind und andererseits auch heute immer noch relevant sind (vgl. Scheringer 2012). DDT steht seit Rachel Carsons Buch „Silent Spring" (1962) als paradigmatische Substanz für das Problem der Umweltverschmutzung durch Chemikalien. Nach massivem Einsatz von DDT in den 1950er- und 1960er-Jahren erkannte man, dass das DDT überall in der Umwelt zu finden war und nicht einfach wieder verschwand. Für eine Substanz von großer chemischer Stabilität („Persistenz") ist das eigentlich kein erstaunlicher Befund, aber Carsons Darstellung des Problems löste dennoch großes Erstaunen (und heftige Diskussionen) aus, und bald kam es zu ersten Verboten der Verwendung von DDT in der Landwirtschaft (gegen krankheitsübertragende Insekten ist die Verwendung von DDT bis heute möglich).

Verwendungs- und Emissionsdaten zu DDT und ähnlichen Pestiziden zeigen, dass die Unsicherheit der Emissionsmengen typischerweise einen Faktor drei jeweils nach oben und nach unten beträgt. Wenn fallspezifische Emissionsdaten bekannt sind, ist die Unsicherheit kleiner. Bei Industriechemikalien mit äußerst zahlreichen und zugleich sehr unterschiedlichen Anwendungen wie den polychlorierten Biphenylen sind die Unsicherheiten deutlich größer; hier ist es ein Faktor von zehn, den man um den Schätzwert der Emission herumlegen muss, um die Unsicherheit abzubilden, wodurch ein Unsicherheitsband von 100 entsteht (vgl. Breivik et al. 2007). Für perfluorierte Carboxylsäuren (PFCA), die u. a. bei der Herstellung von Teflon und von Imprägniermitteln für Bekleidung, Teppiche, Nahrungsmittelverpackungen etc. verwendet werden, ist die Unsicherheit kleiner; Wang et al. (2014) haben einen Faktor von acht zwischen einem Szenario mit tiefen Emissionsabschätzungen und einem Szenario mit hohen Emissionsabschätzungen ermittelt.

– *Unsicherheiten bei Stoffeigenschaften:* Ein sehr illustratives Beispiel ist hier der Verteilungskoeffizient zwischen Oktanol und Wasser (K_{ow}). Der K_{ow} ist in der Stoffbewertung von großer Bedeutung, weil er die relative Affinität einer Substanz für Wasser und für organisches Material (Böden, Vegetation, Fettgewebe in Organismen, Muttermilch) beschreibt. Er ist eine Basisgröße, die für jede Substanz erhoben und bei der Registrierung unter REACH eingereicht werden muss. Bei Substanzen mit geringer Wasserlöslichkeit ist der K_{ow} schwer zu messen, weil dann die Konzentration in der Wasserphase sehr niedrig ist. Beispielsweise ist für das Insektizid DDT die Konzentration im Wasser um ca. einen Faktor von einer Million tiefer als im Oktanol. Pontolillo/Eganhouse (2001) haben für das Insektizid DDT alle überhaupt verfügbaren K_{ow}-Werte zusammengestellt. Dabei hat sich ergeben, dass die Werte erstaunlich stark streuen, nämlich über ca. vier Größenordnungen, also einen Faktor 10 000. Dies ist ein irritierender Befund, da der K_{ow} eine wohldefinierte Stoffeigenschaft ist, die unter standardisierten Bedingungen erhoben wird und in die keine biologische Variabilität (wie sie bei toxikologischen Untersuchungen auftritt) einfließt. Es handelt sich also um reine Messungenauigkeiten. Bei anderen Stoffeigenschaften wie den Halbwertszeiten des biologischen Abbaus können ähnlich große Unsicherheiten auftreten. Für die Stoffbewertung heißt dies, dass für alle Eigenschaften einer Substanz die Unsicherheit der vorhandenen Messwerte erhoben werden und in die Beurteilung einbezogen werden muss. Die Unsicherheiten sind dabei deutlich größer als z. B. Abweichungen von einigen Prozent; sie erreichen einen Faktor 10 und mehr in jede Richtung.

– *Unsicherheiten bezüglich des Umweltverhaltens:* Nach der Charakterisierung von Stoffeigenschaften und Emissionsdaten ist die Verteilung in der Umwelt der nächste Schritt. Um die Verteilung einer Chemikalie in der Umwelt zu verstehen und ihre Konzentrationen in den verschiedenen Umweltkompartimenten zu bestimmen, verwendet man Modelle, welche die Stoffflüsse von Chemikalien zwischen Boden, Wasser und Luft berechnen und so eine Gesamtbilanz für die Substanz in einem System aus Boden, Wasser und Luft liefern (vgl. Scheringer 2015). Beispielsweise wird in einem solchen Modell berechnet, wie viel Substanz vom Boden in die Luft verdampft und wie viel Substanz mit dem Regen wieder aus der Luft ausgewaschen und auf dem Boden deponiert wird. Dafür müssen der Dampfdruck und die Wasserlöslichkeit der Substanz (sowie weitere Stoffeigenschaften) als Eingabedaten in das Modell eingespeist werden. Sofern diese Daten mit einer quantifizierbaren Unsicherheit behaftet sind (Unsicherheitsbänder, siehe oben), können auch diese Bandbreiten in das Modell eingespeist werden. Für die Unsicherheiten bedeutet dies, dass sich die Unsicherheiten aller Stoffeigenschaften durch das Modell hindurch fortpflanzen, also auf die vom Modell berechneten Konzentrationen durchschlagen. Dabei reagiert das Modell allerdings mit unterschiedlichen Sensitivitäten gegenüber verschiedenen Eingabeparametern: Eine Unsicherheit in den Emissionsmengen überträgt sich direkt auf die berechneten Konzentrationen, wohingegen Unsicherheiten z. B. in der Regenrate oder der Windgeschwindigkeit nur schwächer auf die berechnete Konzentration wirken. Im Einzelnen hängen die Sensitivitäten eines solchen Modells gegenüber verschiedenen Parametern von der Struktur des Modells und der betrachteten Substanz ab.

Somit lässt sich festhalten: Methoden für die Erfassung und quantitative Behandlung von Unsicherheiten von den Emissionen bis zu den in der Umwelt zu erwartenden Konzentrationen sind etabliert, aber damit diese Methoden greifen, muss die Unsicherheit der Eingangsdaten quantifiziert, also ihrerseits recht gut charakterisiert sein. Ein Beispiel ist das Insektizid Endosulfan, für welches Becker et al. (2011) den hier skizzierten Prozess von den Emissionsdaten über die Stoffeigenschaften bis hin zu den in der Umwelt zu erwartenden Konzentrationen einschließlich aller Unsicherheiten durchgearbeitet haben. Auf der Grundlage der von Becker et al. (2011) erhaltenen Ergebnisse konnte dann das POP Review Committee der Stockholm-Konvention beschließen, dass Endosulfan die Eigenschaften eines persistenten organischen Schadstoffes im Sinne der Konvention erfüllt, und damit war die Grundlage für das weltweite Verbot von Endosulfan im Jahr 2011 gelegt. Trotz der mit allen Elementen der Bewertung verbundenen Unsicherheiten ergeben sich in solch einem recht gut dokumentierten Fall am

Ende des Bewertungsverfahrens belastbare Aussagen, die auch als politische Entscheidungsgrundlagen geeignet sind (vgl. Scheringer 2015). Als Fazit ergibt sich: Selbst für Chemikalien, die seit Längerem untersucht werden, bestehen einerseits noch erhebliche Unsicherheiten und Wissenslücken auf allen Stufen des Verfahrens, andererseits lassen sich diese Unsicherheiten in Form von Bandbreiten quantitativ abschätzen und damit für politische Entscheidungsprozesse „bändigen" und handhaben (Beispiel Endosulfan).

3 Ein neues Problem: Datenbank-Unsicherheit

Unter REACH entsteht zurzeit ein neues, so nicht erwartetes Problem, welches eine neue Qualität von Unsicherheit hervorbringt, die hier als „Datenbank-Unsicherheit" bezeichnet werden soll. Die mit den Registrierungsdossiers bei der ECHA eingereichten Stoffdaten werden in einer von der ECHA verwalteten Datenbank abgelegt. Wie sich nun, während kontinuierlich mehr und mehr Daten in die Datenbank eingespeist werden, zeigt, ist die Datenbank mit einer unbekannten Menge falscher Daten durchsetzt. Das Problem geht über die übliche Problematik eines (sehr) kleinen Anteils an falschen Datenpunkten hinaus, der bei großen Datenbeständen immer anfällt. Vielmehr handelt es sich um eine Kombination aus einerseits erheblichen Datenlücken und andererseits systematischen Messfehlern, die bei vielen Substanzen in ähnlicher Weise auftreten. Die Datenlücken werden dokumentiert in einem Bericht von Springer et al. (2015); untersucht wurden 1814 Dossiers von Substanzen mit einem Produktionsvolumen von über 1000 t/a (sog. *high-production-volume chemicals*). Von diesen 1814 Dossiers entsprach nur ein einziges (!) den Vorgaben, 58 % waren mangelhaft, und bei 42 % war die Datenlage unklar und es ließ sich im Rahmen einer standardisierten web-basierten Überprüfung nicht entscheiden, ob ein Mangel vorliegt oder nicht.

Das Problem der Messfehler haben Stieger et al. (2014) anhand einer Gruppe bromierter Flammschutzmittel illustriert. Zwei der zahlreichen Datenpunkte, die mit einem Dossier eingereicht werden müssen, sind der Oktanol-Wasser-Verteilungskoeffizient (K_{ow}) und die aquatische Toxizität, ausgedrückt als LC_{50} (Konzentration im Wasser, bei der 50 % der Testorganismen sterben). Die Analyse von Stieger et al. (2014) zeigt, dass der K_{ow} häufig zu tief ist, oft um mehrere Größenordnungen[2], und dass für die LC_{50} häufig zu hohe Werte angegeben werden, also eine zu geringe Toxizität ausgewiesen wird. Ursachen für diese Messfehler sind beim K_{ow}, dass insbesondere hohe K_{ow}-Werte schwer zu messen sind, weil

---

2 Eine Größenordnung ist ein Faktor 10.

sie eine analytische Bestimmung der Substanzkonzentration in Wasser erfordern und weil bei hohem K_{ow} die Konzentration im Wasser tief ist (vgl. Pontolillo/ Eganhouse 2001). In vielen Fällen scheint die Nachweisgrenze des Messverfahrens nicht tief genug zu sein, um solche niedrigen Konzentrationen bestimmen zu können. Dadurch werden zu hohe Konzentrationen im Wasser und in der Folge zu tiefe K_{ow}-Werte angegeben. Diese Beobachtung wird dadurch ergänzt, dass Stieger et al. (2014) keine K_{ow}-Werte gefunden haben, die zu hoch liegen. Bei der LC_{50} für Fische oder Flusskrebse treten mehrere Probleme gemeinsam auf. Ein Faktor ist auch hier eine geringe Wasserlöslichkeit, weil bei tiefer Wasserlöslichkeit die Konzentration im Testsystem schwer einzustellen und zu kontrollieren ist. Immer wieder werden sogar nur nominale Konzentrationen angegeben, d. h. die Menge der Substanz, die dem Testsystem zugefügt wurde, wobei dies oft mehr ist, als im Wasser gelöst werden kann. Nominale Konzentrationen sind somit physikalisch und biologisch sinnlos. Ein weiteres Problem ist, dass bei tiefer Wasserlöslichkeit die Aufnahme in den Organismus langsam abläuft, so dass bei den primär geforderten Tests auf akute Toxizität die Testdauer zu kurz sein kann, um toxische Effekte sichtbar werden zu lassen.

Das Problem der Datenbank-Unsicherheit ergibt sich nun, weil die ECHA zum einen keine genügende Kapazität hat, um alle Daten auf ihre inhaltliche Korrektheit zu prüfen, und weil sie keine Handhabe hat, als fehlerhaft erkannte Daten zurückzuweisen bzw. bei Substanzen mit fehlerhaften Dossiers die Registrierung zu verweigern (vgl. UBA 2012). Dadurch akkumulieren sich fehlerhafte Daten in einem zunehmenden, insgesamt jedoch nicht genau bekannten Umfang.

Unter REACH besteht nun also eine Ambivalenz, welche zu „fragiler Evidenz" (Scheringer 2013) führt: Einerseits sind viel mehr Daten zu Industriechemikalien verfügbar als je zuvor, andererseits ist der Datenbestand als ganzer nicht verlässlich, weil fehlerhafte Daten nicht markiert sind und daher nicht ohne weiteres erkennbar ist, ob ein Datenpunkt korrekt ist oder nicht. Wenn Anwender Daten aus der Datenbank abrufen, ist nicht klar, *ob* ein Datum falsch oder korrekt ist, und zweitens ist ebenfalls unklar, *wie stark* ein Datum allenfalls vom korrekten Wert abweicht. Der Inhalt der Datenbank ist sozusagen „kontaminiert" mit einer systemischen Unsicherheit. Angesichts der Größe des Datenbestandes (im Februar 2018 gab es 17 885 registrierte Substanzen, wobei für jede Substanz zahlreiche Datenpunkte vorhanden sind) ließe sich diese Datenbank-Unsicherheit nur mit sehr großem Aufwand identifizieren und vermindern. Zurzeit gibt es seitens der ECHA keine Hinweise, wie das Problem der Datenbank-Unsicherheit angegangen werden soll. Immerhin wurde im März 2017, also zehn Jahre nach dem Inkrafttreten von REACH, eine Möglichkeit geschaffen, eingereichte Stoffdaten von ca. 15 000 unter REACH registrierten Substanzen herunterzuladen (vgl. ECHA 2018c). Dieser Schritt war lange überfällig, denn größere Datensätze wie z. B. die K_{ow}-Werte oder der Biokonzentrationsfaktor sämtlicher bisher unter REACH registrierten Substanzen sind erforderlich, um einzelne Datenpunkte in den Kontext der Werte für andere, strukturell ähnliche Substanzen stellen und auf diese Weise fehlerhafte Werte identifizieren zu können (Stieger et al. 2014 haben dies für den K_{ow} von bromierten Flammschutzmitteln exemplarisch durchgeführt).

In diesem Zusammenhang ergeben sich interessante Folgefragen hinsichtlich der Qualität von (sehr) großen Datenbeständen, die (sehr) schnell aufgebaut werden (*big data*).

4 Sind die Unsicherheiten zu groß?

Auf naturwissenschaftlicher Seite gibt es einen weiteren Effekt, der bei der Risikobewertung von Chemikalien erschwerend wirkt: Ab einem gewissen Ausmaß von Unsicherheit wird unter Naturwissenschaftlerinnen und -wissenschaftlern häufig die Ansicht vertreten, dass man ein Problem nicht mehr sinnvoll bearbeiten könne. Gerade bei der Risikobewertung von Chemikalien, bei der die empirische Grundlage aufgrund der fehlenden Daten tatsächlich erstaunlich schwach ist, wird immer wieder eingewendet, dass die Unsicherheiten zu groß seien, um „sinnvolle" oder „belastbare" Aussagen zu erhalten. Diese Sichtweise führt dazu, dass Probleme von Datenbedarf und Datenqualität in der Stoffbewertung, die erhebliche praktische und politische Bedeutung haben, der wissenschaftlichen Bearbeitung verschlossen bleiben.[3]

Auch bei einem recht gut dokumentierten Fall wie der globalen Verteilung von Endosulfan (siehe Abschnitt 2) treten schnell Bandbreiten in der Größe von einem Faktor 10–30 auf, allerdings stammt bereits ein Faktor von knapp 10 allein aus der Unsicherheit der Emissionen (vgl. Becker et al. 2011). Wenn die Datenlage schlechter ist (was oft der Fall ist), werden die Unsicherheiten noch größer und es kann durchaus sein, dass man auf die Bestimmung von Bandbreiten um

---

3 Wenn diesen Fragen wissenschaftsintern die Bearbeitbarkeit abgesprochen wird, ist dies u. a. ein Ausdruck des Streites über die Deutungshoheit in einem wissenschaftlichen Gebiet, denn die Definition, was als relevantes und bearbeitbares Problem gelten kann, ist ein zentraler Schritt beim „Abstecken" von Ansprüchen und Rechten in einem Arbeitsgebiet und bei der Zuweisung eines Gebietes sowie der für seine Bearbeitung erforderlichen Ressourcen an Wissenschaftler/-innen und Institute.

einen mittleren Wert herum verzichten muss und z. B. nur noch Minimum- und
Maximum-Szenarien abschätzen kann, um das gesuchte Resultat grob einzugren-
zen (vgl. Morgan 2001). Dieses Beispiel zeigt jedoch auch, dass natürlich auch
Fragestellungen mit großen Unsicherheiten *nicht* unbearbeitbar sind. Vielmehr
müssen bei so großen Unsicherheiten die *Methoden* und die *Zielsetzungen* angepasst werden: Die Zielsetzung kann nicht mehr die möglichst genaue quantitative
Bestimmung eines Wertes (wie z. B. der Konzentration einer Substanz an einem
gewissen Ort zu einer gewissen Zeit) sein. Zielsetzung ist dann vielmehr zunächst
nur die Bestimmung von plausiblen Minimal- und Maximalwerten der gesuchten
Größe sowie die Identifizierung von Faktoren, die die gesuchte Größe beeinflussen; weiterhin die Identifizierung von „Zwischenproblemen", deren Beantwortung
auf dem Weg zur gesuchten Größe weiterhilft, und schließlich die Bestimmung
des methodischen Bedarfs, also die Benennung dessen, was neu zu entwickelnde
Methoden leisten müssen, wenn man der gesuchten Größe näherkommen will.
Auf der Methodenseite kann dann statt einer quantitativen Fehlerfortpflanzung
wie z. B. durch sogenannte „Monte-Carlo-Methoden" (vgl. MacLeod et al. 2002)
eine „Bounding Analysis" (Morgan 2001) durchgeführt werden.

Ein weiterer Punkt, bei dem im Gebiet der Stoffbewertung Umdenken gefordert ist, betrifft das Gewicht, welches gemessenen Werten zugesprochen wird.
Aus diversen Gründen (historisch, methodisch) werden in den Naturwissenschaften gemessene Werte, also unmittelbar empirische Befunde, als besonders
aussagekräftig angesehen. Bei der Stoffbewertung gibt es jedoch immer wieder
Zielgrößen, für welche die bestehenden Messverfahren nicht genügend genau
sind oder nicht den tatsächlich relevanten Aspekt messen. Beispiele sind der K_{ow}
(vgl. Pontolillo/Eganhouse 2001), die LC_{50} für aquatische Toxizität (vgl. Mayer/
Reichenberg 2006), der Biokonzentrationsfaktor (BCF) (vgl. Jonker/van der
Heijden 2007) und auch die Halbwertszeit für biologischen Abbau (vgl. Ng et al.
2011). Für diese Größen gibt es jedoch neben der Messung auch die Möglichkeit,
sie aus der chemischen Struktur einer Substanz abzuschätzen (vgl. van Leeuwen/
Vermeire 2007: Kap. 9 und 10; US EPA 2016).

Es ist ein zentrales Erkenntnisziel der Chemie, Zusammenhänge zwischen der
Struktur und den Eigenschaften chemischer Substanzen zu etablieren; diese Zusammenhänge gehören zum Kern des chemischen Wissens überhaupt und fließen
in die genannten Abschätzmethoden ein. Für Abschätzmethoden bestehen natürlich immer Grenzen ihrer Anwendbarkeit (die sogenannte Anwendungsdomäne,
application domain); außerhalb dieser Domäne sind mit einer Abschätzmethode
gewonnene Resultate inkorrekt oder zumindest unsicher (wobei das Ausmaß der
Unsicherheit nicht bekannt ist), aber innerhalb der Anwendungsdomäne liefern

solche Struktur-Eigenschafts- oder Struktur-Aktivitäts-Beziehungen durchaus valide Resultate, deren Unsicherheit quantifiziert werden kann. Somit bestehen für einige in der Stoffbewertung zentrale Größen durchaus Alternativen in Form von Abschätzmethoden. Diese sind der direkten Messung vorzuziehen, wenn die derzeitig verfügbare Messmethode unzureichend ist und Artefakte erzeugt, hingegen das theoretische Verständnis gut genug ist, um brauchbare Schätzwerte zu liefern. Dies war die Vorgehensweise von Strempel et al. (2012) bei der Untersuchung der sogenannten PBT-Eigenschaften (Persistenz, Bioakkumulation, Toxizität) von 95 000 Chemikalien. Gemessene Werte für die hierbei benötigten Daten (Halbwertszeiten des biologischen Abbaus, Biokonzentrationsfaktor, aquatische Toxizität) waren nur für weniger als 3 000 von den 95 000 untersuchten Substanzen vorhanden. Die Vorgehensweise von Strempel et al. (2012) hat kontroverse Diskussionen über die Frage ausgelöst, ob eine zu großen Teilen auf abgeschätzten Daten beruhende Untersuchung dieser Größenordnung überhaupt als valide und als „wissenschaftlich" gelten kann.

Wenn in solchen Diskussionen auf einer Priorität gemessener Daten insistiert und die Relevanz und Validität abgeschätzter Daten bestritten wird, hat dies zwei Aspekte: Von einem methodischen Standpunkt aus bedeutet diese Haltung, dass zentrale Elemente des etablierten chemischen Wissens ignoriert werden (siehe oben). Es geht in der Stoffbewertung jedoch bei weitem nicht nur um methodische Fragen, sondern auch um Machtfragen und ökonomische Aspekte. Daher führen Vertreterinnen und Vertreter der chemischen Industrie auch in Fällen, in denen Messungen größere Unsicherheiten und systematische Abweichungen erzeugen als Abschätzverfahren, immer wieder die angeblich höhere Gültigkeit gemessener Daten ins Feld. Ein Beispiel sind die viel zu tiefen K_{ow}-Werte, die von Stieger et al. (2014) gefunden wurden und die von der chemischen Industrie trotz offensichtlicher Abweichungen um viele Größenordnungen (konkret um bis zu einen Faktor von einer Milliarde; Stieger et al. 2014) als „valide, weil gemessen" verteidigt wurden und werden.

5 Ausblick

Die diversen Quellen von Unsicherheit und die Größe und Komplexität des Problems erfordern eine fortwährende wissenschaftliche Weiterentwicklung und Fundierung des Verfahrens zur Chemikalienbewertung. Dass ein Teil des Verfahrens im Rahmen einer gewissen Routine abgewickelt werden kann (was durchaus sinnvoll und im Interesse der Industrie ist, weil damit Transparenz und Verlässlichkeit gewährleistet sind), darf nicht darüber hinwegtäuschen, dass genuine Forschungsleistungen notwendig sind, um das Verfahren weiterzuentwickeln und inhaltlich und methodisch abzusichern. Hier besteht zurzeit leider ein erhebliches Missverständnis dahingehend, dass es häufig als Signal für das Ende des Forschungsbedarfs gesehen wird, wenn eine Regulierung in Kraft getreten ist, wie z. B. REACH.

Gerade unter REACH, der Wasserrahmenrichtlinie sowie internationalen Abkommen wie der Stockholm-Konvention ist der Bedarf an umweltchemischer und ökotoxikologischer Forschung jedoch größer als je zuvor. Wenn eine Regulierung in Kraft getreten ist, ist damit verbindlich geworden, dass eine Problematik untersucht, Daten erhoben, Bewertungen vorgenommen werden müssen, und oft bedeutet dies nicht nur unmittelbaren „praktischen" Arbeitsaufwand, sondern auch längerfristigen Bedarf an grundlegender Forschung: Es müssen neue Methoden zur Erhebung von Daten sowie Methoden zur Interpretation solcher Daten entwickelt werden, dann müssen diese Methoden in die praktische Anwendung gebracht werden, und erst damit werden die Grundlagen für die wirksame Umsetzung der Regulierung geschafffen (vgl. Scheringer 2018).

Die Stoffbewertung muss immer eine Brücke zwischen Wissenschaft und regulatorischer und politischer Umsetzung schlagen, und hier spielen die vorhandenen Unsicherheiten, und wie mit ihnen umgegangen wird, eine entscheidende Rolle. Beim Transfer des wissenschaftlichen Wissens in die behördliche und regulatorische Umsetzung können Unsicherheiten so gehandhabt werden, dass vorhandenes Wissen und seine Grenzen in Konsens-Erklärungen von Seiten der Wissenschaft gebündelt und in den Diskurs eingespeist werden. Beispiele für solche Konsens-Erklärungen, die zum Teil auch ausführlich in den Medien behandelt wurden, sind die Erklärungen zu bromierten Flammschutzmitteln („San Antonio-Statement", Di Gangi et al. 2010) und zu fluorierten Substanzen für Imprägniermittel, Feuerlöschschäume etc. („Helsingør-Statement", Scheringer et al. 2014; „Madrid-Statement", Blum et al. 2015).

Literatur

Becker, Linus/Scheringer, Martin/Schenker, Urs/Hungerbühler, Konrad (2011): Assessment of the environmental persistence and long-range transport of endosulfan. In: Environmental Pollution 159, 1737–1743.

Bergman, Åke/Andersson, Anna-Maria/Becher, Georg/van den Berg, Martin/ Blumberg, Bruce/Bjerregaard, Poul et al. (2013): Science and policy on endocrine disrupters must not be mixed. A reply to a "common sense" intervention by toxicology journal editors. In: Environmental Health 12, 69. http://www. ehjournal.net/content/12/1/69 (abgerufen 27.2.2018).

Blum, Arlene/Balan, Simona/Scheringer, Martin/Trier, Xenia/Goldenman, Gretta/ Cousins, Ian/Diamond, Miriam/Fletcher, Tony/Higgins, Chris/Lindeman, Avery/ Peaslee, Graham/de Voogt, Pim/Wang, Zhanyun/Weber, Roland (2015): The Madrid Statement on Poly- and Perfluoroalkyl Substances (PFASs). In: Environmental Health Perspectives 123, A107–A111.

Breivik, Knut/Sweetman, Andy/Pacyna, Jozef/Jones, Kevin (2007): Towards a global historical emission inventory for selected PCB congeners. A mass balance approach 3. An update. In: Science of the Total Environment 377, 296–307.

Carson, Rachel (1962): Silent Spring. Boston.

Di Gangi, Joe/Blum, Arlene/Bergman, Åke/de Wit, Cynthia/Lucas, Donald/ Mortimer, David/Schecter, Arnold/Scheringer, Martin/Shaw, Susan/Webster, Thomas (2010): San Antonio Statement on Brominated and Chlorinated Flame Retardants. In: Environmental Health Perspectives 118, A516–A518.

EC (European Commission) (2001): White Paper on the Strategy for a future Chemicals Policy. http://ec.europa.eu/environment/archives/chemicals/ reach/background/white_paper.htm?uri=CELEX:52001DC0088 (abgerufen 27.2.2018).

ECHA (European Chemicals Agency) (2018a): Registrierte Stoffe. https://echa. europa.eu/de/information-on-chemicals/registered-substances (abgerufen 27.2.2018).

ECHA (European Chemicals Agency) (2018b): Vorregistrierte Stoffe. https://echa. europa.eu/de/information-on-chemicals/pre-registered-substances (abgerufen 27.2.2018).

ECHA (European Chemicals Agency) (2018c): REACH study results are published. https://iuclid6.echa.europa.eu/view-article/-/journal_content/title/ iuclid-6-version-1-2-0-is-availab-2 (abgerufen 27.2.2018).

EEA (European Environment Agency) (1998): Chemicals in the European Environment: Low Doses, High Stakes? Kopenhagen. http://www.eea.europa.eu/ publications/NYM2 (abgerufen 27.2.2018).

Jonker, Michiel T. O./van der Heijden, Stephan A. (2007): Bioconcentration factor hydrophobicity cutoff: an artificial phenomenon reconstructed. In: Environmental Science and Technology 41, 7363–7369.

MacLeod, Matthew/Fraser, Alison/Mackay, Donald (2002): Evaluating and expressing the propagation of uncertainty in chemical fate and bioaccumulation models. In: Environmental Toxicology and Chemistry 21, 700–709.

Mayer, Philipp/Reichenberg, Fredrik (2006): Can highly hydrophobic organic substances cause aquatic baseline toxicity and can they contribute to mixture toxicity? In: Environmental Toxicology and Chemistry 25, 2639–2644.

Morgan, M. Granger (2001): The neglected art of bounding analysis. In: Environmental Science and Technology 35, 162A–164A.

Ng, Carla/Scheringer, Martin/Fenner, Kathrin/Hungerbühler, Konrad (2011): A framework for evaluating the contribution of transformation products to chemical persistence in the environment. In: Environmental Science and Technology 45, 111–117.

OECD (Organisation for Economic Co-Operation and Development) (2016): Chemical safety and biosafety. Paris. http://www.oecd.org/chemicalsafety/ (abgerufen 27.2.2018).

Pontolillo, James/Eganhouse, Robert (2001): The search for reliable aqueous solubility (S_w) and octanol-water partition coefficient (K_{ow}) data for hydrophobic organic compounds: DDT and DDE as a case study. Reston. http://pubs.water.usgs.gov/wri01-4201/ (abgerufen 27.2.2018).

Scheringer, Martin (2012): Umweltchemikalien 50 Jahre nach *Silent Spring*: ein ungelöstes Problem. In: GAIA 21, 210–216.

Scheringer, Martin (2013): Fragile Evidenz: Datenprobleme in der Risikobewertung für Chemikalien. In: Technikfolgenabschätzung – Theorie und Praxis 22.3, 25–30.

Scheringer, Martin (2015): Multimedia mass- balance models for chemicals in the environment. Reliable tools or bold oversimplifications? In: Integrated Environmental Assessment and Management 11, 177–178.

Scheringer, Martin (2017): Environmental chemistry and ecotoxicology: in greater demand than ever. In: Environmental Sciences Europe 29.3.

Scheringer, Martin/Trier, Xenia/Cousins, Ian/de Voogt, Pim/Fletcher, Tony/Wang, Zhanyun/Webster, Thomas (2014): Helsingør Statement on poly- and perfluorinated alkyl substances (PFASs). In: Chemosphere 114, 337–339 [open access].

Springer, Andrea/Herrmann, Henning/Sittner, Dana/Herbst, Uta/Schulte, Agnes (2015): REACH compliance. Data availability of REACH registrations part 1: screening of chemicals > 1000 tpa. UBA Texte 43/2015. Dessau-Roßlau.

Stieger, Greta/Scheringer, Martin/Ng, Carla/Hungerbühler, Konrad (2014): Assessing the persistence, bioaccumulation potential and toxicity of brominated flame retardants. Data availability and quality for 36 alternative brominated flame retardants. In: Chemosphere 115, 118–123.

Strempel, Sebastian/Scheringer, Martin/Ng, Carla/Hungerbühler, Konrad (2012): Screening for PBT chemicals among the "existing" and "new" chemicals of the EU. In: Environmental Science and Technology 46, 5680–5687.

UBA (Umweltbundesamt) (2012): Pressemitteilung 20/2012. Dessau-Roßlau. https://www.umweltbundesamt.de/presse/presseinformationen/informationslage-zu-chemikalien-verbessert (abgerufen 27.2.2018).

UNEP/WHO (United Nations Environment Programme/World Health Organization) (2013): State of the science of endocrine disrupting chemicals – 2012. Genf.

US EPA (United States Environmental Protection Agency) (2016): EPI Suite – Estimation Program Interface. Washington D.C. https://www.epa.gov/tsca-screening-tools/epi-suitetm-estimation-program-interface (abgerufen 27.2.2018).

van Leeuwen, Cornelis J./Vermeire, Theo G. (2007): Risk Assessment of Chemicals. An Introduction. Dordrecht.

Wang, Zhanyun/Cousins, Ian/Scheringer, Martin/Buck, Robert/Hungerbühler, Konrad (2014): Global emission inventories for C_4–C_{14} perfluoroalkyl carboxylic acid (PFCA) homologues from 1951 to 2030, Part I: production and emissions from quantifiable sources. In: Environment International 70, 62–75.

Unsicherheit in der wissenschaftsinternen und wissenschaftsexternen Kommunikation

Lisa Rhein (Darmstadt)

Thematisierung von Nichtwissen und Unsicherheiten in wissenschaftlichen Diskussionen

Abstract: Ignorance and insecurities are important elements of science and research. Every researcher is confronted not only with his or her own non-knowledge but also with non-knowledge of a discipline or research group. Ignorance, however, can also threaten a researcher's reputation, it can be used strategically in scientific discussions, for example to weaken another's contribution or to heighten one's own image. The article explores the influence of non-knowledge communication on the images of discussants in scientific, interdisciplinary contexts.

Keywords: Nichtwissen – Trägerschaft – Intentionalität – Temporalität – interdisziplinäre Diskussion – Selbstdarstellung – Image – Fachidentität – Kompetenz – Kritik

1 Nichtwissen in der Wissenschaft

Kompetenz, Expertenwissen und Glaubwürdigkeit sind typische Attribute, die die Reputation ‚guter' Wissenschaftler ausmachen. Sie sind es, die das akademische Image prägen und wichtige berufliche Ressourcen darstellen.[1] Auf Konferenzen werden Expertenwissen und Kompetenz interaktiv und themenbezogen ausgehandelt; das heißt, dass einem Akteur vom Kommunikationspartner mehr oder weniger Wissen, Expertenwissen oder Nichtwissen zugeschrieben werden kann (vgl. Konzett 2012: 137, 167 f.). Vor allem in interdisziplinären Diskussionen und in Situationen mit starkem Statusgefälle ist Nichtwissen präsent. Dabei ist mit Nichtwissensthematisierungen oftmals ein Imageproblem für die Wissenschaftler verbunden: Man läuft

> in bestimmten Situationen und Kontexten Gefahr, sich durch ‚dumme', ‚unqualifizierte' Fragen eine Blöße zu geben und hinter einem allgemein vorausgesetzten Wissensstand zurückzubleiben. Es ist, mit anderen Worten, nicht immer klug, sein Nichtwissen mitzuteilen, wenn Wissen erwartet wird und wenn (nur) Wissen als Ausdruck von Kompetenz und Autorität gilt (Wehling 2012: 74 f.).

---

1 In der Impression-Management-Theorie wurde dies bereits als Form der Imagekonstruktion erfasst (vgl. Mummendey 1995: 147; Whitehead/Smith 1986).

Die Identität eines Wissenschaftlers als kompetenter und über großes Wissen ver-
fügender Forscher ist also auch dadurch beeinflusst, wie er im wissenschaftlichen
Forschungs- und Kommunikationsalltag mit Nichtwissen umgeht:

> In academia, to be competent is most fundamentally to be knowledgeable. In university
> settings where discussion is about ideas, to be knowledgeable is far from an easy task.
> Always there are more authors to be read, technical information to be mastered, ideas
> that require understanding and integration into larger frames. In this academic setting,
> knowledgeability can never be other than bounded and a matter of degree. No person
> can know everything. Hence, while being a highly knowledgeable person is a desired
> identity, there is simultaneously a recognition that not knowing, at least under certain
> circumstances, should be regarded as reasonable. (Tracy 1997: 52)

In diesem Zitat wird deutlich, dass jeder Wissenschaftler mit seinem eigenen
Nichtwissen konfrontiert wird, dass Nichtwissen ein normaler, in Diskussionen
unter Umständen für das eigene Image aber problematischer Zustand ist und
ebenso in der Forschungspraxis eine wichtige Rolle spielt. Daher soll im Folgenden die Frage beantwortet werden, wann und wie Wissenschaftler Nichtwissen
und Unsicherheiten in Diskussionen thematisieren – und vor welchen Herausforderungen sie dabei im Hinblick auf Kompetenzsicherung stehen.

Unter Nichtwissen wird der Umstand verstanden, etwas nicht (genau) zu
wissen, etwas (noch) nicht zu wissen, etwas überhaupt nicht zu wissen sowie
nicht zu wissen, dass man etwas nicht weiß – es handelt sich demnach um
Wissenslücken, bewusstes Nichtwissen oder nicht-gewusstes Nichtwissen. Davon abzugrenzen sind die unterschiedlichen Graduierungen von Wissen und
Nichtwissen, also die epistemische Qualität von Wissen. Peter Janich zufolge
sind dies die vier Stufen Ahnen, Vermuten, Meinen und Wissen (vgl. Janich
2012: 27 f.), wobei das Ahnen sehr unsicheres Wissen anzeigt, beim Vermuten
das Wissen zumindest formulierbar ist und das Wissen im Meinen schon subjektiv begründbar ist. Das intersubjektiv begründbare Wissen stellt die höchste
Stufe dar.

Linguistische Forschungsliteratur zu Kommunikation von wissenschaftlichem
Nichtwissen existiert nur spärlich. Die wenigen bisher vorgelegten Arbeiten beziehen sich auf schriftliche wissenschaftliche und populärwissenschaftliche Texte
(z. B. Janich et al. 2010; Janich/Simmerling 2013; Simmerling et al. 2013; Simmer-
ling/Janich 2015) oder dienen einer Skizzierung eines linguistischen Forschungsprogramms (vgl. Janich/Simmerling 2015; Janich 2018). Einen ersten Ansatz der
Untersuchung mündlicher, wissenschaftlicher Nichtwissens-Kommunikation
liefert Rhein (2015).

Vor diesem Hintergrund thematisiert der vorliegende Aufsatz schlaglichtartig zweierlei: Zum einen wird gezeigt, wie Nichtwissen gesprochensprachlich ausgedrückt und in Diskussionen signalisiert wird. Zum anderen werden forschungspraktische und kommunikative bzw. diskursive Strategien von Wissenschaftlern im Umgang mit Nichtwissen in den Blick genommen. Die herausgearbeiteten Strategien sowie die Verbalisierungsmöglichkeiten von Nichtwissen werden jeweils im Hinblick auf die Auswirkungen auf die individuelle Selbstdarstellung interpretiert; die zugrunde liegende Frage lautet jeweils: Wie wirkt sich die Kommunikation von Nichtwissen auf die Images der Wissenschaftler als gute, *lege artis* arbeitende Forscher aus? Inwiefern erweist sich die Kommunikation von Nichtwissen als Herausforderung im wissenschaftlichen Kommunikationsalltag?

2 Korpus und Methode[2]

Grundlage der Untersuchung ist ein Korpus aus Audioaufnahmen von Diskussionen nach Vorträgen auf drei interdisziplinären Tagungen aus den Jahren 2008, 2009 und 2011. Aus den Aufnahmen wurden anhand definierter Kriterien unterschiedlich lange Sequenzen (mit einer Gesamtdauer von ca. 3,5 Stunden) ausgewählt und nach dem gesprächsanalytischen Transkriptionssystem (GAT 2; Selting et al. 2009) transkribiert. Die erweiterten Minimaltranskripte enthalten neben dem Wortlaut des Gesagten u. a. Angaben zu Turnwechseln, Tilgungen, Klitisierungen, Akzenten, Pausen und Veränderungen der Stimmqualität. Eine Übersicht über die in diesem Aufsatz relevanten Transkriptionskonventionen gibt Tabelle 1 im Anhang.

Die Personen wurden anonymisiert und mit einem Kürzel versehen, das Auskunft gibt über ihre Disziplin/Disziplinkombination, akademischen Grad und ihr Geschlecht. Da es in der Analyse eine Rolle spielt, welches Statusgefälle vorliegt (z. B. Diskussion zwischen Professor und Doktorand) und welche Disziplinen einander gegenüberstehen (z. B. zwei naturwissenschaftliche Disziplinen oder eine geistes- und eine sozialwissenschaftliche Disziplin), wurden diese Daten jeweils erfasst. Das Geschlecht wurde über das Kürzel zwar ebenfalls miterfasst; da der überwiegende Anteil der Vortragenden und Diskutierenden auf den untersuchten Konferenzen aber Männer waren und daher nur eine geringe Zahl von Frauen im Korpus vertreten ist, erfolgt keine geschlechter-kontrastive Untersuchung des Diskussions- und Selbstdarstellungsverhaltens.

---

2   Sowohl Korpus und Methode der Analyse werden jeweils nur in Grundzügen beschrieben. Eine ausführliche Darstellung findet sich in Rhein (2015).

Für die Untersuchung wurden gezielt Diskussionen ausgewählt, weil diese durch ihre eristische Struktur und die Notwendigkeit einer guten Gesprächs- organisation große Ansprüche an die Imagearbeit der Teilnehmer stellen (vgl. Tracy 1997; Webber 2002; Fritz 2010; Konzett 2012). Weiterhin fiel die Wahl auf interdisziplinäre Anlässe, weil dort keine klar umrissene *scientific community* existiert, Wissenschaftler also im eigenen Forschungsgebiet Experten, in fremden Gebieten aber Laien sind und Kompetenz, Expertenschaft und Glaubwürdigkeit deshalb erst interaktiv auszuhandeln sind.

Das Korpus weist zwei grundlegend verschiedene Diskussionsformate auf: die Plenums- und die sogenannte Fokusdiskussion. Unter *Fokusdiskussion* wird hier ein Format verstanden, bei dem zwei Wissenschaftler – ähnlich einer Podiumsdis- kussion – für zehn Minuten zunächst zu zweit vor einem Publikum ein konkretes Thema diskutieren, bevor das Plenum im Rahmen der *Plenumsdiskussion* vom Moderator zum Mitdiskutieren aufgefordert wird.

Zur Bearbeitung der Forschungsfragen wurde eine linguistische Methode entwickelt, die soziologische, sozialpsychologische und linguistische Ansätze zu Selbstdarstellung in ein linguistisches Modell integriert. In einem ersten Schritt wurden deduktiv aus der Forschungsliteratur und induktiv aus dem Korpus Ana- lysekriterien ermittelt. Diese Kriterien wurden in einem zweiten Schritt in einem Gesamtraster systematisiert und auf das Gesamtkorpus angewendet. Relevante Analysekategorien sind u. a. die folgenden:

1) Zur Kontextualisierung der Interaktion sind z. B. Angaben zur Interaktions- situation, zur Anzahl der Personen, den jeweiligen Rollen und Rollenasym- metrien sowie dem Status der Personen von Bedeutung.
2) Die sprachlichen Mittel der Selbstdarstellung, Beziehungskommunikation und Kommunikationsform ‚Diskussion‘ umfassen
   a) auf verbaler Ebene z. B. Anreden, Formen der Selbst- und Fremddarstel- lung, Sprechhandlungen, Gefühlsausdrücke, Initiierungsmöglichkeiten von Kritik und Dissens sowie Reaktionsmöglichkeiten, diskussionsspe- zifische Lexik und Syntax;
   b) auf paraverbaler Ebene z. B. Mittel, die Gefühlslage und Einstellungen sig- nalisieren;
   c) auf der Ebene des Gesprächsverhaltens z. B. Zwischenrufe, Unterbrechen des Gesprächspartners, bescheidenes, defensives oder aggressives Ge- sprächsverhalten.

Die Methode ist als Forschungsinstrument für eine qualitative und deskriptive Analyse in sich geschlossen, gleichzeitig aber fokus- und domänenspezifisch erweiterbar und kann demnach auch in anderen Forschungskontexten angewendet werden.[3]

In der Studie wurden vier Leitfragen mit Hilfe des Modells analysiert:

1) Gegenseitiges Kritisieren: Wie werden positive und negative Kritik formuliert, auf welche Aspekte bezieht sie sich? Wie wird auf Kritik reagiert und welche Auswirkungen haben das Kritisieren und Reagieren auf die Images der Beteiligten? Relevante Analysekriterien sind: Sprechhandlungen (z. B. ABLEHNEN, KRITISCHES FESTSTELLEN, FRAGEN, UNTERSTELLEN, VORWERFEN, WIDERSPRECHEN, ZURÜCKWEISEN, ZUSTIMMEN, ZWEIFELN), Referenzwerte der Kritik (z. B. die Regeln guter wissenschaftlicher Praxis der DFG 2013: Vollständigkeit, Nachvollziehbarkeit, Sorgfalt); Referenzkategorien (z. B. Argumentationen, Experimente, Methoden), Ausdrücke der Subjektivität (z. B. *mir scheint, ich bin der Meinung, das halte ich, ich glaub nicht*) und der Höflichkeit bzw. Abschwächung (z. B. *würde bitten, möchte Ihnen nicht zu nahe treten*).

2) Fachidentität und (inter-)disziplinäre Verortung: Welche Funktionen hat das Thematisieren der Fachidentität in interdisziplinären Diskussionen, wie wird die disziplinäre Zugehörigkeit kommuniziert?

Relevante Analysekategorien sind: Repräsentativa (z. B. zur Vorstellung von Forschungsinhalten, Selbstvorstellung und -charakterisierung, Klärung und Definition), Sprechhandlungen zur Aushandlung von Synthesemöglichkeiten, zukünftiger Terminologieverwendung etc., sprachliche Mittel der Abgrenzung und Perspektivierung.

3) Kompetenz und Nichtwissen: Wie wird Kompetenz als positiver Image-Wert in Diskussionen herausgestellt? Wie gehen Wissenschaftler mit eigenem und fremdem Nichtwissen um und welche Auswirkungen hat das Thematisieren desselben auf die Images der Wissenschaftler?

---

3 Soll Selbstdarstellung beispielsweise in den Domänen Politik, Sport oder Unterhaltung analysiert werden, könnten jeweils domänenspezifische Analysekriterien aus der Forschungsliteratur zur Sprache in der Politik, im Sport oder in der Unterhaltungsindustrie ergänzt werden. Ebenso verhält es sich mit der Analyse von Gesprächen unter einem bestimmten Fokus, z. B. der gezielten Untersuchung von Humor, des Zusammenhangs von Selbstdarstellung und Geschlecht, der Selbstdarstellung von Wissenschaftlern in den Medien. Auch hier kann eine Ergänzung der Methode in Form eines Kriterienkatalogs fokusspezifischer Untersuchungskriterien (z. B. Erkenntnisse aus der Forschungsliteratur zu Sprache und Humor, Sprache und Geschlecht etc.) vorgenommen werden.

Relevante Analysekategorien sind: Bezüge auf Kompetenzdomänen (z. B. Sachkompetenz, theoretische Kompetenz, Diskussionskompetenz), Verhalten entsprechend der Fachkultur, korrekter Gebrauch von Fachtermini, Vortragskompetenz, Vortragskritik; sprachliche Mittel des Nichtwissens-/Unsicherheitsausdrucks (grammatische, lexikalische und rhetorische Mittel), kommunikativ-strategischer Umgang mit Nichtwissen (z. B. Abstreiten, Einschränkung der Gültigkeit des Gesagten, Kenntlichmachen von Wissenslücken, Zuschreibungen), Bewertungen von Nichtwissen/Unsicherheit (z. B. als Risiko oder als Chance).

4) Humor: Wie gelingt es Wissenschaftlern, sich als Individuen in einem von Sachlichkeit und Rationalität geprägten, kompetitiven Kontext auch auf der Beziehungsebene positiv zu präsentieren? Welche Funktionen erfüllt Humor und wie wirkt er auf die Selbstdarstellung der Akteure?

Relevante Analysekategorien sind: Formen und Ursachen von Humor bzw. witzigen Effekten (z. B. kurze narrative Einschübe, Scherze, Kommentare, Versprecher/Missgeschicke), sprachliche Mittel (Lexik, Phonologie, Morphologie, Syntax, Pragmatik), Funktionen von Humor (z. B. Schutz des eigenen oder fremden *face*, Imagebedrohung, Abschwächung von Kritik), Wirkung von Humor (z. B. Spannungen lösen, Nähe schaffen/Gruppen bilden, Konflikte beenden, Ausdruck von Höflichkeit).

Im Fokus des vorliegenden Aufsatzes steht zwar die Kommunikation von Nichtwissen, doch ist diese eng mit den drei weiteren Themenbereichen verflochten.

Wichtig für die Analyse ist es auch, die wichtige Rolle des Publikums als passive Diskussionsteilnehmer im Blick zu behalten. Diskutanten agieren und reagieren nicht nur auf einander, sondern passen ihr Handeln an Publikumserwartungen oder gar an die, die Einzelpersonen im Publikum unterstellt werden, an (z. B. in Bewerbungsphasen an den potentiellen Chef, in Qualifikationsphasen an den anwesenden Doktorvater oder die Doktormutter). Kompetenz und Expertenschaft werden nicht nur dem direkten Kommunikationspartner, sondern auch den Mitgliedern des Publikums, von denen jeder zu weiterer Kritik oder Kommentaren berechtigt ist, signalisiert.

3 Nichtwissens- und Unsicherheitsthematisierungen in wissenschaftlichen Diskussionen

Nichtwissens- und Unsicherheitsthematisierungen erfüllen in den untersuchten interdisziplinären Diskussionen vorwiegend zwei Funktionen: Sie signalisieren auf der einen Seite, dass Nichtwissen und Unsicherheit normale, konstitutive

Bestandteile von Wissenschaft sind, auf der anderen Seite aber auch Anlass für Diskussionen sein können. Auf beide Funktionen wird im Folgenden ausführlich eingegangen.

3.1 Nichtwissen als Konstituente von Wissenschaft

Nichtwissen und Unsicherheiten tragen ganz grundlegend zur Entwicklung der Wissenschaft und zum Forschungsfortschritt bei. Wissenschaftler thematisieren nicht nur in Forschungsanträgen, sondern auch in Diskussionen Nichtwissen, um Forschungsdesiderate aufzuzeigen und Unsicherheiten sowie Grenzen des Wissens explizit zu machen. Dieses Nichtwissen kann sich auf (a) fehlendes Wissen und (b) die Fehlbarkeit von wissenschaftlichen Erkenntnissen bzw. Wissen beziehen, oder sie kann (c) die Annahme oder Hoffnung ausdrücken, dass Nichtwissen durch Forschungsfortschritt überwunden werden kann. Es zeigt sich, dass die von Smithson et al. (2008a/b) identifizierten Strategien im forschungspraktischen Umgang mit Nichtwissen (Smithson et al. nennen hier Abstreiten, Verbannen, Reduzieren, Akzeptieren/Tolerieren, Kapitulieren, Kontrollieren/Zunutzemachen/Ausbeuten von Nichtwissen und Unsicherheiten; vgl. Smithson et al. 2008b: 321 f.; vgl. dazu auch Smithson 2008a: 22) auch den Thematisierungen von Nichtwissen in den Diskussionszusammenhängen zugrundeliegen.

(a) Fehlendes Faktenwissen / caveats

Das Eingestehen von Nichtwissen in Bezug auf Fakten zeugt von Forschungsbemühungen und einer kritischen, intensiven Auseinandersetzung mit den Forschungsgegenständen. Das Hinweisen auf Wissensgrenzen bzw. das explizite Markieren der Grenzen des Behaupteten und Nachgewiesenen wird von Stocking/Holstein (1993: 192) als *caveats* bezeichnet, d.h., dass angezeigt wird, wo Wissenslücken und Unsicherheiten bestehen. Insofern wirkt die Selbstzuschreibung von Nichtwissen nicht gesichtsbedrohend und kompetenzschmälernd, da das Hinweisen auf Unsicherheiten und Nichtwissen den Regeln guter wissenschaftlicher Praxis entspricht – im Gegenteil kann dadurch das eigene Image als glaubwürdiger und *lege artis* arbeitender Wissenschaftler gestärkt werden.

In Beispiel 1 gesteht der Astrophysiker (AsphyPhilPm) mit Bedauern (*leider*) das Nichtwissen seiner Disziplin mit Blick auf mögliche weitere Naturgesetze ein, wobei er die Entdeckung weiterer Gesetze als wünschenswert bewertet (*es wäre schön*):

Beispiel 1: AsphyPhilPm als Vortragender in der Plenumsdiskussion mit dem
Diskutanten PhilPm

```
001    AsphyPhilPm    [es] wäre
002                   SCHÖN wir WISsens ja leider nicht
003                   wir KENnen ja leider nicht alle gesetze=
[...]
004                   es mag noch WEItere naturgesetze geben (--) von denen
                      wir nichts WISsen
005                   aber die dürfen DEnen die wir kennen !NICHT!
                      widersprechen (.)
```

Das wohl inklusiv gemeinte *wir* lässt darauf schließen, dass die Astrophysiker
als Träger des Nichtwissens identifiziert werden – das heißt, der Vortragende
schreibt sich und seiner eigenen Disziplin explizit Nichtwissen zu. Das Modalverb
mögen (*es mag noch WEItere naurgsetze geben (--) von denen wir nichts WISsen*)
drückt eine Vermutung und damit Ungewissheit aus. Aus der Äußerung des Vortragenden AsphyPhilPm lässt sich schließen, dass er das Nichtwissen bzw. die
Ungewissheit als bekanntes Nichtwissen kategorisiert.

b) Grundsätzliche Fehlbarkeit von wissenschaftlichen Erkenntnissen

Was als sicheres und unsicheres Wissen gilt, wird sozial konstituiert und interaktiv
ausgehandelt (vgl. Campbell 1985: 430; Stocking/Holstein 1993: 188; Smithson
2008a: 15; Smithson 2008b: 209, 212; vgl. auch Wehling 2004: 37). An Diskussionen beteiligte Akteure haben unter Umständen konfligierende Ansichten, was
dazu führt, dass Argumentationen, die auf vermeintlich sicherem Wissen beruhen, durch die Deklaration dieses vermeintlich sicheren Wissens als unsicheres
Wissen oder Irrtum ausgehebelt werden. Dadurch schreiben sich die Kritisie-
renden selbst Wissen und Kompetenz, dem Kritisierten im gleichen Atemzug
weniger Wissen und unter Umständen (partielle) Inkompetenz zu. Damit ist das
Nichtwissen in diesem Zusammenhang potenziell gesichtsbedrohend.

So entkräftet der Chemiker (ChemPm) die Argumentation des Pharmazeuten
(PharmPm) in Beispiel 2, indem er das vom Pharmazieprofessor für gesichert und
bewiesen gehaltene Wissen infrage stellt:

Beispiel 2: ChemPm in der Fokusdiskussion mit PharmPm

```
001    ChemPm         und was trevors (-) und abel gesagt haben des ist ein
                      postu!LAT! ihrerseits
002                   das aber noch nicht beWIEsen ist (-) JA
```

Das von Trevors und Abel Gesagte wird als *postu!LAT!* hinsichtlich seiner Sicherheit abgewertet; PharmPm wird hier dafür kritisiert, die potenzielle Fehlerhaftig-

keit der Aussagen von Trevors und Abel zu ignorieren. Durch die (Ab-)Wertung als Postulat wird PharmPm die Diskussionsgrundlage entzogen, denn das von ihm angeführte Wissen, das seine Argumentation stützen soll, wird grundsätzlich in Frage gestellt. Stocking/Holstein (1993: 193) bezeichnen ein solches Verhalten als *echoic speech*, als Echo-Rede. Hierbei wird das vom Kommunikationspartner Geäußerte in der eigenen Rede aufgenommen und als unbewiesen abgewertet, wodurch der Kritiker eine Selbstaufwertung erfährt.

c) Überwindung des Nichtwissens durch Forschung

Im Umgang mit Nichtwissen kommt häufig die Annahme bzw. die Hoffnung zum Ausdruck, dass Nichtwissen prinzipiell durch Forschungsfortschritt überwunden werden könne. Nichtwissen als überwindbar anzusehen, ist dabei stark an eine zeitliche Perspektive gebunden: Nichtwissen besteht zum aktuellen Zeitpunkt, dessen Überführung in Wissen wird in die Zukunft projiziert. Solchermaßen gerahmt, ist die Thematisierung von Nichtwissen in Diskussionen nicht image-schädigend, wenn Wissenschaftler Nichtwissen bzw. Unsicherheiten benennen und lokalisieren, unter Umständen sogar Pläne zur Überwindung von Nicht-wissen präsentieren. Diese Fähigkeit, einen Bereich des Nichtwissens definieren und eingrenzen zu können, demonstriert Kompetenz, was sich positiv auf das eigene Image auswirken kann.

In Beispiel 3 signalisiert der Chemiker sein aktuell bestehendes Nichtwissen, macht aber gleichzeitig deutlich, dass diese Wissenslücken in Zukunft durch bessere Methoden und Geräte überwunden werden können:

Beispiel 3: BioPm als Diskutant in der Plenumsdiskussion mit dem Vortragenden ChemPm

```
001   BioPm     WIE lang werden die peptide (.) die sie dann kriegen
002   ChemPm    ja ((räuspert sich)) des kann ich ihnen (-)
                WAHRscheinlich in (.) einem jahr BESSer beantworten (.)
003               zurzeit reichen unsere (.) bescheidenen analytischen
                (-) nachweismöglichkeiten (.) äh
004               zu äh ein paar (-) heptapep hexa und heptapeptiden
005               weil wir keine referenzsubstanzen HAben für die HÖheren
                ((räuspert sich))
006               durch die (.) neu jetzt ä in entwicklung stehen
007               was mein mitarbeiter macht (.) äh kombinaTION
                chromatografische und massenspektrometrische verfahren
008               äh hoffen wir (.) eben auch wir haben jetzt schon
                höhere molekülMASSen gesehen
009               aber wir wissen noch nicht was es ist
```

ChemPm antwortet offen auf die Interessensfrage von BioPm und gibt Nichtwissen, das gleichzeitig auch an seine Forschergruppe gebunden ist, zu: *wir wissen
noch nicht was es ist*. Das Nichtwissen wird als Noch-nicht-Wissen charakterisiert,
das zeitlich eingebettet wird, wobei eine zeitliche Perspektive von einem Jahr angegeben wird: *zurzeit* wird etwas noch nicht gewusst, die Frage kann aber *WAHR-
scheinlich in (.) einem jahr BESSer beantworte[t]* werden. ChemPm ist zudem
in der Lage, die Problematik der Peptidlängenbestimmung auf Messmethoden
(*bescheidenen analytischen (-) nachweismöglichkeiten*) und fehlende Vergleichs-
substanzen zurückzuführen. Das heißt, er ist kompetent genug, Nichtwissen zu
lokalisieren und zu begründen.

Nichtwissen ist in der Forschungspraxis allgegenwärtig. Es ist grundlegender
Bestandteil von Wissenschaft und Forschung und damit ‚neutral‘. Erst im kommunikativen Aushandlungsprozess, in dem Nichtwissen strategisch eingesetzt
werden kann, erfährt es eine situationsspezifische positive oder negative Wer-
tung. Insgesamt erscheint Nichtwissen in den bisherigen Beispielen als Noch-
nicht-Wissen, als überwindbarer, temporärer Zustand, der in der Wissenschaft
als grundlegend und normal angesehen wird. Die Kategorisierung als Noch-
nicht-Wissen signalisiert die forschungspraktischen Strategien des Nichtwissen-
Reduzierens, -Akzeptierens und -Tolerierens (vgl. Smithson et al. 2008b: 321 f.).
Das Thematisieren von Nichtwissen und Unsicherheiten wirkt sich nicht negativ
auf das eigene Image aus, sofern es lokalisiert, analysiert, begründet und dargestellt wird. Geschieht dies in Diskussionen, signalisieren Wissenschaftler die
Anerkennung wissenschaftlicher Werte und dadurch Kompetenz, Professionalität, Glaubwürdigkeit und damit ein positives Image.

3.2 Nichtwissen als Diskussionsanlass

Nichtwissen wird häufig kommunikativ-strategisch eingesetzt, um eigene Thesen
zu stützen, dem Kommunikationspartner mangelndes Fachwissen zu attestieren,
Nichtwissen beim Gegenüber freizulegen und Forschungsergebnisse zu verteidigen
(vgl. hierzu und zu forschungspraktischen Strategien im Umgang mit Nichtwissen
bspw. Pinch 1981; Campbell 1985; Star 1985; Stocking/Holstein 1993; Smithson
2008a; Smithson et al. 2008b). In den folgenden Ausführungen wird der Fokus
auf strategische Nichtwissenszuschreibungen gelegt. In den Daten zeigen sich die
folgenden Varianten:

a) Selbstzuschreibung von Nichtwissen zur Kritik am Gegenüber,
b) Fremdzuschreibung von Nichtwissen und Unsicherheit,
c) Fremd- und Selbstzuschreibung von Nichtwissen durch offene Fragen,
d) trägerlose Feststellung von Nichtwissen zwecks gegenseitiger Kritik.

Die einzelnen Befunde werden im Folgenden anhand ausgewählter Beispiele belegt.

a) Selbstzuschreibung von Nichtwissen und Unsicherheit zur Kritik am Gegenüber

Die Selbstzuschreibung von Nichtwissen kann eine wirksame Strategie sein, Kritik am Gegenüber zu formulieren. Diese wird damit leicht abgeschwächt, da gleichzeitig auf die eigene Fehlbarkeit verwiesen wird.

Der Pharmazieprofessor (PharmPm) äußert zu Beginn von Beispiel 4 mit leichter Ironie seine Vorbehalte gegenüber dem Forschungsansatz des Chemieprofessors (ChemPm) und signalisiert seine Zweifel an der Korrektheit des methodischen Vorgehens:

Beispiel 4: PharmPm in der Fokusdiskussion mit ChemPm

```
001    PharmPm      mir kommts DOCH so vor als wenn (2.0)
002                 sie und ihre mitarbeiter ziemlich intelli <<lachend>
                    GENT an die sache RANgehen>>
003                 sie LASSen ja zum beipiel viel WEG (1.5)
004                 ich würde verMUten dass wenn sie bei
                    (SItz)experimenten
005                 auch AMIne reintun und NITRIte (1.5) und so weiter
                    (---)
006                 alles MÖGliche entsteht em und karBONsauren
007                 aber KEIne (--) auch nur KURZketten at keine pepTIde
                    vielleicht (-) son paar KURze (-)
```

Die von PharmPm vorgebrachten Zweifel in Bezug auf das Weglassen von Stoffen im angesprochenen Experiment stellen die gesamte Forschung von ChemPm infrage. PharmPm *vermutet* (und verweist damit auf seine eigene Unsicherheit), dass man in den Experimenten zu einem anderen Ergebnis kommen würde, wenn man alle Stoffe berücksichtigte. Damit sind die geäußerten Vorbehalte für ChemPm gesichtsbedrohend, da ihm ein falsches experimentelles Vorgehen vorgeworfen wird.

b) Fremdzuschreibung von Nichtwissen und Unsicherheit

Wird Nichtwissen und Unsicherheit gezielt anderen Personen oder Disziplinen zugeschrieben, wirkt dies unter Umständen durch die Kompetenzherabsetzung imageschädigend und gesichtsbedrohend.

In Beispiel 5 wird der Vortragende, ein in beiden Fächern promovierter Physiker und Psychologe (PhyPsyDrm), vom theoretischen Physiker PhyPm dafür kritisiert, nicht alle Parameter in seinen Experimenten angegeben und Wechselwirkungen ausgeschlossen zu haben. Der Konflikt entfaltet sich an dieser Stelle deshalb, weil sich der Vortragende als empirisch und experimentell Forschender versteht und den Diskutanten als Theoretiker charakterisiert, der sich mit Laborforschung nicht auskenne. Der Vortragende sieht sich aufgrund der vorgebrachten Kritik am experimentellen Setting dazu veranlasst, den Diskutanten auf seine fehlenden Fachkenntnisse in Bezug auf Experimente und empirische Analysen hinzuweisen:

Beispiel 5: PhyPsyDrm als Vortragender in der Plenumsdiskussion mit dem Diskutanten PhyPm

```
001    PhyPsyDrm      also ich i ich merk dass sie natürlich kein
                      experimenTALphysiker sind (.) sonst WÜSSten SIE
002                   dass in jedem eg äh physiklabor (-) IMmer wieder
                      effekte auftreten (.)
003                   DIE eigentlich nicht durch die theorie beschrieben
                      werden
```

PhyPsyDrm verteidigt sich durch die Fremdzuweisung von Nichtwissen, spricht PhyPm Wissen (*sonst WÜSSten SIE*) auf dem Gebiet der empirischen Physik ab und sich selbst zu. Damit wird der Vorwurf von PhyPm entkräftet, da seine Kompetenz auf diesem Gebiet als unzureichend eingestuft wird. Solche Nichtwissenszuschreibungen gehen mit dem Absprechen von Kompetenz einher und sind damit gesichtsbedrohend.

c) Offene Fragen als Fremd- und Selbstzuschreibung

Auch durch offene Fragen wie *das ist die Frage* oder *die Frage ist* können dem Diskussionspartner oder einer Disziplin Nichtwissen zugeschrieben werden; damit wird der Diskussionspartner kritisiert und als Experte hinterfragt, was potenziell gesichtsbedrohend ist. Zudem können offene Fragen strittige, in der Diskussion noch nicht (ausreichend) beantwortete Fragen oder Probleme signalisieren. In diesem Fall zeigen die oben genannten Formulierungen an, an welcher Stelle ein Diskutant inhaltlich anknüpfen möchte.

Offene Fragen sind nicht immer als Angriff oder *face*-bedrohend gemeint, was aber in der Regel von den Adressaten so gewertet wird. Beispiel 6 zeigt, dass der Biologe (BioPm) sich selbst mit einer offenen Frage auseinandersetzt, diese aber nicht beantworten kann und dass daher die an den Biologen und Anthropologen (BioAnthPm) gerichtete Frage explizit nicht kritisch gemeint ist (*also das ist jetzt keine kritische frage*). BioPm gesteht seine eigenen Wissenslücken ein und signalisiert diese in der Diskussion:

Beispiel 6: BioPm in der Fokusdiskussion mit BioAnthPm

```
001   BioPm      ABer die FRAge ist WAS ist EIgentlich biologische
                 komplexität (--)
002              also das ist jetzt keine kritische frage
003              sondern des is ne sache mit der ich selber (.) !KÄMP!fe
                 seit langem (---)
004              w wie kann ich komplexität überhaupt beschreiben
```

Mit der Metapher *mit der ich selber (.) !KÄMP!fe* und durch die Temporalangabe *seit langem* zeigt der Biologe an, dass er die Frage trotz langer Forschung und Auseinandersetzung bisher nicht lösen konnte. Damit wird die offene Frage, wie Komplexität beschrieben werden kann, explizit an die eigene Person gerichtet (*wie kann ich*).

d) Trägerlose Feststellung von Nichtwissen zwecks gegenseitiger Kritik

Auch wenn Nichtwissen trägerlos bleibt, also nicht an eine bestimmte Person oder Personengruppe gebunden bzw. dieser zugeschrieben wird, kann Nichtwissen der negativen Kritik dienen und imageschädigend wirken. In Beispiel 7 bezweifelt ein Philosoph (PhilPm) das Vorgehen des Physikers und Psychologen (PhyPsyDrm), der zuvor erläutert hatte, dass die von ihm thematisierten Phänomene durch reine Physik nicht erklärbar seien und dass er diese daher mithilfe eines neuen Modells zu erklären versuche:

Beispiel 7: PhilPm in der Plenumsdiskussion mit PhyPsyDrm

```
001   PhilPm     also es GIBT (.) so UNgeheuer viele MÖGlichkeiten
002              WIE etwas durch ganz äh beKANNte naTURgesetze erklärt
                 werden kann (--)
003              dass es sehr UNwahrscheinlich ist dass man so (.)
                 ruckZUCK (.)
004              bei solchen sachen die andern leuten auch rätselhaft
                 sind (.)
005              auf eine erklärung (.) kommt die es dann vielleicht
                 doch !GE!ben könnte
```

Nichtwissen wird durch die Formulierung *bei solchen sachen die andern leuten auch rätselhaft sind* keiner Person oder Gruppe zugeschrieben, sondern als allgemeines Nichtwissen kategorisiert. Das allseitig bestehende Nichtwissen dient PhyPm als Kritik an PhyPsyDrm und unterstützt seine Interessen (vgl. Stocking/Holstein 1993). Zudem wird PhyPsyDrms Forschungsarbeit durch das Adverb *ruckZUCK*, das eine negative Bewertung enthält, abgewertet, da der wissenschaftliche Gehalt seiner Arbeit nicht anerkannt wird.

Insgesamt zeigt sich, dass Nichtwissen und Wissen interaktiv über Zuschreibungsprozesse ausgehandelt werden. Dabei kommt es auf der einen Seite zu unterschiedlich schwerwiegenden Imageangriffen, wenn Nichtwissensthematisierungen strategisch eingesetzt werden, um dem Kommunikationspartner Fehlbarkeit, Unsicherheit und Wissenslücken vorzuwerfen. Auf der anderen Seite kann das Signalisieren von Nichtwissen auch imageaufwertend wirken, wenn Nichtwissen lokalisiert und begründet werden kann. Dieser Befund steht der These von Campbell (1985: 429) entgegen, der zufolge die Glaubwürdigkeit eines Wissenschaftlers an sein Wissen geknüpft sei, Nichtwissen also dessen Glaubwürdigkeit prinzipiell schmälere.

4 Sprachliche Markierungen von Nichtwissen

Nichtwissen erscheint im Korpus als Zuschreibungsprozess oder als Ergebnis einer Zuschreibung zu Personen (Trägern), oftmals mit einer expliziten Markierung der epistemischen Qualität des (Nicht-)Wissens. In den Zuschreibungen wird auch deutlich, ob das Nichtwissen als absichtlich oder unabsichtlich (Intentionalität) und im Laufe der Zeit als überwindbar oder beständig (Temporalität) charakterisiert wird.

Diese Zuschreibungsprozesse erfüllen im interdisziplinären Diskussionskontext unterschiedliche Funktionen, z. B. die Abwertung der gegnerischen Position durch das Nachweisen fremden Nichtwissens, die Aufwertung der eigenen Arbeit durch das Schließen von Wissenslücken, die Formulierung von Angriffen durch das Unterstellen oder Nachweisen von Nichtwissen beim Diskussionspartner oder die Zurückweisung bzw. Entkräftung von Kritik durch die Abwehr einer Nichtwissens-Unterstellung.

Entlang der in den Zuschreibungen enthaltenen Aspekte *Trägerschaft, epistemische Qualität, Intentionalität* und *Temporalität* werden die konkreten sprachlichen Formulierungen in den Blick genommen. Die im Weiteren angeführten Beispiele stammen zwar aus dem genannten Untersuchungskorpus, werden aber nun disziplin-/akteursunabhängig diskutiert, um den Fokus auf die Art der sprachlichen Markierung von Nichtwissen zu legen. Abschließend soll deutlich gemacht werden, wie verschiedene sprachliche Elemente zusammenwirken, welche Funktionen die Formulierungen also erfüllen.

Nichtwissen und Unsicherheiten werden in den untersuchten interdisziplinären Diskussionen Wissenschaftlern zugeschrieben, d. h., es wird an bestimmte *Träger* gebunden. Schreiben sich Wissenschaftler selbst Nichtwissen zu, betrifft das

- die eigene Person (*natürlich weiß ich nicht was die chemie noch heRAUSfinden wird*),
- die eigene Forschergruppe (*zurzeit reichen unsere (.) bescheidenen analytischen (-) nachweismöglichkeiten; aber wir wissen noch nicht was es ist*); hierdurch schreiben sich Akteure Nichtwissen nicht individuell zu, sondern binden es an die gesamte Forschergruppe oder, wie im nachfolgenden Fall, an die eigene Disziplin;
- die eigene Disziplin (*wir* [Astrophysiker, L. R.] *WISsens ja leider nicht wir KENnen ja leider nicht alle gesetze*);
- alle Wissenschaftler als Kollektiv (*wir WISsen (-) EIgentlich im prin!ZIP NICHT! wie sowas funktioniert*).

Wenn alle Wissenschaftler als Träger von Nichtwissen eingesetzt werden, wird dies durch das Indefinitpronomen *man* sowie das nicht näher spezifizierte Pronomen *wir* angezeigt. In letzteren Fällen ist es allerdings schwierig, den Träger von Nichtwissen eindeutig zu identifizieren, weil *wir* immer auch auf die eigene Forschergruppe/Disziplin verweisen kann (für die Zuordnungen war hier jeweils der Kontext entscheidend). Ebenso treten explizit personenbezogene Fremdzuschreibungen von Nichtwissen auf (*ich merk dass sie natürlich kein experimenTALphysiker sind (.) sonst WÜSSten SIE*). In diesen Fällen sind Nichtwissenszuschreibungen stark gesichtsbedrohend, da sie häufig Vorwürfe und Kritik enthalten sowie Inkompetenz implizieren können.

Diese Befunde stützen die Erkenntnisse von Smithson (1989; 2008a: 15; 2008b: 210) und Janich (2012: 27, 39), denen zufolge man nicht über Nichtwissen sprechen kann, ohne zu sagen, *wer* etwas nicht weiß (vgl. auch Janich/Birkner 2015: 200). Es lässt sich am Korpus nachweisen, dass der überwiegende Teil der Nichtwissensäußerungen an Träger gebunden ist.

Nichtwissen bleibt aber zum Teil auch trägerlos, und zwar dann, wenn Unsicherheiten als von außen gegeben – deswegen aber noch lange nicht als unüberwindbar – und als gesamtwissenschaftliches Problem betrachtet werden (z. B. *das zweigradziel ist natürlich selbst außerordentlich ungewiss*). Niemandem kann die Verantwortung für ein solchermaßen aufgerufenes Nichtwissen zugeschrieben werden, was gleichzeitig eine personenbezogene potenzielle Imagegefährdung oder den Eindruck von Inkompetenz ausschließt.

Wissen weist unterschiedliche Grade hinsichtlich seiner Gesichertheit auf, also eine unterschiedliche *epistemische Qualität* (siehe oben unter 1). Die epistemische Qualität von Nichtwissen wird im untersuchten Korpus durch verschiedene Ausdrücke von den Diskutanten deutlich gemacht und versprachlicht (zu den Einzelnachweisen siehe Rhein 2015):

- NEIN (.) das <u>glaub ich</u> geht !NICHT! und zwar aus verschiedenen gründen
- oder würden sie sagen es liegt <u>möglicherweise</u> auch schlicht daran dass sie eigentlich in einem anderen kontext gefragt ham
- ein WAHRnehmungsphysiologisches phänomen was AUCH immernoch ein <u>rätsel</u> DARstellt; bei solchen sachen die andern leuten auch <u>rätselhaft</u> sind
- n EINzeller (---) einzelliger organismus [...] der hat (1.5) vierundfünfzigtausend gene (1.5) DAvon sind die meisten <u>unbekannt</u>
- das zweigradziel ist natürlich selbst außerordentlich <u>ungewiss</u>
- da haben sie sich (.) GLAUB ich so geäußert dass das ne voRAUSsetzung ist sie seien <u>UNsicher</u> ob
- es ist sehr !UN!<u>wahrscheinlich</u> dass !IR!gendeine kraft die !MAK!roskopische (-) effekte haben kann uns DAbei entgangen wäre
- hab ich schon den <u>verdacht</u>
- ich würde es auch <u>verMUten</u>; da müssen wir <u>verMUTlich</u> unsere merkmals-beschreibungen abändern
- sie ham mich <u>vielleicht</u> falsch verstanden
- des kann ich ihnen (-) <u>WAHRscheinlich</u> in (.) einem jahr BESSer beantworten
- hätt ich meine <u>zweifel</u>

Die aufgeführten Ausdrücke für Nichtwissen und Unsicherheit (Modalwörter, Verben des Wahrnehmens und Erkennens) sind bewusst nicht hinsichtlich ihres Grades der Gesichertheit hierarchisiert; aufgrund der starken subjektiven und individuellen Interpretation der Lexeme ist dies nicht möglich (vgl. hierzu Dubben/Beck-Bornholdt 2016: 188–191; ähnlich Thalmann 2005) und wird daher auch nicht angestrebt. Bisherige Arbeiten (z. B. Janich et al. 2010; Janich/Simmerling 2013; Simmerling et al. 2013; Rhein 2015) zeigen zudem, dass Marker von Nichtwissen lediglich kontextspezifisch gelten; Ausdrücke an sich verweisen nicht immer auf Nichtwissen: „Thus from a linguistic point of view there are hardly any unambiguous or universally valid linguistic markers of ignorance in texts" (Janich/Simmerling 2015: 128). Um den Grad der Unsicherheit zu markieren, stehen aber in jedem Fall alltagssprachliche Mittel zur Verfügung, wie beispielsweise Verstärkungen (ich weiß <u>überhaupt</u> nicht) oder die Betonung von Nichtwissenselementen durch Intonation (da müssen wir ver<u>MUT</u>lich).

Weiterhin wird durch Begriffe, die die Erkenntnisgewinnung und Ergebnissicherung signalisieren, angezeigt, welcher Grad des Nichtwissens vorliegt:

- DASS (.) unter <u>annahme</u> einer bestimmten staTIStik die wahrscheinlichkeit dass die aussage falsch ist KLEIner als SOundsoviel ist
- auch der der <u>beweis</u> von von äh andrew wiles !KANN NOCH! fehler enthalten (.) es ist NICHT SO dass man DA in besitz einer absoluten WAHR ist

- *es kann sein dass sich das verändert durch die forschung dass man ZEIGT ah ja die dinge (2.5) passieren DOCH wenn wenn mans einfach nur zusammen!KIPPT!*
- *EInerseits ist das ein GANZ wichtiger schnittpunkt (-) bei der FRAge (---) WIE wirkt unsere weltanschauung (-) auf DAS was wir erforschen wollen*
- *das ist ne hypoTHEse (-) das ist ne aber es es gibt ist doch nicht !AUS!geschlossen dass es so ist*
- *und was trevors (-) und abel gesagt haben des ist ein postu!LAT! ihrerseits das aber noch nicht beWIEsen ist*
- *ja nur das problem ist ja nicht dass er nicht nur sagt (-) äh WELle und TEILchen (-) sondern das problem am komplementaritätsbegriff ist dass*
- *auch !DIE! ist eine SETzung auch die kann FALSCH sein*
- *also für diese ERSten sekunden und so weiter (-) hab ich schon den verdacht dass*
- *hätt ich meine zweifel ob das sinn macht ä von einer ablösung von der natur (-) zu sprechen*

An diesen ausgewählten Beispielen sollte deutlich werden, dass die verwendeten Begriffe der kognitiven Ergebnissicherung der Kritik am Gegenüber dienen, die eigene Kompetenz betonen oder den Wunsch nach der Überführung von Nichtwissen in Wissen ausdrücken können. Außerdem signalisieren sie implizit, vor allem aber durch den Kontext, positive oder negative Bewertungen von Nichtwissen und Unsicherheit. Obwohl Nichtwissen sowohl positiv (z. B. als Freiheit und Möglichkeit; vgl. Smithson et al. 2008b: 327) als auch negativ (z. B. als Bedrohung und Risiko; vgl. ebd.) betrachtet werden kann, überwiegen sowohl in der bisherigen Forschungsliteratur (z. B. Janich/Simmerling 2013: 87; Smithson 2008a: 18; 2008b: 216) als auch im untersuchten Korpus negative Bewertungen von Nichtwissen und Unsicherheit. Wenn Nichtwissen und Unsicherheit von den Diskussionsteilnehmern explizit bewertet werden, dann negativ: *die allgemeine relativitätstheorie ist ja LEIder gottes wäre ja !SCHÖN! wenn es so wäre (-) ist ja leider NOCH !NICHT! mit der quantenmechanik vereinbar; nun IST es natürlich ne MISSliche situation WEIL (.) man hier gar nichts SAgen kann.* Die Ausdrücke, die in der Liste zuvor zusammengestellt wurden zeigen aber, dass das Nichtwissen weitaus häufiger unbewertet bleibt.

Nach Janich/Simmerling (2013) kann zwischen verschiedenen **Graden der Intentionalität** unterschieden werden. Erstens kann Wissen bewusst vernachlässigt, ignoriert, tabuisiert oder verweigert werden; in diesem Fall spricht man von *Nicht-wissen-Wollen* (vgl. hierzu auch Kerwin 1993: 178). Zweitens gibt es Wissen, das nicht gewusst werden kann, d. h., wir sprechen von *ungewolltem Nichtwissen*. Drittens können Wissenslücken auftreten, die klar identifizierbar und abgrenzbar sind und daher entweder so belassen oder in Wissen überführt werden sollen; in diesem Fall spricht man von *Noch-nicht-(genug)-Wissen* (vgl. Janich/Simmerling 2013: 75; vgl. hierzu auch Turner/Michael 1996: 27). Nicht-wissen kann also bewusst und beabsichtigt, oder aber unbeabsichtigt oder fahr-lässig sein (vgl. Wehling 2004: 72 f.; 2012: 80).

Auffällig ist es, dass das Nicht-wissen-Wollen von den Wissenschaftlern in den untersuchten Diskussionen lediglich einmal thematisiert wird (*ich kann aber zeigen (-) das wird gar nicht zur KENNTnis genommen*). Das Noch-nicht-(genug)-Wissen wird weitaus häufiger angesprochen (z. B. *wir wissen noch nicht was es ist*). Dies entspricht dem prinzipiellen Forschungsauftrag von Wissenschaftlern, so lange zu forschen, bis Unsicherheiten in sicheres Wissen überführt werden können. Ex-plizite Formulierungen des Nicht-wissen-Könnens finden sich im Untersuchungs-korpus nicht; lediglich implizit wird es in einigen Formulierungen deutlich (*wir !WIS!sens einfach NICHT; frommer wunsch*).

Eng mit diesen Graden der Intentionalität von Nichtwissen hängt das Bewusst-sein um die prinzipielle Falsifizierbarkeit jeglicher wissenschaftlicher Ergebnisse zusammen. Dies wird in den Diskussionen offen thematisiert (*auch der der beweis von von äh andrew wiles !KANN NOCH! fehler enthalten; und was trevors (-) und abel gesagt haben des ist ein postu!LAT! ihrerseits das aber noch nicht beWIEsen ist*).

Hinsichtlich der zeitlichen Perspektive von Nichtwissen wird zwischen tem-porärem/überwindbarem und unauflösbarem Nichtwissen unterschieden (vgl. Wehling 2004: 73 f., 2012: 81). In den Daten zeigt sich, dass die Kategorie der **Temporalität** sehr eng mit der der Intentionalität zusammenhängt: Die Über-führung von Nichtwissen in Wissen ist zeitaufwändig und setzt eine Projektion in die Zukunft voraus; das Nichtwissen wird als Noch-nicht-Wissen charakterisiert. Nichtwissen wird dabei als temporärer, überwindbarer Zustand beschrieben: *aber wir wissen noch nicht was das ist*. Gleichzeitig setzt dies die Intention des Wissen-Wollens, also das Ziel der Nichtwissens-Reduktion (vgl. Smithson et al. 2008a/b), voraus. Lediglich einmal werden das Nicht-wissen-Wollen und das Nicht-/Niemals-wissen-Können thematisiert. Ein möglicher Grund dafür, dass Nicht-wissen-Wollen und Nicht-/Niemals-wissen-Können so selten in den unter-suchten Diskussionen thematisiert werden, könnte sein, dass diese dem Grund-gedanken von Wissenschaft und Forschung widersprechen.

Die **Funktionen** der dargestellten Nichtwissenszuschreibungen sind vielfältig. Einige Beispiele sollen abschließend verdeutlichen, wie die in den Zuschreibungs-prozessen enthaltenen Elemente der Trägerschaft, epistemischen Qualität, Inten-tionalität, Temporalität und Bewertung in einander greifen.

- *Beispiel 1:* Verantwortung für Nichtwissen kann an die Gemeinschaft abge-geben werden (Verweigerung der Verantwortungsübernahme einer Einzelperson), wenn das Nichtwissen an die wissenschaftliche Gemeinschaft gebunden und das Nichtwissen als Nicht-wissen-Können, als unauflösbar oder nur mit großem Aufwand in Wissen überführbar charakterisiert wird. Damit kann sich eine in der Diskussion angegriffene Einzelperson entlasten, sich gegen Kritik verteidigen und gegebenenfalls gleichzeitig die ganze *scientific community* in die Pflicht nehmen.

- *Beispiel 2:* Nichtwissen kann einem Wissenschaftler von einem Diskussionspartner strategisch zugeschrieben werden mit dem Ziel, diesem Ignoranz oder Fahrlässigkeit vorzuwerfen oder zu unterstellen. Das setzt voraus, dass die Person etwas hätte wissen können oder wissen sollen, dieses aber ignoriert, nicht beachtet – oder, so der explizite oder implizite Vorwurf – nicht sorgfältig genug gearbeitet hat und Wissbares übersehen hat. Diese Form der strategischen Fremdzuweisung von Nichtwissen kann gesichtsbedrohend für den Wissenschaftler sein, da die wissenschaftliche Arbeitsweise (das Halten an z. B. die Werte der Sorgfalt, Nachvollziehbarkeit) und damit die Validität seines Geäußerten grundlegend in Frage gestellt wird.
- *Beispiel 3:* Die Selbstzuschreibung von Nichtwissen kann dazu dienen, sich selbst als Wissenschaftler zu entlasten, wenn man sich beispielsweise in einem sehr frühen Stadium der Forschung befindet. Durch ehrliches Äußern von Wissenslücken, das Eingestehen von Noch-nicht-Wissen in Diskussionen kann sich der Wissenschaftler vor (möglicherweise unberechtigter) Kritik absichern.

5 Fazit

Wissenschaftliche, insbesondere interdisziplinäre Diskussionen sind unter den Gesichtspunkten von Nichtwissen, Selbstdarstellung und aufgrund ihrer eristischen Struktur hochkomplexe Kommunikationssituationen und damit letztlich auch eine kommunikative und soziale Herausforderung für Wissenschaftler. Diese sind nicht nur mit der Aufgabe konfrontiert, eine möglichst konstruktive Diskussion zu führen, sondern auch mit dem eigenen Anspruch, ihre Kompetenz zu beweisen. Dies kann zu einer Herausforderung werden, wenn es zu Auseinandersetzungen kommt, in denen Akteure einander Nichtwissen und Inkompetenz zuschreiben. Mit solchen Zuschreibungen muss dann professionell umgegangen werden, um das eigene Image als kompetenter Wissenschaftler zu sichern bzw. zu stärken.

Literatur

Campbell, Brian L. (1985): Uncertainty as Symbolic Action in Disputes Among Experts. In: Social Studies of Science 15.3, 429–453.

DFG – Deutsche Forschungsgemeinschaft (2013): Vorschläge zur Sicherung guter wissenschaftlicher Praxis: Empfehlungen der Kommission „Selbstkontrolle in der Wissenschaft"; Denkschrift. Weinheim. http://www.dfg.de/download/pdf/dfg_im_profil/reden_stellungnahmen/download/empfehlung_wiss_praxis_1310.pdf (abgerufen 6.4.2018).

Dubben, Hans-Hermann/Beck-Bornholdt, Hans-Peter (2016): Der Hund, der Eier legt. Erkennen von Fehlinformation durch Querdenken. 9. Aufl. der vollst. überarb. und erw. Neuausgabe von 2006. Reinbek bei Hamburg.

Fritz, Gerd (2010): Controversies. In: Jucker, Andreas H./Taavitsainen, Irma (Hrsg.): Historical Pragmatics. Berlin/New York, 451–481.

Janich, Nina (2018): Nichtwissen und Unsicherheit. In: Birkner, Karin/Janich, Nina (Hrsg.): Handbuch Text und Gespräch. Berlin/Boston, 554–582.

Janich, Nina/Birkner, Karin (2015): Text und Gespräch. In: Felder, Ekkehard/Gardt, Andreas (Hrsg.): Handbuch Sprache und Wissen. Berlin/Boston, 195–220.

Janich, Nina/Rhein, Lisa/Simmerling, Anne (2010): "Do I know what I don't know?" The Communication of Non-Knowledge and Uncertain Knowledge in Science. In: Fachsprache. International Journal of Specialized Communication 3-4, 86–99.

Janich, Nina/Simmerling, Anne (2013): „Nüchterne Forscher träumen…" – Nichtwissen im Klimadiskurs unter deskriptiver und kritischer diskursanalytischer Betrachtung. In: Meinhof, Ulrike/Reisigl, Martin/Warnke, Ingo H. (Hrsg.): Diskurslinguistik im Spannungsfeld von Deskription und Kritik. Berlin, 65–99.

Janich, Nina/Simmerling, Anne (2015): Linguistics and Ignorance. In: Gross, Matthias/McGoey, Linsey (Hrsg.): Routledge International Handbook of Ignorance Studies. London/New York, 125–137.

Janich, Peter (2012): Vom Nichtwissen über Wissen zum Wissen über Nichtwissen. In: Janich, Nina/Nordmann, Alfred/Schebek, Liselotte (Hrsg.): Nichtwissenskommunikation in den Wissenschaften. Frankfurt am Main, 23–49.

Kerwin, Ann (1993): None Too Solid. Medical Ignorance. In: Science Communication 15.2, 166–185.

Konzett, Carmen (2012): Any Questions? Identity Construction in Academic Conference Discussions. Boston/Berlin.

Mummendey, Hans Dieter (1995): Psychologie der Selbstdarstellung. 2., überarb. und erw. Aufl. Göttingen u. a.

Pinch, Trevor J. (1981): The Sun-Set: The Presentation of Certainty in Scientific Life. In: Social Studies of Science 11.1, 131–158.

Rhein, Lisa (2015): Selbstdarstellung in der Wissenschaft. Eine linguistische Untersuchung zum Diskussionsverhalten von Wissenschaftlern in interdisziplinären Kontexten. Frankfurt am Main u. a.

Selting, Margret et al. (2009): Gesprächsanalytisches Transkriptionssystem 2 (GAT 2). In: Gesprächsforschung – Online-Zeitschrift zur verbalen Interaktion 10, 353–402.

Simmerling, Anne/Janich, Nina (2015): Rhetorical functions of a „language of uncertainty" in the mass media. In: Public Understanding of Science, 1–15. DOI: 10.1177/0963662515606681.

Simmerling, Anne/Rhein, Lisa/Janich, Nina (2013): Nichtwissen, Wissenschaft und Fundamentalismen – ein Werkstattbericht. In: Ballod, Matthias/Weber, Tilo (Hrsg.): Autarke Kommunikation. Wissenstransfer in Zeiten von Fundamentalismen. Frankfurt am Main u. a., 129–156.

Smithson, Michael J. (2008a): The Many Faces and Masks of Uncertainty. In: Bammer, Gabriele/Smithson, Michael J. (Hrsg.): Uncertainty and Risk: Multidisciplinary Perspectives. London, 13–26.

Smithson, Michael J. (2008b): Social Theories of Ignorance. In: Proctor, Robert N./Schiebinger, Londa (Hrsg.): Agnotology. The Making and Unmaking of Ignorance. Stanford, 209–228.

Smithson, Michael J./Bammer, Gabriele/Goolabri Group (2008a): Uncertainty Metaphors, Motives and Morals. In: Bammer, Gabriele/Smithson, Michael J. (Hrsg.): Uncertainty and Risk: Multidisciplinary Perspectives. London, 305–320.

Smithson, Michael J./Bammer, Gabriele/Goolabri Group (2008b): Coping and Managing under Uncertainty. In: Bammer, Gabriele/Smithson, Michael J. (Hrsg.): Uncertainty and Risk: Multidisciplinary Perspectives. London, 321–333.

Star, Susan Leigh (1985): Scientific Work and Uncertainty. In: Social Studies of Science 15.3, 391–427.

Stocking, S. Holly/Holstein, Lisa W. (1993): Constructing and Reconstructing Scientific Ignorance. Ignorance Claims in Science and Journalism. In: Knowledge: Creation, Diffusion, Utilization 15.2, 186–210.

Thalmann, Andrea T. (2005): Risiko Elektrosmog: wie ist Wissen in der Grauzone zu kommunizieren? Weinheim.

Tracy, Karen (1997): Colloquium: Dilemmas of Academic Discourse. Norwood (NJ).

Turner, Jill/Michael, Mike (1996): What do we know about "don't knows"? Or, contexts of "ignorance". In: Social Science Information 1996.35, 15–37.

Webber, Pauline (2002): The paper is now open for discussion. In: Ventola, Eija/
Shalom, Celia/Thompson, Susan (Hrsg.): The Language of Conferencing.
Frankfurt am Main, 227–253.

Wehling, Peter (2004): Weshalb weiß die Wissenschaft nicht, was sie nicht weiß? –
Umrisse einer Soziologie des wissenschaftlichen Nichtwissens. In: Böschen,
Stefan/Wehling, Peter (Hrsg.): Wissenschaft zwischen Folgenverantwortung
und Nichtwissen. Aktuelle Perspektiven der Wissenschaftsforschung. Wiesbaden, 35–105.

Wehling, Peter (2012): Nichtwissenskulturen und Nichtwissenskommunikation
in den Wissenschaften. In: Janich, Nina/Nordmann, Alfred/Schebek, Liselotte
(Hrsg.): Nichtwissenskommunikation in den Wissenschaften. Frankfurt am
Main, 73–91.

Whitehead, George I./Smith, Stephanie H. (1986): Competence and excuse-
making as self-presentational strategies. In: Baumeister, Roy F. (Hrsg.): Public
self and private self. New York, 161–177.

Anhang

*Tab. 1: Zusammenstellung der für den vorliegenden Aufsatz relevanten Transkriptionskon-
ventionen, ausgewählt aus den für Minimal-, Basis- und Feintranskripte angegebenen
Konventionen im gesprächsanalytischen Transkriptionssystem GAT 2 (Selting et al.
2009: 391–393)*

Transkriptionskonvention	Erläuterung
:	Dehnung, Längung
((lacht)) ((kichert))	Beschreibung des Lachens
((hustet)) ((räuspert sich))	para- und außersprachliche Handlungen und Ereignisse
((unverständlich, ca.3 Sek.))	unverständliche Passage mit Angabe der Dauer
(xxx), (xxx xxx)	ein bzw. zwei unverständliche Silben
und_äh	Verschleifungen innerhalb von Einheiten
äh öh äm	Verzögerungssignale, sog. „gefüllte Pausen"
[...]	Auslassung im Transkript
akZENT	Fokusakzent
akzEnt	Nebenakzent
ak!ZENT!	extra starker Akzent
<<lachend>>, <<mit verstellter Stimme>>	Veränderung der Stimmqualität in der angegebenen Form
<<lachend> ...>>	Markierung des Abschnitts, der mit einer bestimmten Stimmqualität geäußert wird

Michaela Maier, Lars Guenther, Georg Ruhrmann,
Berend Barkela & Jutta Milde (Landau und Jena)

Kommunikation ungesicherter wissenschaftlicher Evidenz – Herausforderungen für Wissenschaftler, Journalisten und Publikum

Abstract: This article analyzes how different groups of actors involved in public communication about science deal with the uncertainty inherent in any scientific evidence regarding the example of biotechnological research. While scientists are familiar with scientific uncertainty, the phenomenon is less elusive for scientific lay-persons. However, it seems appropriate to inform the public about scientific uncertainties and conflicting findings. The question therefore is how scientists, professional communicators and journalists deal with scientific uncertainty in their public communication, which factors facilitate or hamper the communication of scientific uncertainty and how the audience reacts to this information. We tackle these questions based on the international state of research as well as own studies. Our summary shows that scientists and professional science communicators have ambivalent attitudes towards the communication of uncertainty as they are able to both realize chances as well as risks. Journalists evaluate scientific topics based on professional journalistic criteria which might refer to aspects of scientific uncertainty or not. Regarding the audience, all communicators face quite heterogeneous expectations and attitudes which they can to take into account in their communication.

Keywords: Evidenz – Kontroverse – Unsicherheit – Einstellungen – Wissenschaft – Wissenschaftsjournalismus – Öffentlichkeitsarbeit – Rezeption/Medienwirkung – Vertrauen

1 Wissenschaftliche Evidenz: Normal, trivial – oder zentral?

Wissenschaftliche Erkenntnisse und Befunde neuester Studien interessieren zunehmend die Öffentlichkeit. Dabei werden auch die epistemologischen Fragen der wissenschaftlichen Gesichertheit von empirisch erhobenen Ergebnissen relevant. Es geht also um Kriterien und Merkmale wissenschaftlicher Evidenz, etwa in Form wissenschaftlicher Ungesichertheit, die von Forschern als fragil erkannt und häufig konfligierend diskutiert werden. Doch im öffentlichen Diskurs kann diese Ungesichertheit als „kontrovers" inszeniert und dramatisiert werden. Die an der öffentlichen Kommunikation über Wissenschaft, neue Technologien und In-

novationen beteiligen Akteure – Wissenschaftler, professionelle Kommunikatoren
der forschungstreibenden Organisationen und Journalisten – setzen sich jeweils
spezifisch mit unsicheren und widersprüchlichen wissenschaftlichen Erkenntnissen auseinander:

- Für forschende Natur- und zunehmend auch Sozialwissenschaftler ist
  konfligierende Evidenz unvermeidlich, ja, sie ist normal und steht selbstverständlich in „enger Verflechtung [...] mit Theorien und Methoden"
  (Bromme et al. 2014: 7). Doch machen Wissenschaftler in ihren Aussagen
  und in ihren Publikationen die Evidenzproblematik hinreichend deutlich
  sowie für die öffentliche Kommunikation anschlussfähig (vgl. Grundmann/
  Stehr 2011)?
- Kommunikatoren und PR-Spezialisten, die an der öffentlichen Kommunikation wissenschaftlicher Ergebnisse beteiligt sind, könnten Informationen
  über wissenschaftliche Ungesichertheit als banal und vernachlässigbar, ja,
  geradezu als störend für das eigene Image empfinden. Ignorieren oder ver-
  nachlässigen also Kommunikatoren und PR-Spezialisten, z. B. aus Wissenschaft, Industrie, Umwelt- und Verbraucherschutz, in ihren Aussagen und
  Publikationen wissenschaftliche Ungesichertheiten, wie der renommierte
  Sozialwissenschaftler Colin Crouch (2015) in seinem Aufsehen erregenden
  Essay kritisch unterstellt?
- (Wissenschafts-)Journalisten, thematisieren und problematisieren konfligierende Evidenz auch kontrovers (vgl. Grimm/Wald 2014; Lehmkuhl/Peters
  2016a) und berichten darüber (vgl. Patterson 2013). Wie wissenschaftliche
  Evidenz journalistisch aufbereitet wird, kann sowohl journalismustheoretisch
  als auch kommunikationswissenschaftlich (noch immer) als offene Frage be-
  trachtet werden (vgl. Kohring/Marcinkowski 2015).
- Beeinflusst schließlich die kommunikationspolitisch und/oder journalistisch
  motivierte Darstellung wissenschaftlicher Evidenz die wissenschaftsbezogenen
  Einstellungen wissenschaftlicher Laien (vgl. Milde/Barkela 2016)? Kommt es
  dadurch sogar zu „befähigenden Erkenntnissen" (Stehr 2015: 373), etwa im
  Sinne von kritischer Bildung und Reflexion? Oder finden Leser, Zuschauer und
  User derartige epistemologische Betrachtungen zu kompliziert, unverständlich
  oder gar unnötig?

Auf diese Fragen versucht der nachfolgende Beitrag erste systematische Antworten
zu geben. Sein Ziel ist, am Beispiel biowissenschaftlicher Zukunftstechnologien
empirisch zu analysieren, wie die verschiedenen an der öffentlichen Kommunika-

tion über Wissenschaft beteiligten Akteursgruppen jeweils spezifisch fragile und konfligierende Evidenz kommunizieren. Dabei wird der gesamte Kommunikationsprozess analysiert: von Wissenschaftlern über professionelle Kommunikatoren und berichtende Wissenschaftsjournalisten bis hin zur Wirkung auf Rezipienten. Auf der Basis des aktuellen Forschungsstandes und angereichert durch eigene Ergebnisse wird beschrieben, ob und wie die verschiedenen Akteure wissenschaftliche Evidenz wahrnehmen, wie sie diese bewerten, welche Reaktionen sie von ihren Interaktionspartnern erwarten und wie sie wissenschaftliche Evidenz bei ihren Handlungsentscheidungen gewichten. Auf der Basis der systematisch miteinander verschränkten Betrachtungen entsteht ein komplexes Kaleidoskop von Wahrnehmungen, Darstellungen und Bewertungen in der Kommunikation wissenschaftlicher Ungesichertheit in modernen biowissenschaftlichen Zukunftstechnologien.

2 Kommunikation wissenschaftlicher Ungesichertheit – auch eine strategische Frage

Innerhalb der wissenschaftlichen Community sind Diskussionen über die Ungesichertheit wissenschaftlicher Evidenz an der Tagesordnung: Innerhalb einer Arbeitsgruppe werden Befunde (hoffentlich) selbstkritisch reflektiert, auf Konferenzen wird ihre Belastbarkeit kritisch hinterfragt und in Fachzeitschriftenartikeln wird eine abschließende Diskussion möglicher Unsicherheiten als Standard gefordert. Bei der Darstellung ihrer Ergebnisse in der Öffentlichkeit scheinen sich Wissenschaftler hingegen schwerer zu tun, auf die ihrer Arbeit inhärente Ungesichertheit hinzuweisen. Dabei zeigen vorliegende Untersuchungen, dass Wissenschaftler grundsätzlich bereit sind, Unsicherheiten auch in der öffentlichen Diskussion offen zu legen (vgl. Post 2016). Auch in unserer eigenen Forschung (Maier et al. 2016; Post/Maier 2016) konnten wir zeigen, dass Wissenschaftler grundsätzlich bereit sind, auf Aspekte ungesicherter Evidenz hinzuweisen: In einer Befragung von 102 Wissenschaftlern, die in Deutschland im Bereich der Biowissenschaften forschen, zeigten diese eine hohe Bereitschaft, auf Wissenslücken hinzuweisen (siehe Tab. 1). Die Bereitschaft, auf wissenschaftliche Kontroversen und wissenschaftliche Zweifel hinzuweisen, war dagegen etwas geringer ausgeprägt. Zwar lag sie noch jeweils im positiven Bereich der verwendeten Skala, dennoch schien die Haltung der Wissenschaftler zu diesen Punkten eher ambivalent.

Tab. 1: Bereitschaft, Aspekte wissenschaftlicher Ungesichertheit in der Öffentlichkeit zu kommunizieren – Akteursgruppe Wissenschaftler (in Anlehnung an Tab. 1 in Maier et al. 2016: 251)

	M (SD; N)
Wissenslücken	7,20 (2,59; 105)
Wissenschaftliche Kontroversen	6,50 (2,73; 103)
Wissenschaftliche Zweifel	6,06 (2,79; 104)

Anmerkungen: M = Mittelwert; SD = Standardabweichung; N = Anzahl an Befragten

Diese Ambivalenz mag darin begründet sein, dass Wissenschaftler Chancen *und* Risiken einer offenen Diskussion wissenschaftlicher Unsicherheit wahrnehmen. So haben Tsfati et al. (2011) gezeigt, dass Wissenschaftler auf positive Effekte hoffen, wenn sie auf noch bestehende Unsicherheiten und Forschungslücken hinweisen, zum Beispiel im Sinne einer Zuweisung weiterer Forschungsmittel. Peters (2014) beschreibt, dass es Wissenschaftler als ihre Aufgabe ansehen, Laien bezüglich bestehender Unsicherheiten aufzuklären. Andererseits haben mehrere Studien nachgewiesen, dass Wissenschaftler auch Risiken wahrnehmen. Unter anderem fürchten sie, dass Journalisten Unsicherheiten dramatisieren, dass Interessensgruppen Unsicherheiten zu ihren Gunsten ausnutzen könnten (vgl. z. B. Brechman et al. 2009; Maille et al. 2010) oder dass Journalisten noch unsichere wissenschaftliche Befunde nicht interessant finden könnten (vgl. Dudo 2013). Auch scheinen Wissenschaftler zu befürchten, dass wissenschaftliche Laien skeptischere Einstellungen zur Wissenschaft entwickeln und ihr Vertrauen in die Wissenschaft verlieren könnten (vgl. z. B. Besley/Nisbet 2013).

Zwei dieser aus der internationalen Literatur zusammengetragenen Befunde konnten wir für deutsche Biowissenschaftler vertiefen. Im Rahmen der bereits erwähnten Befragung zeigte sich, dass es die Wissenschaftler für wahrscheinlich hielten, dass Bürger kritischere Einstellungen entwickeln, wenn Wissenschaftler öffentlich auf die Unsicherheiten in ihrer Forschung hinweisen (siehe Tab. 2; $M = 6,66$). Diese mögliche Konsequenz bewerteten sie leicht positiv ($M = 0,68$), so dass das Erwartung-mal-Wert-Produkt für diese Konsequenz bei 4,80 und damit im leicht positiven Bereich lag. Das heißt, auch deutsche Biowissenschaftler fanden es eher positiv, durch eine offene Kommunikation möglicherweise dazu beizutragen, das kritische Reflexionsvermögen des Publikums zu schulen.

Zudem wurden die Wissenschaftler gefragt, für wie groß sie das Risiko halten, dass Journalisten das Interesse an ihrem Forschungsthema verlieren, wenn sie die Ungesichertheit der wissenschaftlichen Evidenz hervorhöben. Dieses Risiko schätzten die Wissenschaftler als mäßig hoch ein (Mittelwert M = 4,76), jedoch hielten sie diese Konsequenz für negativ (M = -1,51), so dass das Erwartung-mal-Wert-Produkt bei -7.14 und damit im negativen Bereich lag.

Tab. 2: Bewertung möglicher Konsequenzen einer offenen Kommunikation wissenschaftlicher Ungesichertheit – Akteursgruppe Wissenschaftler (in Anlehnung an Tab. 2 in Maier et al. 2016: 252)

	Angenommene Wahrscheinlichkeit der Konsequenz [0; +10]	Bewertung der Konsequenz [-5; +5]	Erwartungswert der Kommunikation wissenschaftlicher Unsicherheit [-50; +50]*
Befürchtungen der Wissenschaftler ...			
... Bürger werden kritischer	6,66	0,68	4,80
... Journalisten verlieren das Interesse	4.76	-1,51	-7,14

* Wahrgenommene Wahrscheinlichkeit der Konsequenz x Bewertung der Konsequenz (vgl. Ajzen 2006).
Befragte: 102 deutsche Biowissenschaftler.

Nun sind an der öffentlichen Kommunikation wissenschaftlicher Evidenz nicht nur Wissenschaftler beteiligt, sondern viele weitere Akteursgruppen. Für unsere Studie befragten wir daher neben Wissenschaftlern auch Pressesprecher von Unternehmen, Behördensprecher und Sprecher von NGOs (*Non Governmental Organizations*), die sich mit biowissenschaftlicher Forschung beschäftigen. Die Ergebnisse zeigen, dass die Bereitschaft, wissenschaftliche Ungesichertheit in der Öffentlichkeit zu kommunizieren – zumindest auf der Grundlage von Selbstberichten (für eine kritische Diskussion vgl. Post/Maier 2016) – in allen Gruppen ähnlich ausgeprägt scheint, mit einer Ausnahme: Sprecher von Unternehmen, die in der biowissenschaftlichen Forschung aktiv sind, sind signifikant weniger bereit, auf Wissenslücken hinzuweisen als Wissenschaftler und Sprecher von NGOs (vgl. Tab. 3). Letzteren ist es hingegen besonders wichtig, auf fehlende wissenschaftliche Befunde aufmerksam zu machen. Durch weitere Analysen konnten wir zeigen, dass diese Unterschiede in der Kommunikationsabsicht durch jeweils

gruppenspezifische Faktoren zu erklären sind (Post/Maier 2016): Während sich
Wissenschaftler vor allem ihren eigenen Überzeugungen verpflichtet fühlen und
ein Interesse daran haben, weitere Forschungsgelder einzuwerben, sehen sich
Unternehmenssprecher vor allem dem positiven Image ihres Unternehmens ver-
pflichtet. Sprecher von NGOs motiviert hingegen die Hoffnung, das kritische
Denken der Öffentlichkeit anregen zu können.

*Tab. 3: Bereitschaft, Aspekte wissenschaftlicher Ungesichertheit in der Öffentlichkeit
zu kommunizieren – in verschiedenen Kommunikatorgruppen im Kontrast zu
Wissenschaftlern (in Anlehnung an Tab. 1 in Post/Maier 2016)*

	Wissenschaftler (N = 105)	Unternehmens-sprecher (N = 54)	Behörden-sprecher (N = 30)	Sprecher von NGOs (N = 43)
Wissenslücken	7,20*	5,73*	6,53	7,51*
Wissenschaftl. Kontroversen	6,50	5,70	6,47	6,58
Wissenschaftl. Zweifel	6,06	4,98	5,90	6,16

Mittelwerte auf Skalen von 0 („sehr unwahrscheinlich") bis 10 („sehr wahrscheinlich").
* Signifikante Unterschiede zwischen den Gruppen.

Diese Ergebnisse zeigen also, dass an der öffentlichen Kommunikation wissenschaftlicher Evidenz verschiedene Akteursgruppen beteiligt sind, die teilweise
ganz unterschiedliche Motive haben, die sich unmittelbar auf ihr Kommunikationsverhalten auswirken. Weitere wichtige Akteure in der öffentlichen Kommunikation sind die Journalisten, denen wir uns nun zuwenden.

3 Journalistische Darstellung wissenschaftlicher Evidenz – das Publikum immer im Blick

Themen mit Bezug zur Wissenschaft, die massenmedial in Tageszeitungen, dem
Radio, dem Fernsehen oder auf Internetseiten mehr oder weniger prominent
platziert werden, sind überaus vielfältig. Das sind sie vor allem deshalb, weil
Journalisten grundsätzlich selektiv bei der Wahl der zu berichtenden Themen
vorgehen (vgl. Rosen et al. 2016), ihre Entscheidung von professionellen Normen
und Routinen abhängig machen (vgl. Amend/Secko 2012) und stets die Interessen
des Publikums und antizipierte Wirkungen im Blick haben (vgl. Guenther 2017;
Stocking/Holstein 1993, 2009). Das trifft ganz allgemein auf den Wissenschafts-

journalismus zu und deshalb auch auf die mediale Darstellung ungesicherter wissenschaftlicher Evidenz.

Obwohl in den letzten Jahren häufiger von einer Krise des Wissenschaftsjournalismus (vgl. Brumfield 2009) zu lesen war, gelten Massenmedien nach wie vor als die wichtigste und oftmals auch einzige Quelle wissenschaftlicher Informationen für ein Publikum, das vorrangig aus wissenschaftlichen Laien besteht (vgl. Cacciatore et al. 2012). Das gibt dem Wissenschaftsjournalismus und der Darstellung ungesicherter Evidenz in journalistischen Beiträgen eine besondere Relevanz (vgl. Guenther 2017). Jedoch: Werden Forschungsergebnisse medial präsentiert, dann können Angaben über Evidenz zum Bestandteil dieser Berichterstattung werden – oder eben nicht (vgl. Corbett/Durfee 2004). Wie stellen also Journalisten wissenschaftliche Evidenz dar und mit welchen Herausforderungen sind sie dabei konfrontiert?

Inhaltsanalysen erlauben einen Einblick, wie Journalisten wissenschaftliche Evidenz darstellen. Die Ergebnisse der vorliegenden einschlägigen Studien sind jedoch inkonsistent: Einige Studien konstatieren eine Überbetonung wissenschaftlicher Ungesichertheit in Teilen der Medienberichterstattung (vgl. Ruhrmann et al. 2015; Zehr 2000), andere Studien – und das ist die Mehrheit – fanden heraus, dass Forschungsergebnisse medial oftmals als zu gesichert repräsentiert werden (vgl. Cacciatore et al. 2012; Dudo et al. 2011; Olausson 2009). Die Inkonsistenz der Ergebnisse hängt hierbei nicht nur mit den wissenschaftlichen Domänen zusammen, auf die sich die Inhaltsanalysen beziehen. Während die Studien nämlich zu unterschiedlichen Einschätzungen kommen, ob wissenschaftliche Ungesichertheit in angemessenem Umfang oder vielleicht sogar zu oft berichtet wird, sind sie sich hingegen einig, dass evidenzrelevante Detailinformationen (wie Angaben zur Stichprobengröße, deren Repräsentativität, Angaben zu Methoden und Auswertungsschritten, vgl. Guenther 2017) nur sehr selten dargestellt werden. Damit gemeint sind Angaben über die Forschungsarbeit und den Forschungsprozess wie über zugrundeliegende Thesen, verwendete Methoden, Auswertungsverfahren oder statistische Kennwerte. Solche Angaben kommen zumeist nicht in der journalistischen Berichterstattung vor (vgl. Cooper et al. 2012; Hijmans et al. 2003). Mellor (2015) nennt solche Informationen sogar *Non-Nachrichtenfaktoren* (im Original: *non-news values*). In der Untersuchung von Hijmans et al. (2003) zeigte sich beispielsweise, dass in 624 untersuchten niederländischen Zeitungsartikeln zum Thema Wissenschaft nur drei Artikel einen Bezug zu Signifikanzen, Korrelationen, Standardfehlern, Messfehlern oder Reliabilität herstellten.

Die Ergebnisse der Inhaltsanalysen lassen sich nun durch Erkenntnisse aus Befragungen mit Journalisten ergänzen. In diesen zeigt sich Folgendes: Journa listen scheinen grundsätzlich von einer Vielzahl an Faktoren beeinflusst, wenn sie wissenschaftliche Themen für die Medien auswählen und bearbeiten (zum Beispiel von den Pressematerialien, die sie dafür vorab erhalten). Journalisten thematisieren Ungesichertheit dann, wenn sie glauben, dadurch ihr Publikum für Themen gewinnen zu können (vgl. Stocking/Holstein 1993). Viele Journalisten erwähnen hingegen keine Ungesichertheit, weil sie denken, ihr Publikum könne mit Ungesichertheit und wissenschaftlicher Sprache nicht adäquat umgehen (vgl. Ebeling 2008) – dies seien problematische Konzepte für Laien (vgl. Hijmans et al. 2003). Das antizipierte Publikumsbild und die eigenen Interessen gelten als einflussreichste Faktoren, wenn Journalisten entscheiden müssen, wie Evidenz darzustellen ist (vgl. Stocking/Holstein 1993, 2009). Eine mediale Nennung von Ungesichertheit sei zudem unverträglich mit dem Wecken von Faszination und der Darstellung eines spezifischen wissenschaftlichen Nutzens (vgl. Lehmkuhl/ Peters 2016a, 2016b).

Unsere eigenen Ergebnisse erweitern die bisherigen Erkenntnisse (im Überblick Guenther 2017): In unseren Inhaltsanalysen zeigte sich, dass Ungesichertheit beispielsweise im Rahmen der molekularen Medizin häufiger thematisiert wird (vgl. Kessler et al. 2014; Ruhrmann et al. 2015) als im Rahmen der Nanotechnologie (vgl. Heidmann/Milde 2013). In den Studien konnten wir nachweisen, dass Journalisten spezifische Interpretationsrahmen (sogenannte *Frames*) verwenden, wenn sie über Wissenschaft berichten, und dass auch die Darstellung von Evidenz mit diesen Frames variiert. Mit einer expliziten Nennung der Ungesichertheit ist beispielsweise besonders dann zu rechnen, wenn wissenschaftliche Risiken und/ oder Kontroversen thematisiert werden (vgl. Ruhrmann et al. 2015 für Wissenschaftsprogramme im Fernsehen), wie es in den Frames ‚*scientific uncertainty and controversy*‘ und ‚*conflicting scientific evidence*‘ häufiger geschieht. In diesen Frames diskutieren Wissenschaftler und politische Akteure bestehende Risiken und wägen negative und positive Aspekte eines wissenschaftlichen Themas ab. Oftmals geht es um neueste und kontroverse wissenschaftliche Erkenntnisse. Risiken werden aber nicht in allen Fällen mit wissenschaftlicher Ungesichertheit verbunden: Der Frame ‚*everyday medical risks*‘ zeigt Ärzte und Patienten, die von eigenen Erfahrungen berichten. Darüber hinaus existiert ein Frame, der wissenschaftliche Erkenntnisse rein gesichert darstellt (‚*scientifically certain data*‘). Die Gesichertheit wird hierbei zwar dargestellt, selten jedoch diskutiert oder begründet.

Auch in unseren qualitativen Interviews mit Wissenschaftsjournalisten wurde deutlich, dass Ungesichertheit häufiger dann medial aufgegriffen wird, wenn Risiken bestehen und wenn Journalisten denken, das Publikum könne mit Ungesichertheit umgehen; ist beides nicht erfüllt, scheint es wahrscheinlicher, dass Journalisten Forschungsergebnisse als gesichert darstellen (vgl. Guenther et al. 2015; Guenther/Ruhrmann 2013). Außerdem stellen sie Gesichertheit dar, wenn sie damit die Akzeptanz beim Publikum steigern wollen. Hingegen stellen Journalisten Ungesichertheit vor allem dann dar, wenn sie ihr Publikum zu einer kritischen Sichtweise führen möchten und wenn sie dies als Qualitätskriterium verstehen. Diese Ergebnisse wurden in einer quantitativen Befragung validiert (vgl. Guenther/Ruhrmann 2016). In dieser zeigte sich des Weiteren, dass Journalisten etwas bereitwilliger Wissenslücken und Kontroversen darstellen als wissenschaftliche Zweifel (vgl. Tab. 4).

Tab. 4: Bereitschaft der Journalisten, Aspekte wissenschaftlicher Unsicherheit darzustellen (in Anlehnung an Tab. 1 in Maier et al. 2016: 251)

	M (SD; N)
Wissenslücken	7,17 (2,51; 198)
Wissenschaftliche Kontroversen	7,15 (2,47; 201)
Wissenschaftliche Zweifel	6,53 (2,77; 199)

Mittelwerte auf Skalen von 0 („sehr unwahrscheinlich") bis 10 („sehr wahrscheinlich").
Befragte: 202 deutsche Wissenschaftsjournalisten.

Der Frage, wie diese Berichterstattung beim Publikum ankommt und wie die Rezipienten Aussagen über wissenschaftliche Ungesichertheit aufnehmen und verarbeiten, widmen wir uns im nächsten Teilkapitel.

4 Wie Evidenzberichterstattung beim Rezipienten ankommt

Wissenschaftskommunikation beeinflusst in hohem Maße die öffentliche Wahrnehmung wissenschaftlicher Themen. Insbesondere die Medienberichterstattung in Fernsehen, Presse und Online-Medien spielt hierbei eine zentrale Rolle, denn wissenschaftliche Forschung ist für das Publikum häufig nicht direkt wahrnehmbar. Medial vermittelte Informationen über die wissenschaftliche Evidenz von Forschungsergebnissen können daher eine hohe Relevanz für die Meinungsbildung von Rezipienten über ein wissenschaftliches Thema haben und handlungsrelevant werden. Um die Bedeutung der Medienberichterstattung über wissenschaftliche Themen für wissenschaftliche Laien differenzierter beschreiben zu können, hat sich in den letzten Jahren eine Forschungslinie etabliert, die sich mit der Rezeption von wissenschaftlicher Ungesichertheit befasst. Hierbei lassen sich Mediennutzungs- und Wirkungsstudien unterscheiden.

Im Rahmen von Mediennutzungsstudien liegt der Forschungsfokus auf den Nutzungsmotiven und Rezeptionserwartungen hinsichtlich der Evidenzdarstellung. Wirkungsstudien fragen nach dem Einfluss der Darstellung wissenschaftlicher Ergebnisse als gesichert oder ungesichert auf die Bewertungen von Medienbeiträgen durch die Rezipienten, auf deren Evidenz- und Wissenschaftsverständnis sowie auf Einstellungen, etwa das Interesse an Wissenschaft und das Vertrauen gegenüber Wissenschaftlern. Im Folgenden werden die Erkenntnisse dieser Studien vorgestellt und durch eigene Befunde ergänzt. Die Darstellung orientiert sich am Verlauf des Rezeptionsprozesses und gliedert sich in die Zeitpunkte *vor*, *während* und *nach* der Rezeption.

Ein zentrales *Nutzungsmotiv*, das *vor* der Rezeption einen entscheidenden Einfluss auf die Zuwendung zu Medienberichten über wissenschaftliche Themen nimmt, ist das Bedürfnis nach Informationen, die die Rezipienten dabei unterstützen, sich eine Meinung zu bilden oder Entscheidungen, etwa für medizinische Behandlungen oder Konsumprodukte, zu treffen. Informationen zum Forschungsstand oder zur wissenschaftlichen Evidenz sind hingegen kaum von Relevanz (vgl. Bromme/Kienhues 2012). Allerdings zeigen sich hier interindividuelle Unterschiede zwischen den Rezipienten: Personen mit hohem *need for cognition* – einem Persönlichkeitsmerkmal, das beschreibt, inwieweit Menschen zur Bearbeitung von Denkaufgaben bereit sind und Freude daran empfinden – sind eher motiviert, sich mit ungesicherten Informationen auseinanderzusetzen als Personen, bei denen dieses Merkmal geringer ausgeprägt ist (vgl. Winter/ Krämer 2012). Andere Rezipienten wiederum suchen gezielt nach gesicherten Informationen, die ihre eigenen Überzeugungen bestätigen (vgl. Rothmund et al. 2015).

Hinsichtlich der *Erwartungen* von Rezipienten an Wissenschaftskommunikation ergeben sich aus dem Forschungsstand widersprüchliche Befunde. Während einzelne Studien zeigen, dass wissenschaftliche Laien mehrheitlich erwarten, über ungesicherte wissenschaftliche Ergebnisse informiert zu werden (vgl. Frewer et al. 2002), kommen unsere eigenen Studien zum Ergebnis, dass die Darstellung von Ungesichertheit für die Rezipienten kaum von Relevanz ist. Ungestützt gefragt, formulieren Rezipienten als wichtigste Erwartungen, dass Berichte über wissenschaftliche Forschung aktuell, verständlich, ausgewogen und glaubwürdig sein sollen. Erst wenn Rezipienten explizit für das Phänomen der wissenschaftlichen Ungesichertheit sensibilisiert werden, formulieren sie eine entsprechende Erwartungshaltung. Hierbei zeigt sich dann, dass sich manche Rezipienten wünschen, dass die wissenschaftliche Ungesichertheit explizit und klar dargestellt wird, da sie diese als wesentliche Information über den Forschungsprozess interpretieren.

Andere empfinden solche Informationen als unwissenschaftlich und finden, dass sie die Glaubwürdigkeit von Wissenschaftlern und Journalisten reduzieren (vgl. Maier et al. 2016; Milde/Barkela 2016).

Studien, die die Prozesse bei der Verarbeitung von unterschiedlichen Evidenzdarstellungen *während der Rezeption* untersuchen, liegen bislang nicht vor. Allgemeine lernpsychologische Erkenntnisse weisen jedoch darauf hin, dass die Verarbeitung von Medienbeiträgen durch die begrenzten kognitiven Ressourcen von Rezipienten eingeschränkt wird. So zeigen Untersuchungen, dass komplexe Informationen über wissenschaftliche Ungesichertheiten die wahrgenommene Verständlichkeit eines Beitrags reduzieren (vgl. Wiedemann et al. 2009). Jedoch können Beiträge, die strukturiert aufbereitet werden und auf narrative Elemente zurückgreifen, die Verständlichkeit auch komplexer Informationen erhöhen (vgl. Maier et al. 2014).

Die Prozesse vor und während der Rezeption führen schließlich zu *Effekten nach der Rezeption.* Von zentralem Interesse sind hier die Bewertungen der Mediendarstellungen sowie deren Einfluss auf das Evidenz- und Wissenschaftsverständnis, das Interesse an Wissenschaft und das Vertrauen gegenüber Wissenschaftlern. *Bewertungsstudien*, die explizit untersuchen, wie Mediendarstellungen der wissenschaftlichen Evidenz bewertet werden, fehlten lange. In unseren eigenen Studien bewerteten Rezipienten – sofern sie die Evidenzdarstellung in einem Medienbeitrag überhaupt bewusst wahrnahmen – eine Berichterstattung positiv, wenn sie wahrnehmen, dass wissenschaftliche Evidenz als gesichert beschrieben wurde, da sie diese als faktenbezogen und glaubwürdig ansahen. Die Beschreibung wissenschaftlicher Evidenz als ungesichert wurde teilweise positiv, teilweise auch negativ bewertet. So sahen einige Rezipienten in der Darstellung von vorläufigen Befunden eine interessante Information, andere fühlten sich davon eher verunsichert (vgl. Maier et al. 2016; Milde/Barkela 2016).

Das *Wissen* über den Forschungsprozess scheint vor allem dann beeinflussbar zu sein, wenn die Informationen über die wissenschaftliche Evidenz in den Medienbeiträgen explizit dargestellt werden. Laborstudien zeigen, dass kurze Informationstexte über Prinzipien des wissenschaftlichen Erkenntnisgewinns ausreichen, um das Evidenzverständnis von Rezipienten entsprechend zu beeinflussen (vgl. Rabinovich/Morton 2012). Gesicherte oder ungesicherte Darstellungen in Zeitungs- und TV-Wissenschaftsbeiträgen, deren Wirkung wir in unseren eigenen Studien untersuchten, nehmen dagegen keinen oder nur sehr geringen Einfluss auf das Wissenschaftsverständnis (vgl. Retzbach et al. 2013; Retzbach/ Maier 2014).

Studien, die die Konsequenzen einer ungesicherten Darstellung wissenschaftlicher Evidenz auf *Einstellungen* untersuchen, zeigen, dass die Darstellung von
Ungesichertheiten – im Gegensatz zu der bei Wissenschaftlern und Journalisten
teilweise verbreiteten Annahme (siehe oben unter 2 und 3) – nicht grundsätzlich negative Effekte auf das Interesse an Wissenschaft oder auf das Vertrauen in
Wissenschaftler hat:

– In unseren Studien konnten wir keine negativen Effekte einer Darstellung von
   Ungesichertheit auf das *Interesse an wissenschaftlicher Forschung* feststellen.
   Während die Darstellung von gesicherter Evidenz das Interesse positiv beein-
   flusste, wirkte umgekehrt die Darstellung von Ungesichertheit nicht negativ
   (vgl. Retzbach et al. 2013). Bei Personen mit niedrigem *need for cognitive clo-
   sure* – einem Persönlichkeitsmerkmal, das den Wunsch nach sicheren Antworten und eine niedrige Ambiguitätstoleranz beschreibt – konnte die Darstellung
   von Ungesicherheiten sogar das Interesse an wissenschaftlicher Forschung
   erhöhen (vgl. Retzbach/Maier 2014).
– Hinsichtlich des *Vertrauens in Wissenschaftler* zeigt sich, dass die Darstellung
   von Unsicherheiten sowohl positive als auch negative Effekte auf die Glaubwürdigkeit von Wissenschaftlern haben kann (vgl. Jensen/Hurley 2012). Einerseits kann eine unsichere Darstellung zu einer höheren Glaubwürdigkeit der
   Quelle führen, andererseits erkennen manche Rezipienten darin ein Zeichen
   für die Unglaubwürdigkeit der Wissenschaftler (vgl. Johnson/Slovic 1995). Insbesondere scheint die Glaubwürdigkeit dann höher zu sein, wenn als Quelle
   die Verantwortlichen und nicht etwa dritte Wissenschaftler zitiert werden (vgl.
   Jensen 2008). Konfligierende Befunde verschiedener Studien oder auch Ungesichertheiten in der Risikoabschätzung werten einige Rezipienten als ein
   Zeichen für mangelnde wissenschaftliche Kompetenz oder sie vermuten Eigen-
   interessen der Wissenschaftler (vgl. Johnson 2003; Johnson/Slovic 1998).

5 Zusammenfassung

Ziel dieses Beitrags war es, am Beispiel biowissenschaftlicher Zukunftstechnologien aufzuzeigen, wie die verschiedenen an der öffentlichen Kommunikation über Wissenschaft beteiligten Akteursgruppen auf die der Wissenschaft
inhärente Ungesichertheit der empirischen Evidenz eingehen. Dabei wurde der
gesamte Kommunikationsprozess – von Wissenschaftlern über professionelle
Kommunikatoren und Journalisten bis hin zu den wissenschaftlichen Laien als
Rezipienten – auf der Basis des internationalen Forschungsstands sowie eigener
aktueller Studien nachvollzogen.

Diese Zusammenschau bestehender Forschungsergebnisse zeigt zunächst für die beteiligten *Wissenschaftler und professionellen Wissenschaftskommunikatoren* zwei Dinge: Erstens nehmen die verschiedenen Stakeholder Chancen und Risiken bei der Kommunikation wissenschaftlicher Unsicherheit wahr. Diese sind jedoch je nach Selbstverständnis und Organisationszugehörigkeit sehr unterschiedlich und führen zu unterschiedlichen Kommunikationsmotiven, die sich unmittelbar auf das Kommunikationsverhalten auswirken. Zweitens orientieren sich gerade die Kommunikatoren sehr bewusst an den unterschiedlichen Zielgruppen ihrer Kommunikation, vor allem an Journalisten und dem Laien-Publikum. Auch die Annahmen über mögliche Reaktionen des Publikums prägen dadurch die Kommunikation über wissenschaftliche Evidenz. Und tatsächlich ist die Art und Weise, wie Wissenschaftler selbst oder Pressesprecher ihrer jeweiligen Institutionen über wissenschaftliche Evidenz berichten, entscheidend für die Darstellung wissenschaftlicher Evidenz in der Öffentlichkeit. Schwartz et al. (2012) haben gezeigt, dass Pressemitteilungen aus der Wissenschaft heraus die wichtigsten Impulsgeber für journalistische Berichterstattung über Wissenschaft sind. Durch ihre motivierte Kommunikation determinieren Wissenschaftler und professionelle Kommunikatoren wissenschaftlicher Einrichtungen daher in entscheidendem Maße die Möglichkeit wissenschaftlicher Laien, Kenntnis vom aktuellen Forschungsstand zu nehmen.

Journalisten ihrerseits wollen keine reinen Vermittler wissenschaftlicher Informationen sein, obwohl Wissenschaftler häufig fordern, dass sie evidenzorientierter berichten sollten (z. B. Ashe 2013). Verkannt wird dabei oft, dass Journalisten nur einen Ausschnitt aus der Realität berichten können und zudem großem Zeitdruck und Platzknappheit unterliegen. Außerdem fürchten auch Journalisten, bei einem expliziten Hinweis auf Ungesichertheit könnten Laien diesen falsch verstehen und zum Eindruck gelangen, die Wissenschaft wisse überhaupt nichts (vgl. Ashe 2013; Guenther 2017). Einige Journalisten glauben zudem, dass sie Informationen für ihr Publikum herunterbrechen und klare Verhaltensratschläge geben müssten, besonders wenn es um medizinische und gesundheitsrelevante Themen geht (vgl. Hinnant/Len-Ríos 2009). Journalisten haben professionelle Nachrichtenfaktoren, Normen und Routinen ausgebildet (vgl. Rosen et al. 2016). Dabei orientieren sie sich vorrangig an journalistischen und eben nicht an wissenschaftlichen Kriterien, beispielsweise am Leitbild einer gut verständlichen Sprache, und versuchen ihr Publikum zu erreichen und nicht zu überfordern (vgl. Guenther 2017; Lehmkuhl/Peters 2016a/b). Das geschieht, wie gezeigt wurde, durch die Selektion bestimmter Themen und eine Darstellung, die je nach Überzeugung des Journalisten mal Ungesichertheiten explizit hervorhebt und mal gar nicht erwähnt (vgl. Ruhrmann et al. 2015). Die eigentliche Herausforderung, die sich aus diesen Erkenntnissen ergibt, ist vielmehr an andere Akteure, wie Wissenschaftler und wissenschaftliche Kommunikatoren, gerichtet: Sie handelt von der Anerkennung, dass sich die journalistische Professionalität von der wissenschaftlichen unterscheidet und auch unterscheiden darf.

Hinsichtlich der auf das *Publikum* bezogenen Herausforderungen lässt sich festhalten, dass sich Rezipienten eher selten gezielt mit Fragen wissenschaftlicher Evidenz auseinandersetzen. Im Sinne ihres zentralen Motivs, Informationen zur Meinungsbildung und für Alltagsentscheidungen zu erhalten, erwarten Rezipienten hauptsächlich aktuelle, verständliche, ausgewogene und glaubwürdige Berichte. Die Darstellung von Ungesichertheit ist hingegen nur selten ein Motiv für die Rezeption von Wissenschaftskommunikation. Zudem belegen die Befunde, dass Kommunikatoren und Journalisten mit sehr heterogenen Publikumserwartungen und -bewertungen konfrontiert sind, denen sie je nach Zielsetzung in ihrer Berichterstattung gerecht werden müssen: Einige Rezipienten, die die Darstellung der wissenschaftlichen Ungesichertheit erwarten, bewerten diese als positiv; andere Rezipienten reagieren eher verunsichert und bevorzugen gesicherte Darstellungen.

Im Sinne des wissenschaftlichen Selbstverständnisses sollten ungesicherte und konfligierende Befunde in der öffentlichen Kommunikation über Wissenschaft dargestellt werden, wenn der Forschungsstand dies nahelegt – wie sie auch im wissenschaftlichen Diskurs berücksichtigt werden. Dabei sollten die Phänomene explizit benannt, beschrieben und als Prinzip wissenschaftlichen Erkenntnisgewinns erklärt werden. Dies unterstützt die Rezipienten dabei, ihre selektive Wahrnehmung wissenschaftlicher Ungesichertheit zu überbrücken, und ermöglicht es, ihr Evidenzverständnis zu beeinflussen. Hilfreich hierbei ist, die Informationen strukturiert aufzubereiten und auf narrative Elemente zurückzugreifen.

Literatur

Ajzen, Icek (2006): Constructing a theory of planned behavior questionnaire. Available via ResearchGate, https://www.researchgate.net/ (abgerufen 16.3.2018).

Amend, Elyse/Secko, David M. (2012): In the face of critique: A metasynthesis of the experiences of journalists covering health and science. In: Science Communication 34.2, 241–282.

Ashe, Teresa (2013): How the media report scientific risk and uncertainty: A review of the literature. Oxford.

Besley, John C./Nisbet, Matthew (2013): How scientists view the public, the media and the political process. In: Public Understanding of Science 22.6, 644–659.

Brashers, Dale E. (2001): Communication and Uncertainty Management. In: Journal of Communication 51.3, 477–497.

Brechman, Jean M./Lee, Chul-joo/Cappella, Joseph N. (2009): Lost in translation? A comparison of cancer-genetics reporting in the press release and its subsequent coverage in lay press. In: Science Communication 30.4, 453–474.

Bromme, Rainer/Kienhues, Dorothe (2012): Rezeption von Wissenschaft – mit besonderem Fokus auf Bio- und Gentechnologie und konfligierende Evidenz. In: Weitze, Marc-Denis/Pühler, Alfred/Heckl, Wolfgang M./Müller-Röber, Bernd/Renn, Ortwin/Weingart, Peter/Wess, Günther (Hrsg.): Biotechnologie-Kommunikation: Kontroversen, Analysen, Aktivitäten. Berlin/Heidelberg, 303–348.

Bromme, Rainer/Prenzel, Manfred/Jäger, Michael (2014): Empirische Bildungsforschung und evidenzbasierte Bildungspolitik. Eine Analyse von Anforderungen an die Darstellung, Interpretation und Rezeption empirischer Befunde. In: Zeitschrift für Erziehungswissenschaft, Sonderheft 27, 3–54.

Brumfield, Geoff (2009): Supplanting the old media? In: Nature 458, 274–277.

Cacciatore, Michael A./Anderson, Ashley A./Choi, Doo-Hun/Brossard, Dominique/Scheufele, Dietram A./Liang, Xuan/Ladwig, Peter J./Xenos, Michael/Dudo, Anthony (2012): Coverage of emerging technologies: A comparison between print and online media. In: New Media & Society 14.6, 1039–1059.

Cooper, Benjamin E. J./Lee, William E./Goldacre, Ben M./Sanders, Thomas A. B. (2012): The quality of the evidence for dietary advice given in UK national newspapers. In: Public Understanding of Science 21.6, 664–673.

Corbett, Julia B./Durfee, Jessica L. (2004): Testing public (un)certainty of science: Media representations of global warming. In: Science Communication 26.2, 129–151.

Crouch, Colin (2015): Die bezifferte Welt. Wie die Logik der Finanzmärkte das Wissen bedroht. Frankfurt am Main.

Dudo, Anthony (2013): Toward a model of scientists' public communication activity: The case of biomedical researchers. In: Science Communication 35.4, 476–501.

Dudo, Anthony/Dunwoody, Sharon/Scheufele, Dietram A. (2011): The emergence of nano news: Tracking thematic trends and changes in U.S. newspaper coverage of nanotechnology. In: Journalism & Mass Communication Quarterly 88.1, 55–75.

Ebeling, Mary F. E. (2008): Mediating uncertainty: Communicating the financial risks of nanotechnologies. In: Science Communication 29.3, 335–361.

Frewer, Lynn J./Miles, Susan/Brennan, Mary/Kuznesof, Sharon/Ness, Mitchell/ Ritson, Christopher (2002): Public preferences for informed choice under conditions of risk uncertainty. In: Public Understanding of Science 11.4, 363–372.

Grimm, Michael/Wald, Stephanie (2014): Transparent und evident? Qualitätskriterien in der Gesundheitsberichterstattung und die Problematik ihrer Anwendung am Beispiel von Krebs. In: Lilienthal, Volker/Reinbek, Dennis/ Schnedler, Thomas (Hrsg.): Qualität im Wissenschaftsjournalismus. Perspektiven aus Wissenschaft und Praxis. Wiesbaden, 61–82.

Grundmann, Reiner/Stehr, Nico (2011): Die Macht der Erkenntnis. Frankfurt am Main.

Guenther, Lars (2017): Evidenz und Medien. Journalistische Wahrnehmung und Darstellung wissenschaftlicher Ungesichertheit. Wiesbaden.

Guenther, Lars/Froehlich, Klara/Ruhrmann, Georg (2015): (Un)Certainty in the news: Journalists' decisions on communicating the scientific evidence of nanotechnology. In: Journalism and Mass Communication Quarterly 92.1, 199–220.

Guenther, Lars/Ruhrmann, Georg (2013): Science journalists' selection criteria and depiction of nanotechnology in German media. In: Journal of Science Communication 12.3, 1–17.

Guenther, Lars/Ruhrmann, Georg (2016): Scientific evidence and mass media: Investigating the journalistic intention to represent scientific uncertainty. In: Public Understanding of Science 25.8, 927–943.

Heidmann, Ilona/Milde, Jutta (2013): Communication about scientific uncertainty: How scientists and science journalists deal with uncertainties in nanoparticle research. In: Environmental Science Europe 25.1, 1–11.

Hijmans, Ellen/Pleijter, Alexander/Wester, Fred (2003): Covering scientific research in Dutch newspapers. In: Science Communication 25.2, 153–176.

Hinnant, Amanda/Len-Ríos, María (2009): Tacit understandings of health literacy. Interview and survey research with health journalists. In: Science Communication 31.1, 84–115.

Jensen, Jakob D. (2008): Scientific uncertainty in news coverage of cancer research: Effects of hedging on scientists and journalists credibility. In: Human Communication Research 34.3, 347–369.

Jensen, Jakob D./Hurley, Ryan J. (2012): Conflicting stories about public scientific controversies: Effects of news convergence and divergence on scientists' credibility. In: Public Understanding of Science 21.6, 689–704.

Johnson, Branden B. (2003): Further notes on public response to uncertainty in risks and science. In: Risk Analysis 23.4, 781–789.

Johnson, Branden B./Slovic, Paul (1995): Presenting uncertainty in health risk assessment: Initial studies of its effects on risk perception and trust. In: Risk Analysis 15.4, 485–494.

Johnson, Branden B./Slovic, Paul (1998): Lay views on uncertainty in environmental health risk assessment. In: Journal of Risk Research 1.4, 261–279.

Kessler, Sabrina H./Guenther, Lars/Ruhrmann, Georg (2014): Die Darstellung epistemologischer Dimensionen von evidenzbasiertem Wissen in TV-Wissenschaftsmagazinen. Ein Lehrstück für die Bildungsforschung. In: Zeitschrift für Erziehungswissenschaft 17.4, 119–139.

Kohring, Matthias/Marcinkowski, Frank (2015): Währungsrisiken. Die prekären Folgen des Erfolgskriteriums ‚mediale Aufmerksamkeit'. In: Forschung & Lehre 22.11, 904–906.

Lehmkuhl, Markus/Peters, Hans Peter (2016a): „Gesichert ist gar nichts!". Zum Umgang des Journalismus mit Ambivalenz, Fragilität und Kontroversität neurowissenschaftlicher ‚truth claims'. In: Ruhrmann, Georg/Kessler, Sabrina Heike/Guenther, Lars (Hrsg.): Wissenschaftskommunikation zwischen Risiko und (Un-)Sicherheit. Köln, 46–74.

Lehmkuhl, Markus/Peters, Hans Peter (2016b): Constructing (un)certainty: An exploration of journalistic decision-making in the reporting of neuroscience. In: Public Understanding of Science 25.8, 909–926 (online before print).

Maier, Michaela/Milde, Jutta/Post, Senja/Guenther, Lars/Ruhrmann, Georg/Barkela, Berend (2016): Communicating scientific evidence: Scientists', journalists' and audience expectations and evaluations regarding the representation of scientific uncertainty. In: Communications 41.3, 239–264.

Maier, Michaela/Rothmund, Tobias/Retzbach, Andrea/Otto, Lukas/Besley, John (2014): Informal learning through science media usage. In: Educational Psychologist 49.2, 86–103.

Maille, Marie-Ève/Saint-Charles, Johannes/Lucotte, Marc (2010): The gap between scientists and journalists: The case of mercury science in Quebec's press. In: Public Understanding of Science 19.1, 70–79.

Mellor, Felicity (2015): Non-news values in science journalism. In: Rappert, Brian/Balmer, Brian (Hrsg.): Absence in science, security and policy: From research agendas to global strategy. Basingstoke, 93–113.

Milde, Jutta/Barkela, Berend (2016): Wie Rezipienten mit wissenschaftlicher Ungesichertheit umgehen: Erwartungen und Bewertungen bei der Rezeption von Nanotechnologie im Fernsehen. In: Ruhrmann, Georg/Kessler, Sabrina H./Guenther, Lars (Hrsg.): Wissenschaftskommunikation zwischen Risiko und (Un-)Sicherheit. Köln, 193–211.

Olausson, Ulrika (2009): Global warming – global responsibility? Media frames of collective action and scientific certainty. In: Public Understanding of Science 18.4, 421–436.

Patterson, Thomas E. (2013): Informing the News. The Need for Knowledge Based Journalisms. New York.

Peters, Hans Peter (2014): Scientists as public experts: Expectations and responsibilities. In: Buchhi, Massimiano T. (Hrsg.): Routledge Handbook of Public Communication of Science and Technology. London, 131–146.

Poerksen, Bernhard (2015): Die Beobachtung des Beobachters. Eine Erkenntnistheorie der Journalistik. Heidelberg.

Post, Senja (2016): Communicating science in public controversies. Strategic considerations of the German climate scientists. In: Public Understanding of Science 25.1, 61–70.

Post, Senja/Maier, Michaela (2016): Stakeholders' rationales for representing uncertainties of biotechnological research. In: Public Understanding of Science 25.1, 1–17.

Rabinovich, Anna/Morton, Thomas A. (2012): Unquestioned answers or unanswered questions: Beliefs about science guide responses to uncertainty in climate change risk communication. In: Risk Analysis 32.6, 992–1002.

Retzbach, Andrea/Maier, Michaela (2014): Communicating Scientific Uncertainty Media Effects on Public Engagement With Science. In: Communication Research 42.3, 429–456.

Retzbach, Joachim/Retzbach, Andrea/Maier, Michaela/Otto, Lukas/Rahnke, Marion (2013): Effects of repeated exposure to science TV shows on beliefs about scientific evidence and interest in science. In: Journal of Media Psychology 25.1, 3–13.

Rosen, Cecilia/Guenther, Lars/Froehlich, Klara (2016): The question of newsworthiness: A cross-comparison among science journalists' selection criteria in Argentina, France, and Germany. In: Science Communication 38.3, 328–355.

Rothmund, Tobias/Bender, Jens/Nauroth, Peter/Gollwitzer, Mario (2015): Public concerns about violent video games are moral concerns – How moral threat can make pacifists susceptible to scientific and political claims against violent video games. In: European Journal of Social Psychology 45.6, 769–783.

Ruhrmann, Georg/Guenther, Lars/Kessler, Sabrina H./Milde, Jutta (2015): Frames of scientific evidence: How journalists represent the (un)certainty of molecular medicine in science television programs. In: Public Understanding of Science 24.6, 681–696.

Schwartz, Lisa M./Woloshin, Steven/Andrews, Alice/Stukel, Therese A. (2012): Influence of medical journal press releases on the quality of associated newspaper coverage: Retrospective cohort study. In: British Medical Journal 344, d8164.

Stehr, Nico (2015): Die Freiheit ist eine Tochter des Wissens. Wiesbaden.

Stocking, S. Holly/Holstein, Lisa W. (1993): Constructing and reconstructing scientific ignorance: Ignorance claims in science and journalism. In: Science Communication 15.2, 186–210.

Stocking, S. Holly/Holstein, Lisa W. (2009): Manufacturing doubt: Journalists' roles and the construction of ignorance in a scientific controversy. In: Public Understanding of Science 18.1, 23–42.

Tsfati, Yariv/Cohen, Jonathan/Gunther, Albert C. (2011): The influence of persumed media influence on news about science and scientists. In: Science Communication 33.2, 143–166.

Wiedemann, Peter M./Löchtefeld, Stefan/Claus, Frank/Markstahler, Stephanie/Peters, Ibo (2009): Laiengerechte Kommunikation wissenschaftlicher Unsicherheiten im Bereich EMF. Abschlussbericht zum BfS Forschungsprojekt StSch 3608S03016. Berlin.

Winter, Stephan/Krämer, Nicole C. (2012): Selecting science information in Web 2.0: How source cues, message sidedness, and need for cognition influence users' exposure to blog posts. In: Journal of Computer-Mediated Communication 18.1, 80–96.

Zehr, Stephen C. (2000): Public representation of scientific uncertainty about global climate change. In: Public Understanding of Science 9.2, 85–103.

Monika Taddicken, Anne Reif & Imke Hoppe
(Braunschweig und Hamburg)

Wissen, Nichtwissen, Unwissen, Unsicherheit: Zur Operationalisierung und Auswertung von Wissensitems am Beispiel des Klimawissens

Abstract: Science is present in all dimensions of laypeople's everyday lives and serves as a basis for decisions. However, scientific topics such as climate change are very complex, abstract and uncertain – thus for laypeople difficult to understand. Mass media act as significant mediators between science and lay audiences. Much empirical research exists about the relations between media use and knowledge as well as attitudes towards science. Nonetheless, statistical proof for these correlations is often missing. A main reason for that can be seen in insufficient theoretical examinations of ‚knowledge‘ and measurement problems. This article tries to address these issues by focusing on how knowledge can be conceptualised and operationalised in empirical studies. Five different dimensions of knowledge about climate change are discussed: knowledge about (1) causes, (2) basics and (3) effects of climate change as well as (4) climate-friendly behavior and (5) the procedures of the climate sciences. Different theoretical concepts of knowledge, ignorance and misinformation in combination with the dimension of (un)certainty/confidence are introduced. Using empirical data from an online survey about climate change, the consequences of different response formats and scales are illustrated and discussed.

Keywords: Klimawissen – Klimaskepsis – Nichtwissen – Unwissen – empirische Operationalisierung – Internetnutzung – Medienrezeption

1 Einleitung

Über kaum ein wissenschaftliches Thema ist in den Medien so viel publiziert worden wie über den Klimawandel: Allein in der Süddeutschen Zeitung wurden zwischen 1996–2010 fast 7 000 Artikel zum Klimawandel veröffentlicht (vgl. Schäfer et al. 2014). Umgerechnet erschien hier also pro Tag mindestens ein Artikel zum Thema Klimawandel. Mediale Diskurse über den Klimawandel sind damit insbesondere relevant für die individuelle Bedeutung, die dem Thema über soziale Konstruktionsprozesse verliehen wird (vgl. Schäfer 2007; Storch 2009; Weingart 2011). Zugleich ist der Klimawandel ein hochkomplexes Wissenschaftsthema, an dem viele verschiedene natur-, sozial- und geisteswissenschaftliche Disziplinen arbeiten, so dass beständig neue Ergebnisse und Interpretationen produziert werden, zu denen es nicht immer einen wissenschaftlichen Konsens gibt. Mit dem IPCC (*Intergovernmental Panel on Climate Change*) als Organisation sowie der Veröffentlichung der IPCC-Reports existiert eine hochgradig verdichtete und abgesicherte Wissensinfrastruktur (vgl. Edwards 2011), die ebenfalls der Herausforderung unterliegt, Unsicherheiten der hochkomplexen Klimamodelle korrekt auszuweisen und zu kommunizieren (vgl. Painter 2013).

Während manche Informationen über den Klimawandel zur Allgemeinbildung bzw. zum Alltags- und Handlungswissen gehören, bedarf es zum Verständnis anderer eines umfassenden Expertenwissens. Zudem treten in öffentlichen Debatten immer wieder teils konfligierende Erklärungen für Phänomene rund um den Klimawandel auf. Dies ist nicht zuletzt dem hohen gesellschaftlichen und medialen Druck geschuldet, der aufgrund der enormen sozialen Relevanz des Themas besteht; im Prinzip aber sind Widersprüche, Unsicherheiten, Vorläufigkeiten etc. normaler Bestandteil von heutigen wissenschaftlichen Erkenntnisprozessen („post-normal science", vgl. Knorr-Cetina 2002). Ein Beispiel hierfür ist die Debatte um die sogenannte „Klimapause" („Hiatus"). Damit ist das Phänomen gemeint, dass im Zeitraum von 1998 bis 2012 ein geringerer Anstieg der globalen Durchschnittstemperatur festgestellt wurde, als die Klimamodelle eigentlich vorhergesagt hätten.[1] Um dieses Phänomen zu erklären, gab es diverse Forschungsgruppen unterschiedlicher Disziplinen, die konkurrierende Erklärungsmodelle dafür veröffentlichten (z. B. Medhaug et al. 2017). Konflikte um die Deutung und Interpretation von Klimaphänomenen sowie die Kommunikation von Unsicherheitsgraden können sich in Unsicherheiten im Wissen der Bevölkerung auf individueller Ebene niederschlagen.

Dieser Beitrag widmet sich deswegen der Unsicherheit von Wissenschaftsthemen vor dem Hintergrund der kommunikationswissenschaftlichen Perspektive von Medienwirkungen (siehe hierzu auch den Beitrag von Maier et al. in diesem Band). Die bisherige kommunikations- bzw. sozialwissenschaftliche Forschung konnte durch Umfragestudien kaum Zusammenhänge zwischen Mediennutzung und Wissen sowie zwischen Wissen und Einstellungen nachweisen (vgl. z. B. Nisbet et al. 2002; Lee et al. 2005; Scheufele/Lewenstein 2005; Lee/Scheufele 2006; Zhao 2009; Taddicken/Neverla 2011; Taddicken 2013), sondern spiegelt vielmehr „chaotische" Zusammenhänge (vgl. Pardo/Calvo 2002) bzw. „verschlungene Wege der Wirkung von Medienangeboten zu komplexen Wissensdomänen" (Taddicken/Neverla 2011) wider. Fraglich ist jedoch, ob es tatsächlich keine oder kaum lineare Zusammenhänge gibt oder ob auftretende Effekte aufgrund möglicher

---

1   Siehe z. B. https://www.theguardian.com/science/2017/may/03/global-warming-hiatus-doesnt-change-long-term-climate-predictions-study (abgerufen 5.5.2018).

Schwächen in der Konzeptualisierung und Operationalisierung von Wissen nicht nachweisbar waren (vgl. Gaskell et al. 1997; Durant et al. 2000; Pardo/Calvo 2002). Für die Erforschung der Wirkung von Wissenschaftskommunikation auf eine mögliche Veränderung im Wissen von Rezipierenden, ist die Konzeptualisierung und Operationalisierung von Wissenstests in Umfragen von entscheidender Bedeutung (vgl. Taddicken et al. 2018). Der vorliegende Beitrag mit vorrangig methodischem Anliegen setzt sich daher damit auseinander, wie Wissen für sozialwissenschaftliche Umfragen konzeptualisiert und operationalisiert werden kann und sollte. Dabei werden theoretische Differenzierungen von Wissen aus verschiedenen wissenschaftlichen Disziplinen einbezogen (insbesondere der Wissenschaftssoziologie) und es wird eine Kombination aus Kategorien zu ‚Wissen' und ‚Sicherheit über das Wissen' vorgeschlagen. Insbesondere ein Kritikpunkt von Gross (2007: 744) soll adressiert werden: „Some of the taxonomies, so it seems, are largely theory driven with little or no attention to or links with concrete examples or data". Anhand konkreter Ergebnisse einer Online-Befragung zum Klimawandel werden verschiedene Ansätze der Operationalisierung und Antwortskalierungen, die auf theoretischen Wissenskonzepten basieren, beleuchtet. Dabei werden die Ergebnisse zum Klimawissen je nach Operationalisierungsansatz deskriptiv verglichen und mögliche Unterschiede diskutiert.

Für diese Zielsetzung werden zunächst verschiedene inhaltliche Dimensionen des (Klima-)Wissens systematisch vorgestellt (Kapitel 2) und anschließend theoretische Konzepte von Wissen, Nichtwissen, Unwissen und (Un-)Sicherheit diskutiert (Kap. 3). An die verschiedenen Wissenskonzepte und Operationalisierungsansätze anknüpfend, wird im vierten Kapitel das methodische Vorgehen der empirischen Überprüfung erläutert. Die empirischen Ergebnisse werden im fünften Kapitel dargestellt und es wird gezeigt, inwiefern die Datenlage nach Operationalisierung und Antwortformat differieren kann. Im letzten Kapitel werden die Ergebnisse und Ansätze diskutiert.

2 Theoretische Fundierung für die Operationalisierung von ‚Klimawissen' in der Medienwirkungsforschung

Die grundlegende und entscheidende Frage der Medienwirkungsforschung in Bezug auf Wissen zum Thema Klimawandel lautet: Was wissen Menschen darüber, und in welchem Zusammenhang steht dies mit ihrer Mediennutzung und -rezeption?

Die bisherige kommunikationswissenschaftliche Klimaforschung zu Medienrezeption und -wirkung hat sich darauf konzentriert, die existenten „Wissensinseln" der Rezipierenden zu identifizieren und in Bezug zur individuellen Mediennutzung sowie -rezeption zu setzen. Durch die Prüfung dieses Zusammenhangs wird die Frage bearbeitet, ob die Medien ihrer normativen Funktion, Wissen zu vermitteln, gerecht werden. Die bisher beleuchteten Wissensinseln waren dabei jene klimawissenschaftlichen Wissensbestände, die mit Rückgriff auf den aktuellen wissenschaftlichen Konsens zum Klimawandel als gesichert gelten können. Im Fall des Klimawandels wird hierzu häufig der Sachstandsbericht des Weltklimarats (IPCC) als Referenzobjekt und „Wissensträger" herangezogen (vgl. Smith/ Joffe 2013; Engesser/Brüggemann 2016). Gerade in den Rezeptionsstudien bleibt jedoch häufig undifferenziert, welche *Art des Klimawissens* genau erhoben wird. Häufig handelt es sich um Wissen darüber, welche Ursachen der Klimawandel hat (z. B. Bord et al. 1998; Sundblad et al. 2009; Braten/Stromso 2010; Chang/ Yang 2010; Nolan 2010; Porter et al. 2012; Lombardi et al. 2013; McKercher et al. 2013). Besonders häufig wird erfragt, ob menschliche Aktivitäten (Haupt-)Ursache des Klimawandels sind (Anthropogenität). Problematisch ist hierbei, dass nicht ausschließlich Wissen erfragt wird, sondern auch eine stärker affektiv geprägte Einstellung zum Klimawandel generell (z. B. Skepsis). Wir schlagen deswegen im folgenden Abschnitt eine Systematisierung verschiedener Wissensformen vor, die als Basis für die Operationalisierung von Klimawissen im Rahmen kommunikationswissenschaftlicher Rezeptions- und Wirkungsforschung dienen kann.

Erster Ausgangspunkt unserer Überlegungen ist hierfür die Differenzierung von vier Wissensarten nach Kiel/Rost (2002), die wiederum auf wesentlich ältere Arbeiten aus der Philosophie, Erkenntnistheorie sowie Didaktik und Erziehungswissenschaft zurückgreifen.

Die erste Form ist das *Orientierungswissen (know what)*, das Menschen dazu dient, sich in der Welt zu orientieren, ohne dass diese Form des Wissens zwingend zur sofortigen Anwendung kommen muss. Es wird wesentlich breiter verstanden, und zwar als Wissen über diverse Sachverhalte in der Welt – in Bezug auf das Klimathema wäre also schon von Orientierungswissen zu sprechen, wenn Menschen überhaupt wissen, dass es einen anthropogen verursachten Klimawandel gibt. In der Umweltpsychologie ist diese Form des Wissens als „Umweltsystemwissen" untersucht worden (*declarative knowledge*, Kaiser/Fuhrer 2003). Wir schlagen vor, in Bezug auf den Klimawandel von „Ursachenwissen" zu sprechen. Damit ist gemeint, dass Rezipierende wissen, dass es a) momentan einen Klimawandel gibt und dass b) dieser Klimawandel durch den menschlichen Einfluss (z. B. die hauptsächlich durch menschliche Aktivität bedingte Erhöhung der Treibhausgase) verursacht wird.

Haben Rezipierende Wissen über den Klimawandel und seinen anthropogenen Ursprung, muss dies nicht zwingend bedeuten, dass ihnen gleichermaßen klar ist, was die genauen grundliegenden meteorologischen oder physikalischen

Zusammenhänge sind. Für dieses Wissen nutzen Kiel/Rost (2002) den Begriff des *Erklärungs- und Deutungswissens* (*know why*). Hiermit ist nicht nur jenes Wissen über die Existenz bestimmter Phänomene gemeint, sondern darüber hinaus die Kenntnis darüber, wie diese Phänomene erklärt werden können und worin sie begründet liegen. Wird das Erklärungs- und Deutungswissen komplexer, sprechen Kiel/Rost (2002) von Modellen und Theorien. Da es jedoch recht unwahrscheinlich ist, dass sich Medienrezipierende konkrete Klimamodelle aus den Klimawissenschaften angeeignet haben, schlagen wir vor, punktueller zu untersuchen, welches Wissen Rezipierende über die klimawissenschaftlichen Grundlagen haben. Wir differenzieren das „Erklärungs- und Deutungswissen" deswegen durch zwei Subdimensionen, und zwar (a) durch das „Grundlagenwissen zum Klimawandel" und (b) durch das „Wissen über konkrete Folgen des Klimawandels/Folgenwissen". Grundlagenwissen umfasst vor allem das Wissen über CO_2, den Treibhauseffekt und das Ozonloch. Als Folgenwissen ist hier nicht lediglich das Wissen über den Anstieg der globalen Durchschnittstemperatur gemeint. Stattdessen soll konkreteres Wissen erfasst werden, also beispielsweise Wissen darüber, ob überall auf der Erde gleichermaßen mit einer Zunahme an Niederschlag zu rechnen ist oder aber was das Schmelzen des Polareises bewirkt.

Als dritte funktionale Art von Wissen nennen Kiel/Rost (2002) solches Wissen, das sich auf das Handeln von Menschen bezieht und Wissen über Praktiken, Techniken, Methoden und Strategien umfasst (*know how*) sowie Wissen über konkrete Anwendungen dieser (im Sinne von Können). In Bezug auf die Rezeption und Wirkung von Klimakommunikation ist hiermit besonders interessant, ob Menschen etwas darüber wissen, welche Auswirkungen ihr Alltagshandeln auf die CO_2-Emissionen hat und welche Handlungen einen besonders hohen „CO_2-Fußabdruck" erzeugen. Hier ist also die Frage, ob Menschen bestimmte Heuristiken darüber haben, welche Alltagsaktivitäten besonders viel CO_2 erzeugen und welche weniger. Ebenso wäre dann von Interesse, inwiefern dies auch zu konkreter Anwendung (i. S. einer Fähigkeit) führt. In der Umweltpsychologie ist diese Form des Wissens ebenfalls umfassend beleuchtet worden, sie wird hier *Handlungswissen* oder auch handlungsrelevantes Wissen (*procedural knowledge*, Kaiser/Fuhrer 2003) genannt.

Die vierte Wissensart ist schließlich das *Quellenwissen* (*know where*), also Wissen darüber, von welchen Trägern das Wissen stammt und wo Wissensträger zu finden sind (z. B. in der Bibliothek, auf Wikipedia). Im Zusammenhang mit der Rezeption von Klimakommunikation ist hierbei besonders relevant, welche Vorstellungen die Rezipierenden von den Klimawissenschaften haben, die ja Wissen über den Klimawandel produzieren und so die zentrale „Wissensquelle" sind.

Nisbet et al. (2002) haben dieses Wissen als *Prozesswissen* bezeichnet, weil es Wissen über den Prozess der Wissensgenerierung in den Wissenschaften umfasst. So ist also auch jenes Wissen gemeint, das die Vorläufigkeit, Unvollständigkeit und Widersprüchlichkeit von Ergebnissen aus den Klimawissenschaften anerkennt. Insgesamt ist diese Dimension des Wissens wohl als die anspruchsvollste zu bewerten, weil klimawissenschaftliche Befunde hier in den Kontext der Reflexion genereller klimawissenschaftlicher Leistungsfähigkeit gestellt werden. Auf dieser Dimension wird beispielsweise die Frage gestellt, ob die Rezipierenden tatsächlich wissen und anerkennen, dass die Klimawissenschaften – ebenso wie andere Wissenschaften – nur vorläufig gültige Ergebnisse produzieren können.

3 Operationalisierung von ‚(Klima-)Wissen'

Es gibt zahlreiche verschiedene Konzepte von Wissen und unzählige Möglichkeiten der Messung von Wissen in Umfragestudien. Dieses Kapitel soll einen kleinen Überblick geben, ohne einen Anspruch auf Vollständigkeit zu erheben.

Um das Verständnis über Wissenschaftsthemen abzuprüfen, wurde anfangs häufig mit offenen Fragen (*open-ended items*) nach Definitionen gefragt, z. B. „Please tell me, in your own words, what is DNA?" (Miller 1998). Insbesondere bei telefonischen Befragungen kamen auch sogenannte *multi-part questions* zum Einsatz, z. B. „The Earth goes around the Sun, or the Sun goes around the Earth?" (Miller 1998). Diese Formen betrachten wir nicht weiter.

3.1 Wissen als Dichotomie

Durchgesetzt hat sich aufgrund der Praktikabilität (vgl. National Academies of Sciences, Engineering, and Medicine 2016) das *closed-ended true-false quiz*, bei dem die Befragten in der Regel wahre und falsche Statements auf ihre Richtigkeit hin einschätzen müssen (hier: *Operationalisierungsalternative A1*). Diese Form der Erhebung gibt also eine Dichotomisierung vor, in deren Rahmen sich die Teilnehmenden bewegen können. Ist beispielsweise die Aussage, dass der Erdkern sehr heiß ist, wahr oder falsch (vgl. National Academies of Sciences, Engineering, and Medicine 2016)? Diese Messmethode spiegelt das Verständnis von *knowledge* (= gut) und *ignorance* (= schlecht) als zwei gegensätzliche Pole wider, welches auf grundlegende theoretische (und philosophische) Überlegungen zurückgeht (vgl. z. B. Kerwin 1993). So ist es bei der Auswertung von Wissensabfragen ein übliches Verfahren, die richtigen Antworten der Befragten über einen Summenindex (vgl. z. B. Braten/Stromso 2010; Nolan 2010; Dijkstra/Goedhart 2012; Mazur et al. 2013) oder Mittelwertindex von 0 bis 1 (Tobler et al. 2012) zusammenzuzählen. Je mehr Punkte erreicht werden, desto mehr Wissen ist vorhanden. Der ausschließliche Fokus liegt also auf dem vorhandenen „korrekten" Wissen der Befragten, also auf den richtig genannten Fakten und den korrekt beurteilten Statements.

3.2 Wissen, Nichtwissen und Unwissen

Ungewiss bleibt aber, ob die Antwort vielleicht zufällig richtig geraten wurde. Bei nur zwei Antwortmöglichkeiten liegt die Wahrscheinlichkeit, dass man richtig rät, schließlich bei 50 %. Um genau das auszuschließen, geben manche Wissensabfragen eine weitere Antwortoption „weiß nicht" (vgl. z. B. Dijkstra/Goedhart 2012; Tobler et al. 2012). Dieses dreistufige Antwortformat kann damit das „guessing problem" verringern (Sturgis et al. 2008) und erlaubt die Unterscheidung in falsches Wissen, fehlendes Wissen und (korrektes) Wissen (*misinformed, uninformed, informed*; vgl. Kuklinski et al. 2000). Auch in wissens- und wissenschaftssoziologischer Forschung wird der Fokus seit einigen Jahrzehnten nicht mehr nur auf Wissen, sondern vermehrt auch auf Nichtwissen gelegt (vgl. z. B. Stocking/Holstein 1993; Wehling 2001). Eine Vielzahl von theoretischen Überlegungen und oft uneinheitlichen Begriffsdefinitionen wird dabei vorgeschlagen. Zwei verschiedene Auslegungen von *ignorance* – seltener auch als *nonknowledge* (Nichtwissen) bezeichnet (vgl. Gross 2007) – sind dabei am häufigsten vertreten: (1) In der weiten Definition von Smithson (1993) wird *ignorance* als Oberbegriff für (a) die Verzerrung von korrektem Wissen (Verwirrung und Ungenauigkeit) und (b) die Unvollständigkeit (Unsicherheit und Abwesenheit) von Wissen verstanden. (2) Um fehlendes Wissen besser von unwahrem Wissen abgrenzen zu können, wird *ignorance* oder Nichtwissen vermehrt in einer engen Definition lediglich als „lack of knowledge" (Kerwin 1993) verwendet. Nichtwissen kann also nicht einfach als das Gegenteil von Wissen verstanden werden (vgl. Wehling 2001). Dieser Beitrag unterscheidet daher zwischen fehlendem Wissen oder Wissenslücken (Nichtwissen) und falschem Wissen (hier als Unwissen benannt).

Wird diese theoretische Unterscheidung in Fragebogenstudien umgesetzt, wird diese Differenzierung bei der Datenanalyse in den meisten Fällen aber nicht weiter betrachtet, sondern wieder nur das korrekte Wissen gezählt (z. B. Connor/Siegrist 2010; Tobler et al. 2012) und damit der Fokus wieder auf das *vorhandene* Wissen der Befragten gelegt. Als alternative Vorgehensweise schlägt dieser Beitrag einen Summenindex aus korrektem Wissen (+1), Unwissen (-1) und Nichtwissen (0) vor (*Operationalisierungsalternative A2*). Wir empfehlen somit, dass nicht nur das vorhandene Klimawissen beleuchtet wird, sondern auch in gleichem Maß fehlendes und falsches Wissen. Diese Überlegungen verdeutlichen: „the boundary between knowledge and ignorance is complex" (Smithson 1985: 168).

3.3 Kombination aus Wissen und Sicherheit

Immer noch bleibt jedoch die Frage unbeantwortet, was genau hinter der richtigen oder falschen Beantwortung der Wissensfragen steckt? Wie sicher waren sich die Befragten bei der Wahl der Antwortoption? Bei drei Antwortoptionen besteht das Problem, dass sich teilweise informierte oder unsichere Personen auf Antwortoptionen aufteilen (vgl. Johann 2008; Sturgis et al. 2008), obwohl keine Option für sie richtig treffend ist. Soziologische Forschungsarbeiten (z. B. Smithson 1985; Ravetz 1993; Stocking/Holstein 1993; Wehling 2001) diskutieren weitere theoretische Facetten von Wissen und Nichtwissen. Allerdings liegt der Schwerpunkt der vor allem wissenschaftssoziologischen Differenzierungen auf von der Wissenschaft generiertem Wissen oder Nichtwissen (z. B. bei Kerwin 1993; Stocking/Holstein 1993; Wehling 2001; Janich et al. 2010). Dabei ist insbesondere fraglich, ob sich der Begriff des Nichtwissens auf reine Abwesenheit von Wissen (vgl. Wehling 2001) bezieht oder auf das Wissen darüber, was man nicht weiß (vgl. Gross 2007). Wir schlagen vor, Wissen und Unwissen von Laien über wissenschaftliche Themen wie den Klimawandel durch eine zweite Dimension zu differenzieren: die Sicherheit (bzw. Unsicherheit) über das eigene Wissen oder Unwissen. Differenzierungen und Überlegungen aus vor allem linguistischer und wissenschaftssoziologischer Literatur (z. B. Green et al. 1991; Kerwin 1993; Ravetz 1993; Janich et al. 2010) sind hier hilfreich, lassen sich aber zum Teil nur schwer auf das Wissen der Bevölkerung über wissenschaftliches Wissen übertragen. Bedeutsam ist, dass wir auf die individuelle Unsicherheit bzw. Sicherheit in das eigene Wissen abstellen – und nicht darauf, als wie gesichert das Wissen aus wissenschaftlicher Perspektive heraus gelten kann.

Dadurch ergeben sich verschiedene Kombinationen von Wissen und Unsicherheit: *known known* bedeutet, dass man sich sicher ist, dass man etwas weiß, während *known unknown* (vgl. Kerwin 1993; *parametric uncertainty* bei Green et al. 1991) als Kenntnis über das eigene Unwissen und somit in gewisser Weise als Unwissenheit verstanden werden kann. Des Weiteren kann es auch vorkommen, dass sich jemand des eigenen Unwissens nicht bewusst ist (*unknown unknown* bzw. *errors, false „truth"*, vgl. Kerwin 1993; *misperceptions* bei Flynn et al. 2017; Kuklinski et al. 2000). Er oder sie ist sich demnach sicher, dass eine Antwort stimmt, obwohl sie objektiv und nach wissenschaftlichem Konsens falsch ist. Ist sich jemand seiner eigentlich richtigen Antwort nicht sicher, dann könnte von *unknown known* gesprochen werden (auch *tacit knowledge*, vgl. Kerwin 1993; *systematic uncertainty* bei Green et al. 1991). Nichtwissen kann schließlich als die Form des Wissens mit dem höchsten Grad an individueller Unsicherheit gesehen werden.

Diese Unterteilung macht deutlich, dass falsche Antworten (*unknown*) im Rahmen von „Wissensquiz"-Fragen zwei Interpretationen erlauben. Es kann sich nämlich einerseits um *known unknown* handeln oder aber um *unknown unknown*. Dabei macht es jedoch einen enormen Unterschied, ob jemand der Aussage, dass ein Großteil des CO_2-Ausstoßes in Deutschland durch Heizen verursacht wird, nicht zugestimmt hat, weil er/sie sich nicht sicher ist, was stimmt (*known unknown*), oder ob er/sie glaubt zu wissen, dass die Aussage falsch ist und damit denkt, dass Heizen wenig CO_2 produziert (*unknown unknown*). Dieser Unterschied kann also verhaltensrelevant sein. Auch aus diesem Grund erscheint die Differenzierung von Wissen und Unwissen nach (Un)Sicherheit sinnvoll.

In den meisten Umfragestudien, in denen die Sicherheit über das eigene Wissen abgedeckt wird (*confidence*, vgl. z. B. Kuklinski et al. 2000; Shephard et al. 2014; *certainty*, vgl. z. B. Alvaretz/Franklin 1994; Krosnick et al. 2006; Sundblad et al. 2009; Pasek et al. 2015), wird diese durch eine an die Wissensabfrage anschließende Frage operationalisiert. Da dieses Vorgehen zu einer Verdopplung der Items und damit des Fragebogens führt, wird in diesem Beitrag die Verwendung einer metrischen Antwortskala (5er-Skala von 1 „stimme überhaupt nicht zu" bis 5 „stimme voll und ganz zu", *Operationalisierungsalternative A3*) angewendet (ähnlich zu Sturgis et al. 2008: „definitely true" – „definitely false" – „don't know"). Mit einer sechsten Antwortmöglichkeit neben der Fünfer-Skala (zusätzlich „keine Angabe", „weiß nicht") können bekannte Wissenslücken dokumentiert werden (bei uns ist dies die *Ausgangs-Operationalisierungsalternative A0*). Allerdings ist abzuwägen, inwieweit die zusätzliche Antwortmöglichkeit gleichbedeutend mit Nichtwissen (Mitte der Skala) und so dem höchsten Grad der Unsicherheit ist. Beide Antworten können als Abwesenheit von Wissen gewertet werden, allerdings kann „keine Angabe" oder „weiß nicht" auch in dem Fall gewählt werden, wenn tatsächlich keine Möglichkeit der Einschätzung dieses Items wahrgenommen wird (z. B. weil das Statement als unpassend, unklar etc. empfunden wird; vgl. hierzu ausführlicher Pardo/Calvo 2002). Um Unsicherheiten über eine mögliche Überschneidung der beiden Formen des Nichtwissens zu vermeiden, könnte auch eine vier- oder sechsstufige Skala mit der zusätzlichen Option „weiß nicht" gewählt werden.

In einer experimentellen Studie untersuchten Sturgis et al. (2008) die Unterschiede in den Antworten zu drei verschiedenen Antwortformaten: (1) „true", „false" und „don't know" (hier: Alternative 2), (2) die dichotome Abfrage von „true" oder „false" (hier: Alternative 1) und (3) dem Einbezug der (Un)Sicherheit in die Skala „definitely true", „probably true", „probably false", „definitely false" und „don't know". Sie fanden heraus, dass weniger Personen die „weiß nicht"-

Option wählen, wenn die Abstufung der Unsicherheit integriert wird. Allerdings vermuteten sie, dass dadurch mehr Befragte bei der Nutzung des dritten Formats geraten hatten.

Inwiefern die hier vorgestellten verschiedenen theoretischen Konzeptualisierungen von Wissensabfragen empirisch-statistische Unterschiede aufzeigen können, soll im Folgenden anhand einer Befragung zum Klimawissen beleuchtet werden. Diese Forschungsfrage ist zunächst auf der konzeptionell-methodischen Ebene angesiedelt. Auf inhaltlicher Ebene wird dabei auch deutlich werden, wie es um das Wissen bzw. Nichtwissen und Unwissen zum Klimawandel innerhalb der Bevölkerung bestellt ist, diese Frage steht jedoch nicht im Fokus des vorliegenden Beitrags (siehe dafür Taddicken et al. 2018).

4 Empirische Studie

Im Rahmen einer Internetuser-repräsentativen Panelbefragung in drei Wellen wurden in den Jahren 2013 und 2014 Laien zum Thema Klimawandel bezüglich ihres Wissens, ihrer Einstellungen und Mediennutzung online befragt. Diese Studie ist Teil des DFG-geförderten Forschungsprojekts „Der Klimawandel aus Sicht der Medienrezipienten (KlimaRez)", das sechs Jahre lang im DFG-Schwerpunktprogramm „Wissenschaft und Öffentlichkeit" (SPP 1409) verankert war. Die für diesen Beitrag verwendeten Befragungsdaten stammen aus der dritten Welle mit einer Netto-Stichprobe von n=935.

Zur Abfrage des Wissens zum Klimawandel wurde eine etablierte Skala von Tobler et al. (2012) genutzt, welche die vier oben identifizierten Klimawissens-Dimensionen Ursachenwissen, Grundlagenwissen, Folgenwissen und Handlungswissen beinhaltet. Zusätzlich wurden Items zur Abfrage des Verständnisses für die Entstehung und den Charakter von wissenschaftlicher Forschung (vgl. Miller 1983) entwickelt. Hierbei handelt es sich um Prozesswissen (vgl. Nisbet et al. 2002). Die hierfür formulierten Ad-hoc-Items wurden mit Wissenschaftlerinnen und Wissenschaftlern der DFG-Exzellenz-Initiative „KlimaCampus" der Universität Hamburg sowie des Max-Planck-Instituts für Meteorologie in Hamburg abgestimmt.[2]

---

2   Die Items werden hier aus Platzgründen nicht einzeln aufgelistet (die vollständige Item-Übersicht und weitere methodische Ausführungen finden sich in Taddicken et al. 2018).

Tab. 1: Erhobene Wissensdimensionen mit Beispielitem

	Ursachen-wissen	Grundlagen-wissen	Folgenwissen	Handlungs-wissen	Prozesswissen
Quelle	*knowledge concerning climate change and causes nach Tobler et al. 2012*	*physical knowledge about CO_2 and the green-house effect nach Tobler et al. 2012*	*knowledge concerning expected consequences of climate change nach Tobler et al. 2012*	*action-related knowledge nach Tobler et al. 2012*	In Anlehnung an Miller 1983; Nisbet et al. 2002; Bauer et al. 2007; Taddicken & Reif 2016
Wissen über:	Klima-wandel und seine Ursachen	allgemeine meteorolo-gische und physikalische Grund-annahmen zum Klima-wandel	Klimawandel und seine Folgen	Wissen über klima-(un)freund-liche Alltags-handlungen	Wissen über die Erkenntnis-gewinnungs-prozesse der Klimawissen-schaften
Itemzahl	7	6	6	9	9
Beispielitem	„Die Erhöhung der Treib-hausgase ist haupt-sächlich durch mensch-liche Ak-tivität ver-ursacht." (richtig)	„CO_2 ist schädlich für Pflanzen." (falsch)	„Für die kommenden Jahrzehnte erwartet die Mehrheit der Klimawissen-schaftler einen Anstieg der Extremwetter-ereignisse, wie z. B. Dürren, Fluten und Stürme." (richtig)	„Ein großer Teil des CO_2-Aus-stoßes in Deutschland ist durch das Heizen verursacht." (richtig)	„Das Klima ist ein so komple-xes Konstrukt, dass es nicht möglich sein wird, jemals alle Einfluss-faktoren zu verstehen." (richtig)

Die fünf verschiedenen Dimensionen decken somit eine große Bandbreite an verschiedenen Themenbereichen ab, aber auch an Schwierigkeitsgraden des Klimawissens (siehe Tab. 1). Während einige Items eher „leicht" sind und womöglich
unter Allgemein- oder Alltagswissen fallen können, ist für andere Items eine
gewisse Expertise notwendig. Es gibt sowohl Aussagen über einzelne Aspekte
des Klimawandels, die nach dem aktuellen wissenschaftlichen Erkenntnisstand

richtig sind und denen somit zugestimmt werden müsste, als auch Aussagen, die als falsch anzunehmen und somit abzulehnen sind.

Anders als von Tobler et al. (2012) vorgeschlagen, haben wir eine fünffach-gestufte Antwortskala (1: „stimme überhaupt nicht zu" bis 5: „stimme voll und ganz zu") mit einer zusätzlichen Antwortmöglichkeit „keine Angabe" angewendet.[3] Mit diesem Antwortformat als Ausgangspunkt können die restlichen drei Operationalisierungen (Kap. 3) umgesetzt und schließlich miteinander verglichen werden. Nicht benötigte Differenzierungen in den Antworten werden zusammengefasst. Die dazu für die Statistik-Software erforderliche Rekodierung der Items ist aus der Tabelle 2 ersichtlich. Für den Vergleich der Ergebnisse pro Dimension wurden außerdem Indizes gebildet.

Tab. 2: Erklärung der verschiedenen genutzten Alternativen der Operationalisierung

Alternativen	Erklärung und Visualisierung
Ausgangsskala A0	Einbezug der (Un)Sicherheit über das jeweilige Wissen oder Unwissen, Nichtwissen (3) und „keine Angabe" verdeutlichen auf dieser zweiten Sinnebene den niedrigsten Grad an Sicherheit, die Enden der Skala (1 und 5) den höchsten Grad an Sicherheit (Index=Mittelwert, „keine Angabe" wird als fehlender Wert behandelt)
A1	Die verbreitete Dichotomisierung in Wissen und kein Wissen (Index = Summe/Mittelwert der richtigen Antworten)

---

3   Als problematisch für die Auswertung der fünfstufigen Skala kann jedoch gesehen werden, dass sie streng genommen keine lineare Abstufung von Wissen widerspiegelt. Personen, die sich für 1 („stimme überhaupt nicht zu") entschieden haben, wissen nicht weniger über konkrete Aspekte als Personen, die sich für die Mitte entschieden haben. Die Skala ist also insofern lediglich quasi-metrisch.

Alternativen	Erklärung und Visualisierung
A2	Differenzierung in Unwissen (falsche Antworten) und Nichtwissen (Mitte der Skala und „keine Angabe"). (Index = Summe der richtigen Antworten mit +1 und der falschen Antworten mit -1) 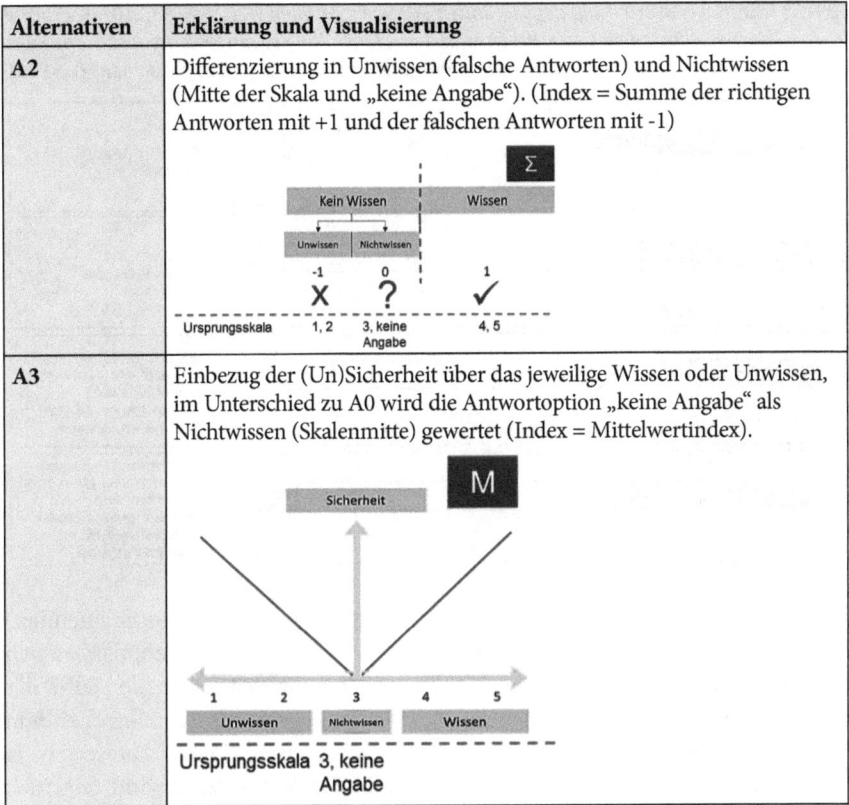
A3	Einbezug der (Un)Sicherheit über das jeweilige Wissen oder Unwissen, im Unterschied zu A0 wird die Antwortoption „keine Angabe" als Nichtwissen (Skalenmitte) gewertet (Index = Mittelwertindex).

5 Ergebnisse

5.1 Ergebnisse auf Ebene der Einzelitems

Um die Unterschiede der Operationalisierungsansätze zu Beginn anschaulich zu diskutieren, greifen wir ein Wissensstatement aus der Dimension ‚Prozesswissen' beispielhaft heraus: *„Das Klima ist ein so komplexes Konstrukt, dass es nicht möglich sein wird, jemals alle Einflussfaktoren zu verstehen."*(siehe Abb. 1).

Abb. 1: *Häufigkeitsverteilung der gewählten Antwortoptionen (A1, A2, A3, A0) in Prozent der verschiedenen Alternativen zum Item „Das Klima ist ein so komplexes Konstrukt, dass es nicht möglich sein wird, jemals alle Einflussfaktoren zu verstehen" (n=935)*

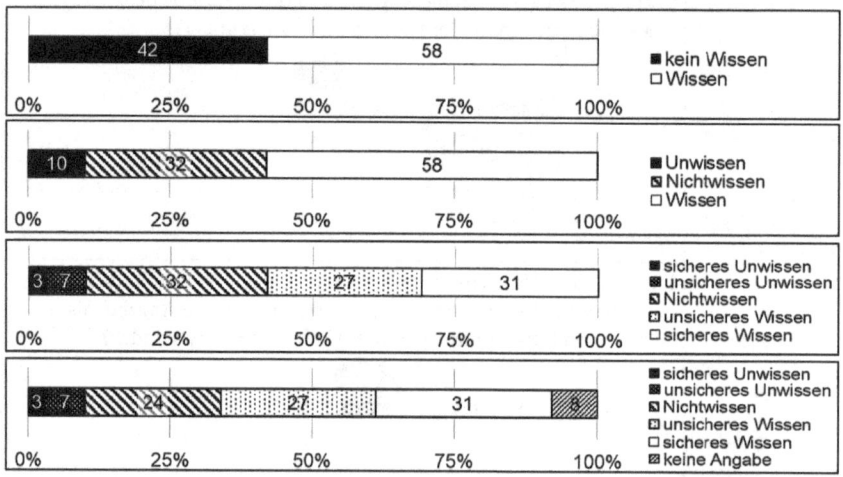

Mit Blick auf die Ergebnisse der (in unseren Augen nicht sinnvoll erscheinenden) dichotomen Unterscheidung in *Wissen* und *kein Wissen*, zeigt sich, dass es sich hier allgemein um ein scheinbar einfacheres Item handelt. Über die Hälfte der Befragten weiß von der hohen Komplexität des Klimas als zu erforschendem Konstrukt. Dieses Item ist als eines der „anspruchsvollsten" Items zu bewerten, da es Wissen über Wissenschaft voraussetzt. Ein interessanter Zugewinn zeigt sich durch die Differenzierung in Nichtwissen und Unwissen: Ungefähr ein Viertel der Befragten, die hier nicht über Wissen verfügen, haben falsches Wissen (10 % der Befragten insgesamt). Sie glauben daran, dass es trotz der hohen Komplexität des Konstrukts möglich sein wird, alle Einflussfaktoren zu verstehen. Insgesamt 32 % der Befragten kennt die Antwort hingegen einfach nicht bzw. ist sich zu unsicher, sich zu entscheiden. Durch die Einführung der fünfstufigen Antwortskala zeigt sich zusätzlich, dass sich 3 % ihres falschen Wissens sogar sehr sicher sind (*unknown unknown*), während sich 7 % etwas unsicher sind (*known unknown*). Da die zusätzliche Antwortmöglichkeit „keine Angabe" nur von 8 % der Befragten gewählt wurde, verändert sich die Häufigkeitsverteilung von A0 nur geringfügig gegenüber der dritten Operationalisierungsalternative A3.

Auf Ebene einzelner Items führt die Verwendung einer fünffach-gestuften Antwortskala also zu einem erheblich höheren Informationsgehalt als die dichotome Unterscheidung in *Wissen* und *kein Wissen* (siehe auch Abb. 3–7 im Anhang).

5.2 Inhaltliche und methodisch-konzeptuelle Betrachtung auf Ebene der Klimawissensdimensionen

In der deskriptiv-statistischen Betrachtung der erhobenen Daten zum Klimawissen (nach Alternative A0) fällt auf, dass einigen Items innerhalb einer Wissensdimension deutlich stärker zugestimmt wurde als anderen, was die unterschiedlichen Schwierigkeits- oder Komplexitätsgrade der Wissensitems widerspiegelt. Auch die Häufigkeit der Nutzung der zusätzlichen Antwortmöglichkeit „keine Angabe" weist eine große Varianz auf (zwischen ca. 2 und 25 % der Befragten). Besonders schlecht (bezogen auf das korrekte Wissen) schnitten die Befragten bei falsch formulierten Aussagen zum Klimawissen ab, welche die Teilnehmenden hätten ablehnen müssen. Auch die zusätzliche Option „keine Angabe" wurde von den Befragten oftmals vermehrt genutzt, wenn ein abzulehnendes Item präsentiert wurde. Hierin drückt sich ein offenbar erhöhter Schwierigkeitsgrad dieser zu rekodierenden Items aus: in a) erhöhtem Unwissen und b) in mehr Nichtwissen und Unsicherheit bei der Beantwortung. Möglicherweise gibt es bei Wissenstests zudem eine allgemeine Zustimmungstendenz bzw. die Tendenz, Wissensstatements nicht ablehnen zu wollen.

Insgesamt zeigen die Daten (siehe Abb. 2), dass deutsche Internetnutzerinnen und -nutzer über ein mittleres Klimawissen über verschiedene Dimensionen hinweg verfügen. Gemittelt über alle Items pro Dimension, zeigen besonders wenige Befragte Unwissen (6–21 %). Dabei erscheint es besonders positiv, dass Personen, die über sicheres Unwissen (*unknown unknown*, 2–11 %) verfügen, die kleinste Gruppe über alle Dimensionen bilden. Auch die zusätzliche Antwortoption „keine Angabe" wurde insgesamt im Mittel relativ selten gewählt (8–17 %). Der größte Prozentteil der Befragten weist im Schnitt sicheres (*known known*, 25–30 %) oder unsicheres korrektes Wissen (*unknown known*, 18–27 %) auf oder wählte die Skalenmitte (Nichtwissen, 20–25 %).

Abb. 2: Häufigkeitsverteilung der Antwortoptionen (A0) in Prozent über die verschiedenen Klimawissensdimensionen (gemittelt über alle Items je Dimension, n=935)

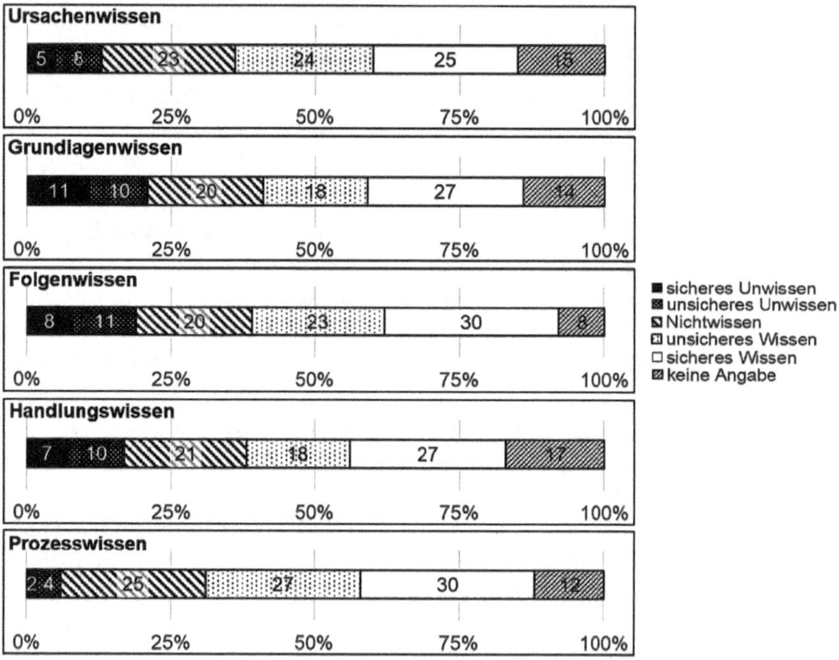

Unterschiede über die verschiedenen Wissensdimensionen hinweg belegen, dass die mehrdimensionale Operationalisierung gewinnbringend ist. Die höchsten Wissensstände weisen die Befragten hinsichtlich des Prozesswissens (M=3,85; SD=0,66, siehe Tab. 3) und Ursachenwissens (M=3,68; SD=0,74) auf. Aber auch die Mittelwerte der anderen Klimawissens-Dimensionen deuten auf ein generell hohes und überdurchschnittliches Wissen mit geringen Standardabweichungen hin. Das Grundlagenwissen der befragten deutschen Internetnutzerinnen und -nutzer ist dem Mittelwert zufolge am geringsten ausgeprägt (M=3,50; SD=0,65). Diese Ergebnisse sind inhaltlich interessant. Eine mögliche Erklärung für das hoch ausgeprägte Ursachenwissen (mit besonders wenig Unwissen) könnte die in Deutschland nicht oder kaum angezweifelte Anthropogenität des Klimawandels sein (vgl. Engels et al. 2013). Medienberichterstattung in Deutschland fokussiert häufig die Ursachen und Folgen und betont dabei die Sicherheit der Erkenntnisse (vgl. Peters/Heinrichs 2008; Engesser/Brüggemann 2015). Im Gegensatz dazu haben die Befragten besonders viel Unwissen über die physikalischen Grundlagen des Klimawandels und der Treibhausgase (siehe Abb. 2). Möglicherweise werden diese Themen in den Medien weniger intensiv oder seltener thematisiert. Denkbar ist auch, dass sie wenig als richtiges Wissen bei Mediennutzerinnen und -nutzern hängenbleiben, weil die Informationen zu abstrakt sind und damit zu weit von konkreten Alltagshandlungen entfernt. Die Dimension des Prozesswissens zeigt wiederum den geringsten Anteil an Unwissen und zusammen mit Folgenwissen die höchste Prozentzahl an sicherem korrekten Wissen auf. Die Items dieser Skala spiegeln inhaltlich die Zustimmung dazu wider, dass klimawissenschaftliche Erkenntnisse nicht vollkommen widerspruchsfrei und ohne Unsicherheiten sind. Außerdem muss angemerkt werden, dass die Skala des Prozesswissens im Gegensatz zu den anderen vier Wissensdimensionen keine negativen – also abzulehnenden – Items beinhaltet.

Ein Vergleich der Indexmittelwerte einzeln nach den vier unterschiedlichen Operationalisierungsalternativen zeigt, dass der allgemeine Trend gleich bleibt (siehe Tab. 3). In jeder Version ist Prozesswissen in der Stichprobe am höchsten und Grundlagenwissen am niedrigsten ausgeprägt. Deutsche Internetnutzerinnen und -nutzer scheinen somit zu wissen, wie wissenschaftliche Erkenntnisse in den Klimawissenschaften zustande kommen, und wissen auch um die Unsicherheit von Ergebnissen; die Grundlagen des Klimawandels – also meteorologische und physikalische Zusammenhänge – sind hingegen weniger bekannt. Da die Indizes auf unterschiedlichen Antwortskalen und entweder Summen oder Mittelwerten beruhen, sind die in Tabelle 3 angegebenen Mittelwerte nicht zeilenweise vergleichbar. Daher werden im Folgenden die ersten beiden Alternativen sowie die dritte mit der Ursprungsskala A0 verglichen.

Tab. 3: Mittelwerte und Standardabweichungen der Indizes der verschiedenen Alternativen

Klimawissensdimensionen	A1 (Σ) n=935	A2 (Σ) n=935	A3 (M:1–5) n=935	A0 (M:1–5/k.A.) n=771–873
Ursachenwissen (7 Items) n=935; 775	[Σ 0–7] 3,44 (2,14)	[Σ-7–7] 2,53 (2,81)	3,56 (0,67)	3,68 (0,74)
Grundlagenwissen (6 Items) n=935; 815	[Σ 0–6] 2,71 (1,61)	[Σ-6–6] 1,47 (2,09)	3,41 (0,60)	3,50 (0,65)
Folgenwissen (6 Items) n=935; 873	[Σ 0–6] 3,18 (1,64)	[Σ-6–6] 2,04 (2,25)	3,56 (0,61)	3,61 (0,65)
Handlungswissen (9 Items) n=935; 771	[Σ 0–9] 4,06 (2,36)	[Σ-9–9] 2,54 (2,83)	3,48 (0,54)	3,58 (0,60)
Prozesswissen (9 Items) n=935; 835	[Σ 0–9] 5,12 (2,88)	[Σ-9–9] 4,54 (3,47)	3,74 (0,62)	3,85 (0,66)

Die Rangfolgen der Mittelwerte der Wissensdimensionen verändern sich teilweise, wenn zusätzlich zum Wissen (A1) auch das Unwissen (A2) gezählt wird. Besonders bezogen auf das Handlungswissen scheint mehr Unwissen zu bestehen als bezüglich des Ursachenwissens. Problematisch bei der zweiten Variante ist allerdings, dass sich die jeweilige Anzahl an richtigen und falschen Antworten ausgleichen kann und im Mittelwert schließlich gleichbedeutend mit Nichtwissen wäre. Die Mittelwerte lassen außerdem vermuten, dass weniger Unwissen bzw. mehr Wissen über die Prozesse der Klimawissenschaften besteht als über klima(un)freundliche Verhaltensweisen. Auffällig an den Mittelwerten von A2 sind aber die vergleichsweise hohen Standardabweichungen, die Werte streuen innerhalb der Stichprobe sehr stark. Diese Variante der Operationalisierung ist daher besonders geeignet, um die einzelnen Items auszuwerten. Ob es sinnvoll ist, Summenindizes zu bilden, bei denen auch das Unwissen mitgezählt wird, ist für den Einzelfall zu diskutieren.

Der Vergleich der beiden Mittelwertindizes (A3 und A0) zeigt zunächst wenig auffällige Unterschiede. Das deutet darauf hin, dass die zusätzliche Antwortoption „keine Angabe" und die Mitte der Skala das Gleiche messen – Nichtwissen. Die Mittelwerte der Alternative A3 sind jeweils um ca. 0,1 Punkt geringer als in der Ursprungsskala (A0), welche die zusätzliche Antwortoption „keine Angabe" als fehlenden Wert definiert. Wenn diejenigen als ungültig gewertet werden, die „keine Angabe" ausgewählt haben (bis zu 164 ungültige Fälle bei Handlungswissen), variieren aber natürlich die gültigen Fallzahlen. Vermutlich durch die Tendenz der Befragten zur Mitte sind die Standardabweichungen sehr niedrig. Durch Anwendung einer geraden Antwortskala (z. B. vier- oder sechsstufig) könnte das verhindert werden (vgl. Johann 2008).

Ein weiterer Unterschied lässt sich allerdings noch im Vergleich der Mittelwertindizes erkennen. In A3 haben Ursachen- und Folgenwissen den gleichen Mittelwert im Gegensatz zu A0. Während mehr Befragte Unwissen über die Folgen des Klimawandels haben, wurde bei Wissensitems zu den Ursachen häufiger keine Angabe gemacht. Dieser Unterschied gleicht sich aus, wenn die zusätzliche sechste Antwortoption mit der Skalenmitte gleichgesetzt wird.

Die Mittelwertindizes sind zusammenfassend hinsichtlich zwei verschiedener inhaltlicher Gesichtspunkte interpretierbar: hinsichtlich der Unterscheidung zwischen Unwissen (falschem Wissen), Nichtwissen und (korrektem) Wissen einerseits und hinsichtlich der Unterscheidung nach dem Grad der Unsicherheit bei der Entscheidung andererseits. Soll die Richtigkeit des Wissens im Fokus stehen, sind die Angaben anders auszuwerten, als wäre die Sicherheit bzw. Unsicherheit zentral. Je nach Forschungsanliegen und Umfang des Fragebogens sollte dann abgewogen werden, ob eine metrische Antwortskala eingesetzt werden soll oder zwei einzelne Abfragen nach (a) Wissen und (b) der Sicherheit.

6 Diskussion

Wissen, Nichtwissen und Unwissen sowie Unsicherheit sind komplexe Termini, die die Erhebung von Wissen zu einer Herausforderung machen. Für die Abfrage von Wissen gibt es zahlreiche unterschiedliche Möglichkeiten, Wissen zu erfassen und Wissensabfragen auszuwerten. Die Erfassung von Wissen – vor allem auch zu wissenschaftlichen Themen – stellt einen hohen Anspruch an Forscherinnen und Forscher, der leider nicht immer ausreichend reflektiert und bei Interpretationen berücksichtigt wird. Die gesamte Operationalisierung – Dimensionalität, Antwortformat und auch die Formulierung der einzelnen Items – sollte wohl überlegt sein, um nicht nur (Klima-)Wissen, sondern auch das Nichtwissen und Unwissen bzw. die damit verbundene Unsicherheit detailliert erfassen und verstehen zu können. Die verbreitete Variante des dichotomen Wissenstests legt den Fokus auf das vorhandene Wissen – und vernachlässigt damit die Vielschichtigkeit des Konzepts Wissen. Dieser Beitrag hat verdeutlicht, dass sich gerade dann, wenn nicht ausschließlich im Suchscheinwerfer-Verfahren auf die Objekte fokussiert wird, die sich besonders kontrastreich als „Wissen" und „kein Wissen" abheben, eine spannende Wissenslandschaft mit zahlreichen Schattierungen zeigt.

Die Analyse unterstreicht die Notwendigkeit der intensiven Planung und Abwägung der Konstruktion und Operationalisierung von Wissensabfragen. Besonders für die Wissenschaftskommunikation ist es wichtig zu erheben, welches korrekte oder auch falsche Wissen in die Bevölkerung gelangt und wo Wissenslücken oder Unsicherheiten bestehen, um diesen mit Kommunikation entgegenzuwirken. Schließlich ist es für die Wissenschaft nicht nur wichtig, dass Wissen in die Bevölkerung gelangt, sondern dass es dem aktuellen wissenschaftlichen Konsens entspricht.

Wir haben eine zusätzliche Integration von (Un-)Sicherheit in Wissensabfragen vorgeschlagen, die zu einem erheblichen Informationsgewinn führt. Damit wird nicht nur deutlich, ob die Befragten Wissen, Nichtwissen oder Unwissen zu einem Wissenschaftsthema haben, sondern auch, wie sicher sie sich in ihrer Antwort sind. Dafür wurde in dem Forschungsprojekt eine fünfstufige Antwortskala verwendet. Diese Abstufung ist insbesondere für Einzelitems gewinnbringend. Die getrennte Abfrage von Wissen und der diesbezüglichen Sicherheit kann insgesamt noch mehr Informationen liefern, ist aufgrund ihres doppelten Umfangs an Items aber nicht immer zu realisieren.

Die hier vorgeschlagene Klassifikation von Wissen der Bevölkerung über wissenschaftliches Wissen kann nicht ohne Kritik bleiben, sie stellt aber einen Versuch dar, theoretische Überlegungen auf konkrete Umfragedaten anzuwenden. Dabei haben die diskutierten theoretischen Konzepte und Operationalisierungen keinen Anspruch auf Vollständigkeit. Weitere theoretische Klassifikationen wären denkbar – so beispielsweise der Einbezug verschiedener Modi des wissenschaftlichen Verständnisses wie Ignoranz und Indifferenz oder Vertrautheit (vgl. Pfister et al. 2017).

Einige Items und Wissensdimensionen dieser Studie wurden häufiger richtig beantwortet als andere. Das könnte ein Indiz dafür sein, dass es verschiedene Komplexitäts- und Schwierigkeitsgrade gibt, oder aber auf mögliche Limitationen dieser Studie hindeuten: Möglicherweise sind manche Formulierungen der Wissensstatements diskussionswürdig, da sie z. B. absolute Aussagen enthalten oder ihnen aufgrund von konfligierender Evidenz oder sich ändernden wissenschaftlichen Erkenntnissen nicht eindeutig zugestimmt oder widersprochen werden kann.

Zukünftige Forschung sollte die Ergebnisse der verschiedenen Möglichkeiten der Operationalisierung in experimentellen Designs vergleichen. Dabei ist zu überlegen, ob eine Skala mit gerader Abstufung (z. B. wie bei Sturgis et al. 2008: „definitely true", „probably true", „probably false", „definitely false") gewählt und eine zusätzliche Ausprägung „weiß nicht" angeboten werden sollte, um die Tendenz zur Mitte vermeiden zu können.

Die vorgestellte Unterscheidung in Wissen, Nichtwissen und Unwissen und der Einbezug einer zweiten Dimension der Sicherheit des Wissens könnten besonders in Typologieansätzen hilfreich sein. Mehr als beim „herkömmlichen" Wissensquiz und der dichotomen Unterscheidung in ‚Wissen/kein Wissen' liegt hier der Fokus auf den Individuen und individuellen Unterschieden des Wissens über wissenschaftliche Themen. Mithilfe dieser Informationen könnten gezielte Kampagnen entwickelt werden, die genau da ansetzen, wo in der Bevölkerung Wissenslücken oder falsches Wissen verbreitet sind.

Danksagung

Dieser Beitrag wurde im Rahmen des Projekts „Klimawandel aus Sicht der Medienrezipienten" unter der Leitung von Prof. Dr. Irene Neverla und Prof. Dr. Monika Taddicken erstellt. Das Projekt war Teil des DFG-geförderten Schwerpunktprogramms 1409 „Wissenschaft und Öffentlichkeit". Die Autorinnen danken insbesondere Dr. Ines Lörcher und Prof. Dr. Irene Neverla für die Projektarbeit sowie allen Teilnehmenden an den Studien. Ähnliche Überlegungen des Beitrags mit teilweise weiterführender Empirie wurden auf der Jahrestagung der International Communication Association (ICA) in San Diego im Mai 2017 sowie auf der Jahrestagung der DGPuK-Fachruppe „Wissenschaftskommunikation" im März 2016 in Dresden vorgestellt (vgl. ausführlicher Taddicken et al. 2018).

Literatur

Alvarez, R. Michael/Franklin, Charles H. (1994): Uncertainty and political perceptions. In: The Journal of Politics 56.3, 671–688.

Bauer, Martin W./Allum, Nick/Miller, Steve (2007): What can we learn from 25 years of PUS survey research? Liberating and expanding the agenda. In: Public Understanding of Science 16.1, 79–95.

Bauer, Martin W./Durant, John/Evans Geoffrey A. (1994): European Public Perceptions of Science. In: International Journal of Public Opinion Research 6, 163–186.

Bord, Richard J./Fisher, Ann/O'Connor, Robert E. (1998): Public perceptions of global warming. United States and international perspectives. In: Climate Research 11.1, 75–84.

Braten, Ivar/Stromso, Helge I. (2010): When law students read multiple documents about global warming. Examining the role of topic-specific beliefs about the nature of knowledge and knowing. In: Instructional Science 38.6, 635–657.

Chang, Cheng-Chieh/Yang, Fang-Ying (2010): Exploring the cognitive loads of high-school students as they learn concepts in web-based environments. In: Computers & Education 55.2, 673–680.

Dijkstra, Edsger M./Goedhart, Martin J. (2012): Development and validation of the ACSI. Measuring students' science attitudes, pro-environmental behaviour, climate change attitudes and knowledge. In: Environmental Education Research 18.6, 733–749.

Durant, John/Evans, Geoffrey A./Thomas, Geoffrey P. (1989): The Public Understanding of Science. In: Nature 340, 11–14.

Durant, John/Evans, Geoffrey A./Thomas, Geoffrey P. (1992): Public Understanding of Science in Britain: The Role of Medicine in the Popular Presentation of Science. In: Public Understanding of Science 1, 161–182.

Durant, John/Gaskell, George/Bauer, Martin W./Midden, Cees/Liakopoulus, Miltos/Scholten, Liesbeth (2000): Two cultures of public understanding of science and technology in Europe. In: Dierkes, Meinolf/Grote, Claudia von (Hrsg.): Between Unterstanding and Trust: The Public, Science and Technology. Amsterdam, 131–156.

Edwards, Paul N. (2011): History of climate modeling. In: WIREs Climate Change 2, 128–139. DOI: 10.1002/wcc.95.

Engesser, Sven/Brüggemann, Michael (2016): Mapping the minds of the mediators: The cognitive frames of climate journalists from five countries. In: Public Understanding of Science 25.7, 825–841 (pre-published online 2015).

Engels, Anita/Hüther, Otto/Schäfer, Mike/Held, Hermann (2013): Public climate-change skepticism, energy preferences and political participation. In: Global Environmental Change 23, 1018–1027.

Evans, Geoffrey A./Durant, John (1995): The Relationship between Knowledge and Attitudes in the Public Understanding of Science in Britain. In: Public Understanding of Science 4, 57–74.

Flynn, D. J./Nyhan, Brendan/Reifler, Jason (2017): The Nature and Origins of Misperceptions: Understanding False and Unsupported Beliefs About Politics. In: Political Psychology 38.2, 127–150.

Gaskell, George/Olofsson, Anna/Olsson, Susanna/Fjaestad, Björn (1997): Europe ambivalent on biotechnoloy. In: Nature 387, 845–847.

Green, Colin H./Tunstall, Sylvia M./Fordham Maureen H. (1991): The risks from flooding – Which risks and whose perception? In: Disasters 15.3, 227–236.

Gross, Matthias (2007): The unknown in process – Dynamic connections of ignorance, non-knowledge and related concepts. In: Current Sociology 55.5, 742–759.

Hamilton, Lawrence C. (2012): Did the Arctic Ice Recover? Demographics of True and False Climate Facts. In: Weather Climate and Society 4.4, 236–249.

Janich, Nina/Rhein, Lisa/Simmerling, Anne (2010): "Do I know what I don't know?". The Communication of Non-Knowledge and Uncertain Knowledge in Science. In: Fachsprache. International Journal of Specialized Communication 32.3–4, 86–99.

Johann, David (2008): Probleme der befragungsbasierten Messung von Faktenwissen. In: Sozialwissenschaften und Berufspraxis 31.1, 53–65.

Kaiser, Florian G./Fuhrer, Urs (2003): Ecological Behavior's Dependency on Different Forms of Knowledge. In: Applied Psychology. An International Review 4, 598–613.

Kerwin, Ann (1993): None too solid – Medical Ignorance. In: Knowledge 5.2, 166–185.

Kiel, Ewald/Rost, Friedrich (2002): Einführung in die Wissensorganisation. Grundlegende Probleme und Begriffe. Würzburg.

Knorr-Cetina, Karin (2002): Wissenskulturen. Ein Vergleich naturwissenschaftlicher Wissensformen. Frankfurt am Main.

Krosnick, Jon A./Holbrook, Allyson L./Lowe, Laura/Visser, Penny S. (2006): The origins and consequences of democratic citizens' policy agendas. A study of popular concern about global warming. In: Climatic Change 77.1–2, 7–43.

Kuklinski, James H./Quirk, Paul J./Jerit, Jennifer/Schwieder, David/Rich, Robert F. (2000): Misinformation and the Currency of Democratic Citizenship. In: The Journal of Politics 62.3, 790–816.

Lee, Chul-joo/Scheufele, Dietram A. (2006): The influence of knowledge and deference toward scientific authority. In: Journalism & Mass Communication Quarterly 83.4, 819–834.

Lee, Chul-joo/Scheufele, Dietram A./Lewenstein, Bruce V. (2005): Public attitudes toward emerging technologies. In: Science Communication 27.2, 240–267.

Lombardi, Doug/Sinatra, Gale M./Nussbaum, E. Michael (2013): Plausibility reappraisals and shifts in middle school students' climate change conceptions. In: Learning and Instruction 27, 50–62.

Maier, Michaela/Taddicken, Monika (Hrsg.) (2013): Special issue: Audience perspectives on science communication. Journal of Media Psychology 25.1.

Mazur, Nicole/Curtis, Allan/Rogers, Maureen (2013): Do you see what I see? Rural landholders' belief in climate change. In: Society & Natural Resources 26.1, 75–85.

McKercher, Bob/Prideaux, Bruce/Pang, Sharon F. H. (2013): Attitudes of tourism students to the environment and climate change. In: Asia Pacific Journal of Tourism Research 18.1–2, 108–143.

Medhaug, Iselin/Stolpe, Martin B./Fischer, Erich M./Knutti, Reto (2017): Reconciling controversies about the 'global warming hiatus'. In: Nature 545, 41–47.

Miller, Jon D. (1983): Scientific literacy: a conceptual and empirical review. In: Daedalus 112.2, 29–48.

Miller, Jon D. (1992): Toward a scientific understanding of the public understanding of science and technology. In: Public Understanding of Science 1.1, 23–26.

Miller, Jon D. (1998): The measurement of civic scientific literacy. In: Public Understanding of Science 7.3, 203–223.

National Academies of Sciences, Engineering, and Medicine (2016): Science Literacy – Concepts, Contexts, and Consequences. Washington, D.C.

Nisbet, Matthew C./Scheufele, Dietram A./Shanahan, James/Moy, Patricia/Brossard, Dominique/Lewenstein, Bruce V. (2002): Knowledge, reservations, or promise? In: Communication Research 29.5, 584–608.

Nolan, Jessica M. (2010): „An inconvenient truth" – Increases knowledge, concern, and willingness to reduce greenhouse gases. In: Environment and Behavior 42.5, 643–658.

Painter, James (2013): Climate change in the Media – Reporting risk and uncertainty. Oxford.

Pardo, Rafael/Calvo, Félix (2002): Attitudes towards science among the European public: a methodological analysis. In: Public Understanding of Science 11.2, 155–195.

Pasek, Josh/Sood, Gaurav/Krosnick, Jon A. (2015): Misinformed about the affordable care act? Leveraging certainty to assess the prevalence of misperceptions. In: Journal of Communication 65.4, 660–673.

Peters, Hans Peter/Heinrichs, Harald (2008): Legitimizing Climate Policy: The "Risk Construct" Of Global Climate Change in the German Mass Media. In: International Journal of Sustainability Communication 3, 14–36.

Pfister, Hans-Rüdiger/Böhm, Gisela/Bassak, Claudia (2017): Modi der Verständlichkeit und die Magie des Unverständlichen. In: Psychologische Rundschau 68.3, 203–207.

Porter, Dianna/Weaver, Andrew J./Raptis, Helen (2012): Assessing students' learning about fundamental concepts of climate change under two different conditions. In: Environmental Education Research 18.5, 665–686.

Ravetz, Jerome R. (1993): The Sin of Science: Ignorance of Ignorance. In: Science Communication 15.2, 157–165.

Reynolds, Travis W./Bostrom, Ann/Read, Daniel/Morgan, M. Granger (2010): Now what do people know about global climate change? Survey studies of educated laypeople. In: Risk Analysis 30.10, 1520–1538.

Schäfer, Mike S. (2007): Wissenschaft in den Medien. Die Medialisierung naturwissenschaftlicher Themen. Wiesbaden.

Schäfer, Mike S./Ivanova, Ana/Schmidt, Andreas (2014): What drives media attention for climate change? Explaining issue attention in Australian, German and Indian print media from 1996 to 2010. In: International Communication Gazette 76.2, 152–176.

Scheufele, Dietram A./Lewenstein, Bruce V. (2005): The public and nanotechnology. In: Journal of Nanoparticle Research 7, 659–667.

Shephard, Kerry/Harraway, John/Lovelock, Brent/Skeaff, Sheila/Slooten, Liz/Strack, Mary/Jowett, Tim (2014): Is the environmental literacy of university students measurable? In: Environmental Education Research 20.4, 476–495.

Smith, Nicolas/Joffe, Helene (2013): How the public engages with global warming. A social representations approach. In: Public Understanding of Science 22.1, 16–32.

Smithson, Michael (1985): Toward a social theory of ignorance. In: Journal of the Theory of Social Behaviour 15.2, 151–172.

Smithson, Michael (1993): Ignorance and Science – Dilemmas, Perspectives, and Prospects. In: Knowledge 15.2, 133–156.

Stocking, S. Holly/Holstein, Lisa W. (1993): Constructing and reconstructing scientific ignorance. Ignorance claims in science and journalism. In: Science Communication 15, 186–210.

Storch, Hans von (2009): Climate research and policy advice – Scientific and cultural constructions of knowledge. In: Environmental Science & Policy 12.7, 741–747.

Sturgis, Patrick/Allum, Nick/Smith, Patten (2008): In: Public Opinion Quarterly 85.1, 90–102.

Sundblad, Eva-Lotta/Biel, Anders/Gaerling, Tommy (2009): Knowledge and confidence in knowledge about climate change among experts, journalists, politicians, and laypersons. In: Environment and Behavior 41.2, 281–302.

Taddicken, Monika (2013): Climate change from the user's perspective. The impact of mass media and internet use and individual and moderating variables on knowledge and attitudes. In: Journal of Media Psychology 25.1, 39–52.

Taddicken, Monika/Neverla, Irene (2011): Klimawandel aus Sicht der Mediennutzer. Multifaktorielles Wirkungsmodell der Medienerfahrung zur komplexen Wissensdomäne Klimawandel. In: Medien & Kommunikationswissenschaft 59.4, 505–525.

Taddicken, Monika/Reif, Anne (2016): Who participates in the climate change online discourse? A typology of Germans' online engagement. In: Communications. The European Journal of Communication Research. Special Issue on Scientific uncertainty in the Public Discourse 41.3, 315–337.

Taddicken, Monika/Reif, Anne/Hoppe, Imke (2018): What do people know about climate change – and how confident are they? On measurements and analyses of science related knowledge. In: Journal of Science Communication 17.03, A01. DOI: 10.22323/2.17030201.

Tobler, Christina/Visschers, Vivianne H. M./Siegrist, Michael (2012): Consumers' knowledge about climate change. In: Climatic Change 114.2, 189–209.

Wehling, Peter (2001): Jenseits des Wissens? Wissenschaftliches Nichtwissen aus soziologischer Perspektive. In: Zeitschrift für Soziologie 30.6, 465–484.

Weingart, Peter (2011): Die Stunde der Wahrheit? Zum Verhältnis der Wissenschaft zu Politik, Wirtschaft und Medien in der Wissensgesellschaft. Weilerswist.

Zhao, Xiaoguan (2009): Media use and global warming perceptions – A snapshot of the reinforcing spirals. In: Communication Research 36.5, 698–723.

Anhang

Abb. 3: Häufigkeitsverteilung der Antworten der Items des Ursachenwissens über die vier verschiedenen Operationalisierungsalternativen (gemittelt über alle sieben Items, n=935)

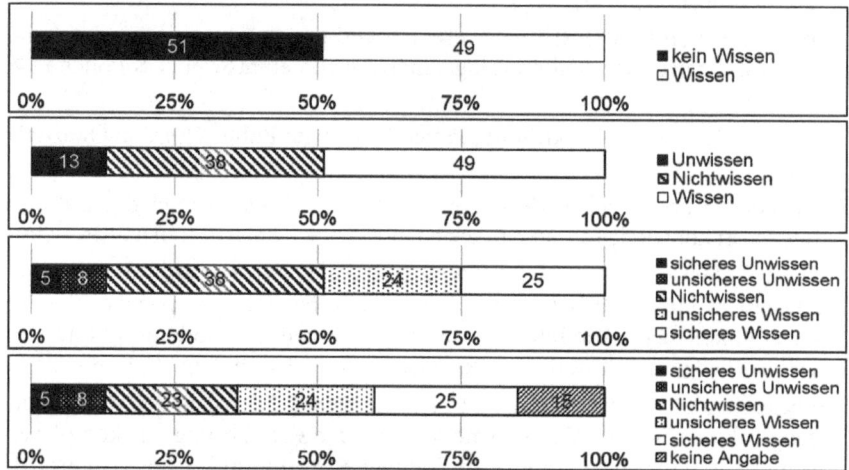

Abb. 4: Häufigkeitsverteilung der Antworten der Items des Grundlagenwissen über die vier verschiedenen Operationalisierungsalternativen (gemittelt über alle sechs Items, n=935)

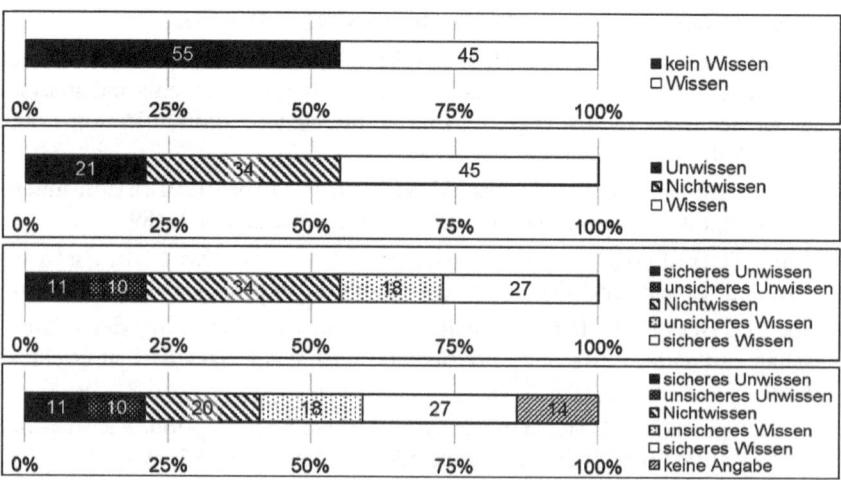

Abb. 5: Häufigkeitsverteilung der Antworten der Items des Folgenwissen über die vier verschiedenen Operationalisierungsalternativen (gemittelt über alle sechs Items, n=935)

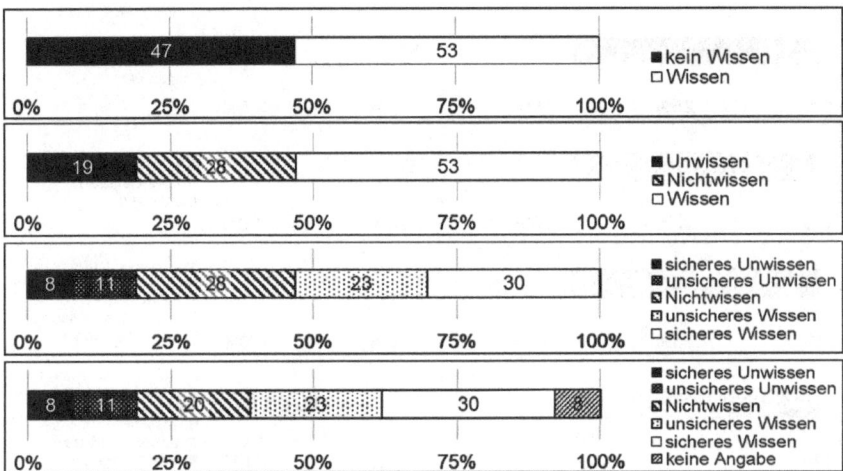

Abb. 6: Häufigkeitsverteilung der Antworten der Items des Handlungswissen über die vier verschiedenen Operationalisierungsalternativen (gemittelt über alle neun Items, n=935)

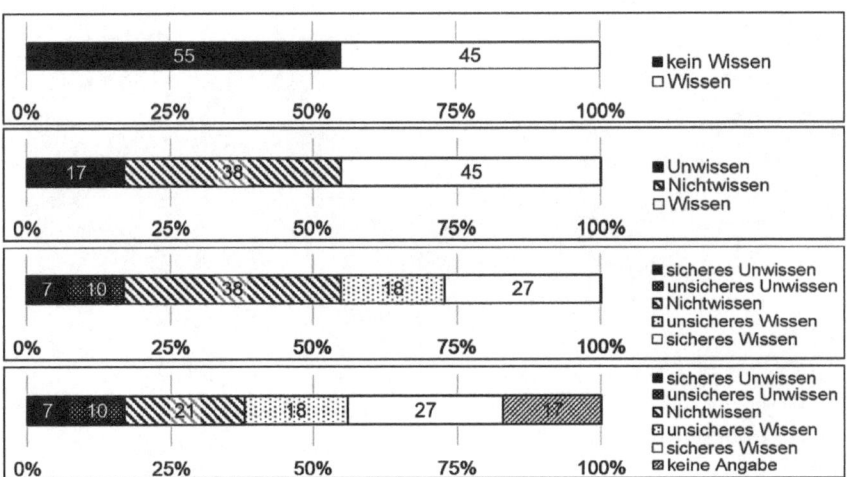

Abb. 7: Häufigkeitsverteilung der Antworten der Items des Prozesswissen über die vier verschiedenen Operationalisierungsalternativen (gemittelt über alle neun Items, n=935)

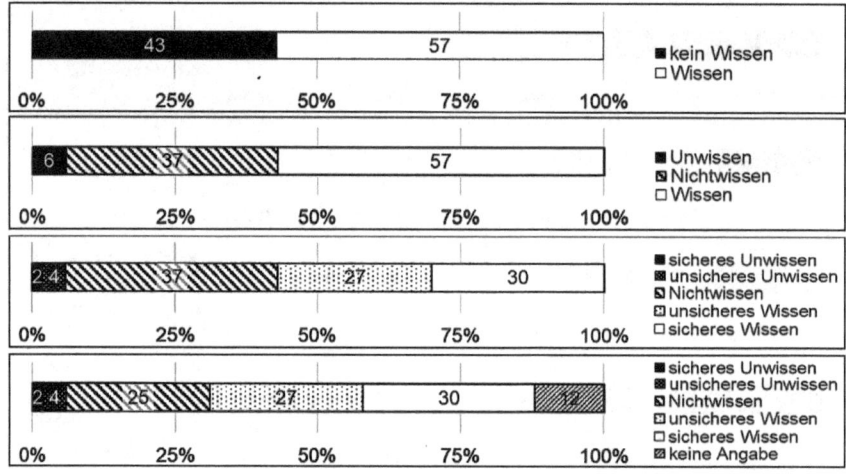

Zukunft & Verantwortung

Nils Matzner & Daniel Barben (Klagenfurt)

Verantwortungsvoll das Klima manipulieren? Unsicherheit und Verantwortung im Diskurs um Climate Engineering

Abstract: At the Paris Conference 2015, international climate policy reached an agreement to limit global warming to a maximum of 2°C (if possible 1.5°C). As this ambitious goal may not be met with conventional mitigation of greenhouse gas (GHG) emissions, it could require the development of new climate engineering (CE) technologies. CE is defined as the intentional, large-scale intervention into planetary systems in order to slow down global warming. Two key issues pertaining to CE that have been raised to date are uncertainty and responsibility (e.g., different kinds of uncertainty CE will bring about, different approaches to responsibly dealing with global warming and CE, respectively). In this article, we will conduct a discourse analysis of "uncertainty" and "responsibility" in five discourse arenas – i.e., science, policy, science-policy interface, NGOs and think tanks – showing how articulations of uncertainty and responsibility vary between as well as within arenas. We will conclude that neither "uncertainty" nor "responsibility" provide any clear guidance on how to deal with CE and global warming but that, instead, one has to comprehend how divergent aspects of uncertainty and responsibility are articulated and framed such that they constitute competing approaches to governing CE and global warming.

Keywords: Klimawandel – Klimapolitik – Geo-/Climate Engineering – Verantwortung – Unsicherheit – Diskursarenen – Wissenssoziologische Diskursanalyse – Responsible Research and Innovation

1 Einleitung

> „[Das] Projekt ahmt einen natürlichen Prozess nach, der vorher von Menschen gestört wurde. Eine Wiederherstellung ist wahrscheinlich eine menschliche Verantwortung."
> (John Disney, Firmenvorstand eines privaten Climate-Engineering-Experiments; zitiert nach Buck 2014)

> „Lasst es uns klar sagen, es [Climate Engineering] ist vollkommen verrückt!" (Al Gore; zitiert nach Goldenberg 2014)

Auf der Klimakonferenz 2015 in Paris einigten sich 195 Staaten auf die Begrenzung der Erwärmung der Erdtemperatur im Vergleich zu vorindustriellen Zeiten auf maximal 2°C, wenn möglich 1,5°C (vgl. UNFCCC 2015). Damit formulierte das Klimaabkommen das erste völkerrechtlich verbindliche Erwärmungsziel. Obwohl diese Vereinbarung von vielen als großer Erfolg gefeiert wurde, fehlen im

Vertragstext konkrete Maßnahmen zur Umsetzung der vor dem Hintergrund bisheriger Klimapolitik sehr ambitionierten Ziele. Einige KritikerInnen glauben, dass mit Emissionsreduktion allein sich das 2°C-Ziel nicht erreichen lasse, sondern alternative Methoden zur Klimabeeinflussung notwendig würden (vgl. Anderson/Peters 2016; Geden 2016a).

WissenschaftlerInnen, WissenschaftsberaterInnen, Nichtregierungsorganisationen (NGOs), Think Tanks und andere klimapolitische Akteure führen bereits seit über einem Jahrzehnt heftige Kontroversen über die Potenziale, Risiken und Unsicherheiten von neuen Technologien des Climate Engineering (CE), um die globale Erwärmung und deren gefährliche Folgen einzudämmen. Unter CE – öfters, aber weniger präzise, auch als Geo-Engineering gefasst – versteht man Technologien zur gezielten Beeinflussung des Klimageschehens, um den Klimawandel zu verlangsamen (vgl. Royal Society 2009: 1; Rickels et al. 2011). CE ist dabei ein Sammelbegriff, unter den zwei wesentliche Kategorien von Technologien fallen: Erstens könnte versucht werden, Sonnenstrahlung von der Erde zu reflektieren, beispielsweise mit weißeren Wolken oder Nanopartikeln in der oberen Atmosphäre. Das Ziel solcher Maßnahmen wäre, dadurch eine direkte Abkühlung zu erreichen. Dieser Ansatz wird *Strahlungsmanagement* oder *Radiation Management* (RM) genannt. Zweitens könnten Methoden, die schon in der Atmosphäre befindliches CO_2 entfernen, für eine längerfristige Abkühlung sorgen. Unter *Carbon Dioxide Removal* (CDR) fallen dabei jene Technologien wie künstliche Bäume, die CO_2 aus der Umgebungsluft filtern, oder die Düngung der Meere mit Eisen in der Hoffnung, dass die dann wachsenden Algen mehr CO_2 aufnehmen. Sowohl eine direkte Abkühlung durch mehr Sonnenreflektion (RM) als auch die Reduktion des in der Atmosphäre befindlichen Kohlenstoffs (CDR) würden massive Eingriffe in geobiochemische Kreisläufe der Erde bedeuten, während die möglichen Auswirkungen all dieser Technologien bisher erst wenig erforscht sind. Jenseits dieser grundlegenden Kategorisierung sind aber die Metriken zur Bewertung der Anwendungen und Folgen von CE-Technologien bisher umstritten, allerdings auch schwierig zu entwickeln (vgl. Bellamy et al. 2012).[1]

Die aktuelle Forschung ist sich aber einig, dass alle CE-Technologien im globalen Maßstab ernsthafte Risiken mit sich bringen, wie etwa die Veränderung der

---

1   Hingewiesen sei auf die in Vorbereitung befindliche Studie von Nils Matzner, Matthias Matzner, Nadine Mengis und David Keller, welche disparate Benennungen und ungleichmäßige Verteilungen von Metriken über naturwissenschaftliche Studien von CE kartographiert. Welche Metriken zur Bewertung von CE, wie etwa globale Mitteltemperatur, Niederschlagsmenge und Meeresspiegelanstieg, untersucht werden sollen und wie diese gewichtet werden, ist bisher nicht geklärt.

Niederschlagsmuster, Auswirkungen auf die Biodiversität oder lokal unerwartete Hitze- oder Kälteperioden (vgl. Rickels et al. 2011; Caldeira et al. 2013). Deshalb trifft mitunter selbst auch die Erforschung der möglichen Potenziale und Folgen von CE auf Vorbehalte, wie es sich auch an der zunächst negativen Förderungsentscheidung der Deutschen Forschungsgemeinschaft (DFG) gegenüber dem beantragten Schwerpunktprogramm zu CE beobachten ließ.[2] International wird in ähnlicher Weise diskutiert, welche Formen der Erforschung und Entwicklung von CE gerechtfertigt werden können.

Unser Beitrag untersucht Rahmungen von Unsicherheit und Verantwortung im ExpertInnendiskurs von CE. Unter Diskurs verstehen wir ganz allgemein die soziale Konstruktion von Sinn (vgl. Angermüller 2015). Die Diskursanalyse – insbesondere die hier angewandte Wissenssoziologische Diskursanalyse (WDA) – ermöglicht es, die kollektive Wahrnehmung eines Problems offenzulegen und seine inhaltliche Struktur anhand von vorfindlichen Äußerungen zu analysieren (vgl. Keller 2008, 2013). Aus dieser Perspektive interessiert uns etwa, wie die Bestimmung wissenschaftlicher, technischer und sozialer Unsicherheiten von CE die Auffassung von verantwortlichem Handeln beeinflusst und umgekehrt, wie Vorstellungen von Verantwortung die Wahrnehmung von Unsicherheit prägen.

Insbesondere Protagonisten der CE-Forschung betonen, dass abschätzbare Risiken, bei denen man die Eintrittswahrscheinlichkeit mit zu erwartenden Folgen multiplizieren kann, ein geringeres Problem als andere Formen von Unsicherheit wie Nichtwissen darstellen: „Wir wissen nicht, was wir nicht wissen" (vgl. Keith 2013: 33 f., eigene Übersetzung). Bei einigen Unsicherheiten könnte mehr Forschung helfen (bessere Modelle, interdisziplinäres Assessment, etc.), aber bei CE als neuem, auf die Zukunft gerichteten Thema gibt es vieles, von dem wir wissen wie auch nicht wissen, dass wir es nicht wissen („known unknowns" und „unknown unknowns").[3] Bekannte und unbekannte Unsicherheiten aus der Klima-

---

2   Dieser innerhalb der DFG kontrovers diskutierten Entscheidung folgte eine Stellungnahme des Nationalkomitees für Global Change Forschung und zweier DFG-Senatskommissionen (vgl. NKGCF et al. 2012), welche einen baldigen Einsatz von CE wegen noch zu großen Wissensdefiziten als nicht zu rechtfertigen ansieht, aber Forschung zur Erweiterung der Wissensbasis empfiehlt.

3   Wir beziehen uns hier auf die u. E. sehr nützliche Unterscheidung verschiedener Formen von *incertitude*, die Stirling (2008) systematisch entwickelt hat: *risk, uncertainty, ambiguity* und *ignorance*. Da im deutschen Sprachgebrauch der Ausdruck *Unsicherheit* verschiedene Bedeutungsschichten umfasst, also auch Ungewissheit, benutzen wir im Folgenden oft *Unsicherheit*, obwohl es im Sinne einer strikten Übersetzung von Stirlings *incertitude* strenggenommen *Ungewissheit* heißen müsste. In dem Fall fällt,

modellierung, der Komplexität des Klimasystems, der internationalen Politik und aus anderen Handlungsbereichen können sich vermischen und gegenseitig verstärken. Es wäre möglich, dass Gesellschaften von ungeahnten Auswirkungen von CE überrascht werden, natürliche Ereignisse (wie Vulkanausbrüche) diese Effekte verstärken und soziale Konflikte die Lage weiter verkomplizieren. Wie kann demnach unter Bedingungen von Unsicherheit verantwortlich politisch gehandelt werden? Sind internationale Organisationen, nationale Regierungen und Behörden oder ForscherInnen dafür zuständig, verantwortliche Forschung, Entwicklung und Governance von CE durchzusetzen?

Aufgrund der globalen Dimension des Klimawandels liegen Antworten nahe, die durch internationale Institutionen und internationales Recht gerahmt werden. So wurde im Rahmen der Verhandlungsprozesse der Biodiversitäts-Konvention (CBD) 2012 ein Moratorium gegenüber allen Aktivitäten im Bereich CE gefordert, die globale Biodiversität gefährden könnten (vgl. Secretariat of the CBD 2012). Allerdings kam dieser Forderung keine Rechtsverbindlichkeit zu, so dass sie – trotz des großen medialen Echos – ohne regulatorischen Einfluss blieb. Ebenso sieht die Internationale Seeschifffahrts-Organisation die Methode der maritimen Eisendüngung nur für den Zweck der Forschung auf kleiner Skala als legitim an (vgl. International Maritime Organization 2013). Einige ExpertInnen kritisieren, dass bisher kaum einschlägiges internationales Recht existiert und staatliche und überstaatliche Institutionen daher nicht für CE vorbereitet sind (vgl. Parson/Keith 2013; Winickoff/Brown 2013). Anders ausgedrückt, rechtliche und politische Verantwortungsfragen sind nicht geklärt.

Verantwortliche Forschung und Governance bringen auch eine Vielzahl ethischer Probleme mit sich, wie es zunächst vor allem Hans Jonas prominent für moderne Technikkonflikte formulierte (vgl. Jonas 1979: 84). Dieser „Ruf nach Verantwortung" (Kaufmann 1992: 11) als Reaktion auf CE-Unsicherheiten entspringt auch der Hoffnung, Verantwortung würde Unsicherheiten „absorbieren" (Luhmann 1976: 174) oder „binden" (Mieg 1994: 62). Ein verantwortliches Handeln aller Akteure und Organisationen würde Unsicherheiten entschärfen helfen, wenn ein angemessener Handlungsrahmen geschaffen wird.

Der akademische Diskurs um politische, rechtliche und ethische Verantwortung zeigt, dass ,Verantwortung' zunächst unbestimmt ist und als Begriff gefüllt werden muss (vgl. Ott 1998). Begriffliche Unschärfe ist keineswegs auf ,Verantwortung'

---

terminologisch gesehen, die verallgemeinerte Bedeutung von Unsicherheit mit der spezifischen zusammen. Den LeserInnen dürfte dies keine Probleme der Unterscheidung bieten.

beschränkt, doch verbietet sie in diesem Fall, Verantwortung als Allheilmittel (vgl. Kaufmann 1992) gegen Unsicherheiten zu verwenden. Die Installation eines allgemeinen „Prinzips Verantwortung" (vgl. Jonas 1979) allein wird beispielsweise für komplexe Probleme des Klimawandels noch nicht ausreichend sein, wenn tatsächliche Auffassungen vom verantwortlichen Umgang mit CE divergieren. Vielmehr muss geklärt werden, wie Verantwortung mit Bedeutung gefüllt wird und welche Akteure aufgrund welcher Normen wofür verantwortlich sind. Auf der einen Seite argumentieren NGOs und einige ExpertInnen, es sei unverantwortlich, unsichere CE-Technologien zu erproben und einzusetzen (vgl. ETC Group 2007), auf der anderen Seite argumentieren andere ExpertInnen, es sei unverantwortlich, nicht jedes Mittel gegen den Klimawandel zu erwägen (vgl. Harnisch 2012: 224).

Wir untersuchen deshalb, wie Verantwortung – von Subjekten, für etwas, aufgrund von Normen, kontrolliert von bestimmten Instanzen – und Unsicherheit – aus verschiedenen Gegenstandsbereichen, mit unterschiedlichen Ursachen, Folgen und Lösungsansätzen – im ExpertInnendiskurs von CE artikuliert und gerahmt werden. Dazu untersuchen wir Dokumente aus fünf einflussreichen Diskursarenen (Wissenschaft, Politik, Schnittstelle Wissenschaft-Politik sowie Zivilgesellschaft, letztere unterschieden in NGOs und Think Tanks). Mithilfe der Ergebnisse aus der Analyse gehen wir der Frage nach, wie verantwortliches Handeln von CE unter Bedingungen von Unsicherheit möglich ist.

Im Folgenden legen wir unser methodisches Vorgehen dar, welches im Kontext der Diskursforschung, genauer der wissenssoziologischen Diskursanalyse, zu verorten ist (Abschnitt 2). Anschließend beleuchten wir den klimapolitischen Kontext, der in der CE-Debatte den wichtigsten Bezugspunkt und gleichzeitig die Rechtfertigung für CE-Forschung und Entwicklung darstellt (Abschnitt 3). Wir analysieren dann, wie in verschiedenen Diskursarenen Unsicherheiten von CE mit spezifischen Deutungsmustern versehen werden (Abschnitt 4). Analog untersuchen wir die Deutungen des Verantwortungsbegriffs in den Diskursarenen (Abschnitt 5). Die Analysen von Unsicherheits- und Verantwortungskonzepten im CE-Diskurs nehmen wir zur Grundlage für Überlegungen, wie Bedingungen von Unsicherheit verantwortlich gehandhabt werden können (Abschnitt 6). Wir schließen mit einem Fazit (Abschnitt 7).

2 Methoden

In Technik- und Wissenschaftskonflikten, wie auch denen um CE, sind vor allem Diskurse interessant, die Sichtweisen pointiert zum Ausdruck bringen (z. B. in Form von auf Wissenschaft und Technik bezogenen Versprechen oder Befürchtungen) oder Aufschlüsse über weitere Problemkontexte erlauben (vgl. Simakova

2012). So versprechen Vorschläge der gezielten technischen Klimaintervention, das globale Klima abzukühlen und damit eine technische Lösung („technological fix"; Keith 2000: 247) für die Klimaerwärmung zu bieten, was Kritiker als ein durch Hybris gekennzeichnetes Unterfangen verwerfen (wie etwa Gore im Eingangszitat). Für viele überraschend, richtete das Pariser Klimaabkommen besondere Aufmerksamkeit auf bestimmte CE-Technologien, was sowohl die wissenschaftliche als auch politische Diskussion befeuerte (siehe Abschnitt 3). Gerade Diskursforschung ermöglicht es, politische und soziokulturelle Divergenzen offenzulegen und zugleich die spezifische Bewertung wissenschaftlich-technischer Aspekte zu berücksichtigen.

Spätestens seit dem vielbeachteten interdisziplinären Bericht der Royal Society (2009) engagieren sich Geistes- und Sozialwissenschaften zunehmend stark in der CE-Forschung. Viele der bisherigen sozialwissenschaftlichen und diskursanalytischen Arbeiten zu CE haben sich mit Medienrezeption, Metaphern- oder Bildanalysen auseinandergesetzt (vgl. z. B. Buck 2011; Curvelo 2012; Curvelo/Guimarães Pereira 2016). Kulturalistische Analysen zeigten auf, dass weniger die eigentliche Information als die kulturspezifische Rahmung über den Umgang mit CE entscheidet (vgl. Kahan et al. 2015). Analysen von politischen Dokumenten (in diesen Studien werden Texte staatlicher und zivilgesellschaftlicher Herkunft zusammengefasst, während wir zwischen diesen differenzieren) machten klare nationale Unterschiede in der Rahmung von CE deutlich (vgl. Janich/Simmerling 2013; Huttunen et al. 2014; Harnisch et al. 2015). Bibliometrische Analysen wiesen einen starken Anstieg von CE-relevanten Publikationen seit dem Jahr 2000 nach (vgl. Oldham et al. 2014; Linnér/Wibeck 2015).

CE fällt in den breiten Themenkreis wissenssoziologischer Gegenstände, wie „auch Konflikte über Grenzziehungen zwischen Natur und Gesellschaft, über die Definition von Risiken, über Szenarien zukünftiger Gesellschaftsentwicklung usw." (Keller 2013: 31). Obwohl CE bis vor zehn Jahren ein vornehmlich naturwissenschaftliches Thema war, sind dennoch sowohl wissenschaftliche als auch nichtwissenschaftliche Praktiken an der „kommunikativen Konstruktion, Stabilisierung und Transformation symbolischer Ordnungen" (Keller 2004: 57) beteiligt. Diese kommunikativen Praktiken gilt es mit einer wissenssoziologischen Hermeneutik zu erforschen, wobei ‚Hermeneutik' weder die Auffassung eines Strukturalismus von Zeichen noch den von dem/der AutorIn intendierten Sinn meint (vgl. Dreyfus/Rabinow 1987: 11–13), sondern vielmehr eine kollektive Sinn- und Subjektkonstruktion (vgl. Bidlo/Schröer 2011: 15; Keller 2013: 44 f.).

Das Erkenntnisziel unserer Studie betrifft die von Reiner Keller vorgeschlagenen wissenssoziologischen Deutungsmuster oder Frames (vgl. Keller

2013: 46–49). Diese unterscheiden sich von subjektiven *framings*, welche zwar ebenfalls bestimmte Probleme definieren, auswerten und Lösungsvorschläge geben, aber vor allem als Mittel der Wahrnehmung gemeint sind (vgl. Entman 1993: 54). Wissenssoziologische Deutungsmuster werden subjektiv verwendet, jedoch im gesellschaftlichen Zusammenhang bereit- und hergestellt (vgl. Keller 2013). Damit sind sie außerdem in narrative Strukturen eingebettet und durch einen „roten Faden" verbunden.

Konkret verfährt unsere Studie wie folgt: Das Korpus für alle Analysen umfasst gegenwärtig 810 Dokumente. Die Dokumente teilen sich auf in naturwissenschaftliche Studien und Kommentare (498), wissenschaftlich-politische Berichte (93), Dokumente aus Parlamenten, Regierungen oder Regierungsorganisationen (29), Veröffentlichungen von NGOs (103) sowie Veröffentlichungen von Think Tanks (32). Alle Dokumente wurden durch Suchverfahren von Google Scholar, JSTOR oder anderen Ressourcen unter der Verwendung allgemeiner (*geo-engineering, climate engineering*) wie auch spezieller Suchtermini (etwa *iron fertilization* oder *cloud whitening*) beschafft.

Mit der Technik des qualitativen Kodierens wurde in einer Stichprobe des Korpus (mindestens je 10 % der Texte einer der Diskursarenen) nach Deutungsmustern für ‚Unsicherheit' und ‚Verantwortung' gesucht. In einem ersten Schritt wurden alle Instanzen einer lexikalischen Suche nach Unsicherheit (*uncertain**) und Verantwortung (*responsib**) unterzogen, um im zweiten Schritt zufällig ausgewählte Texte offen zu kodieren. So konnte sichergestellt werden, dass sowohl explizite als auch implizite Unsicherheits- bzw. Verantwortungskonzepte erfasst wurden. Dabei wurden theoretische Annahmen erst im Nachhinein für die Zusammenfassung von einzelnen Kodes hinzugezogen, während beim ersten Lesen der Texte weitgehend am Material selbst gearbeitet wurde.

3 Climate Engineering vor und nach Paris 2015

Mit dem fünften Sachstandsbericht des Weltklimarates (Intergovernmental Panel on Climate Change/IPCC) wurden die Belege für den menschengemachten Klimawandel noch sicherer und die wahrscheinlichen Schäden für Mensch und Natur noch drastischer (vgl. IPCC 2014). Da ein verbindliches und wirksames Klimaabkommen für viele Jahre nach dem Kyoto-Protokoll (1997) nicht in Aussicht stand, haben sich einige ForscherInnen und ExpertInnen nach neuen Möglichkeiten zur Bekämpfung des Klimawandels umgesehen, wie etwa der gezielten Klimaintervention, dem Climate Engineering (CE). Diese Maßnahmen erschienen deshalb so attraktiv, da sie versprachen, bei geringem Material- und Geldeinsatz eine große Wirkung zu entfalten (vgl. Keith 2000, 2013). Die aktuelle internationale Diskussion um CE geht zurück auf zehn Jahre sich stetig intensivierender Forschung und eine wesentlich längere Geschichte von Debatten über Wetter- und Klimamanipulation (vgl. Fleming 2010). Erst mit der Diskursintervention des Chemie-Nobelpreisträgers Paul Crutzen im Jahr 2006 wurde CE als Möglichkeit der Lösung für das „politische Dilemma" des Klimawandels offen in Erwägung gezogen (vgl. Crutzen 2006). Zu diesem Zeitpunkt nannte der Erdsystem- und Atmosphärenforscher Mark Lawrence – der seit einigen Jahren am Institute for Advanced Sustainability Studies (IASS) Forschung zu CE leitet – Crutzens Intervention „unverantwortlich" (vgl. Lawrence 2006: 245).

Abb. 1: Publikationen von ExpertInnen zu Climate Engineering über die Zeit

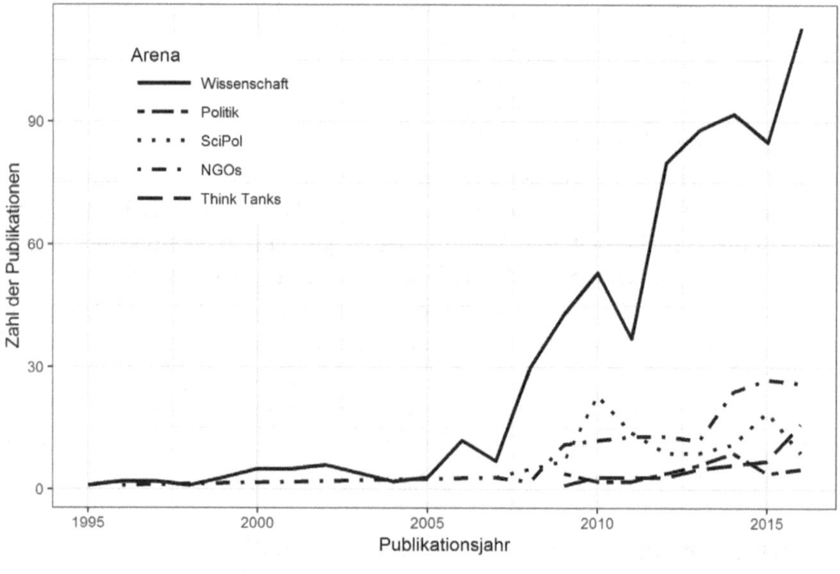

Charakteristisch für CE sind konkrete technologische Vorschläge und Anwendungsszenarien zur Regulation der globalen Mitteltemperatur. Daher stellt sich im Diskurs zunächst weniger die Frage, *wofür* oder *wie* CE verwendet werden könnte, sondern vielmehr, *ob überhaupt*. Das unterscheidet diesen Diskurs maßgeblich von anderen Technologiediskursen, wie etwa denen zur Bio- oder Nanotechnologie, die sich durch Differenzierungen entsprechend den sehr unterschiedlichen Anwendungsfeldern auszeichnen (vgl. Curvelo 2012: 193). Zumindest heutzutage, denn anfänglich waren auch diese Diskurse durch Fragen nach der prinzipiellen Zulässigkeit gekennzeichnet. Falls die Frage nach der Entwicklung von CE-

Technologien nicht grundsätzlich mit Nein beantwortet wird, ist also zu erwarten, dass sich auch bei CE die Diskussion in die Richtung genauer spezifizierter Ziel- und Anwendungsbestimmungen bewegen wird.

Trotz definierter Anwendungsmöglichkeiten von CE, bekannter Bedrohungsszenarien einer Klimakatastrophe sowie Risiken der CE-Technologien selbst, war bis vor einigen Jahren das Thema vor allem ein wissenschaftliches, an dem sich Medien, Zivilgesellschaft und Politik nur vereinzelt beteiligten, was sich nun zu ändern beginnt (siehe Abb. 1). Der Diskurs ist durch eine Vielstimmigkeit oder „Polyphonie" (vgl. Angermüller 2011) gekennzeichnet, in der die Wissenschaft den größten Anteil hat. Dabei sind zwei Voraussetzungen zur Betrachtung dieser Vielstimmigkeit zu beachten: Erstens verbleiben viele der diskursiven Äußerungen in den Diskursarenen, in denen sie getätigt werden. Insbesondere wissenschaftliche Studien werden nur sehr selektiv – vor allem, wenn ermittelte CE-Effekte drastisch erscheinen – von Medien verbreitet oder in anderen Arenen diskutiert. Zweitens sind die Positionen der SprecherInnen an ungleich verteilte Ressourcen geknüpft. Neben finanziellen Ressourcen entscheiden auch der Zugang zu Medien wie auch die strategische Nutzung sozialer Netzwerke über die Durchsetzung von eigenen Ansichten und Argumenten (vgl. Tufekci 2017). Kleine Nichtregierungsorganisationen mögen zwar über das Internet offene Kanäle finden, haben aber dennoch weder die finanziellen Mittel, um Medienkampagnen zu tragen, noch die epistemische Autorität, um die Aufmerksamkeit im einschlägigen Wissenschaftsjournalismus zu erlangen. Warum der ExpertInnendiskurs vor allem von WissenschaftlerInnen dominiert wird, lässt sich nicht allein durch Ressourcen begründen, sondern muss durch ein Bündel an Bedingungen begründet werden, wie etwa klimapolitische Trends (vgl. Minx et al. 2017), begünstigte Forschung durch Vorarbeiten aus der konventionellen Klimaforschung (vgl. Wiertz 2015) und die Intervention wissenschaftlicher Autoritäten (vgl. Böttcher/Schäfer 2017).

Bis zu den Pariser Klimaverhandlungen 2015 (COP21) wurde CE vor allem als „Plan B" gegen den Klimawandel gesehen, während Emissionsreduktion immer noch „Plan A" blieb. Die britische Royal Society, eine wichtige und geschichtsträchtige Wissenschaftsorganisation, die sich auch an der Schnittstelle zur Politik engagiert, legte 2009 einen einflussreichen Bericht vor. Im Vorwort warnt der damalige Vorsitzende Lord Martin Rees davor, CE als eine einfache Lösung („magic bullet") zu sehen (vgl. Royal Society 2009: V). Eine Befürchtung war, dass die Möglichkeit, CE als Substitut für Emissionsreduktion zu nutzen, zu einem „Moral Hazard"-Effekt führen könnte. „Moral Hazard" würde in diesem Fall bedeuten, dass die Rückversicherung durch den Plan B der Klimaintervention die großen Anstrengungen für den Plan A der Emissionsreduktion hinfällig erscheinen lassen könnte. Über die Wahrscheinlichkeit eines solchen Effektes auf Politik und Öffentlichkeit wurde bisher kontrovers diskutiert (vgl. Übersicht in Lin 2012). Jedoch bleibt die CE-Forschung ambivalent: Die Forschung könnte einen negativen Einfluss auf klimapolitische Bemühungen haben, aber sie könnte auch den Optionsraum der Klimapolitik erweitern. So hat das DFG-Schwerpunktprogramm „Climate Engineering: Risks, Challenges, Opportunities?" (SPP 1689), in dessen Kontext der vorliegende Beitrag entstanden ist, es sich zur Aufgabe gemacht, die wissenschaftlichen und technischen Grundlagen von CE-Ansätzen sowie ihre ethischen, politischen und gesellschaftlichen Implikationen zu untersuchen, ohne zugleich deren Anwendung zu forcieren (vgl. Oschlies/Klepper 2017).

COP21 endete in dem unerwarteten klimapolitischen Erfolg einer verbindlichen Begrenzungsmarke von maximal 2°C Erwärmung – oder sogar möglichst nur 1,5°C –, woraufhin sich der Stellenwert von CE in der Debatte abrupt änderte (vgl. Anderson/Peters 2016; Minx et al. 2017). Grund dafür ist auch, dass im Text des Pariser Abkommens nicht festgelegt wurde, *wie* das 2°C-Ziel erreicht werden solle. Der Text ließ offen, ob bestimmte CE-Methoden Verwendung finden dürfen. Mehr noch, das gleichermaßen wichtige wie ambitionierte 2°C-Ziel impliziert schon, dass bestimmte CE-Maßnahmen, oft unter der Bezeichnung *negative Emissionen* (*negative emissions technologies*/NETs) geführt, eingesetzt werden, um das Ziel überhaupt einhalten zu können (vgl. Anderson/Peters 2016; Geden 2016b). ForscherInnen gehen davon aus, dass die Emissionen nicht nur auf Null sinken müssten, sondern, ähnlich wie bei sogenannten „negativen Steuern", als „negative Emissionen" CO_2 der Umwelt zu entziehen hätten. Technologische Konzepte der CO_2-Sequestrierung mit Bioenergie (*Bioenergy with Carbon Capture and Storage*/ BECCS) könnten eine kohlenstoffnegative Bilanz erzeugen helfen, sind jedoch erst in der Entwicklung.

Die Idee dieses Verfahrens ist, dass Pflanzen zur Biotreibstofferzeugung (BE) selbst CO_2 aus der Atmosphäre aufnehmen und dass die Abgase des verbrannten Treibstoffs aufgefangen und geologisch oder ozeanisch gespeichert werden (CCS). BECCS ist in der Theorie CO_2-negativ und in der Praxis kaum erprobt. Es bringt Probleme wie Flächennutzungskonflikte durch Energiepflanzengewinnung und die Voraussetzung geeigneter CO_2-Endlagerstätten mit sich. Aus diesem Grund protestieren Umweltorganisationen gegen eine schleichende Konsolidierung von BECCS in der klimapolitischen Debatte (sehr aktiv ist vor allem Biofuelwatch, http://www.biofuelwatch.org.uk/).

BECCS ist nur ein Beispiel für Vorschläge einer „strategischen Nutzung" (Long/Shepherd 2014) von CE, die jüngst stärker diskutiert wird. Vor COP21 war CE als „Plan B" das vorherrschende Begründungsschema, was sich nach COP21 zu einem Ansatz der Kombination von Mitigation und CE wandelte. CE könnte demnach komplementär zur Emissionsreduktion (Mitigation) und Anpassung an mögliche Klimafolgeschäden (Adaption) eingesetzt werden – als Ergänzung des klimapolitischen Portfolios. Während sich die wissenschaftlichen Einschätzungen von Risiken und Unsicherheiten von CE in den letzten zehn Jahren nicht grundsätzlich verändert haben (obwohl sie genauer und differenzierter geworden sind), hat sich jedoch die politische Rahmung gewandelt, innerhalb derer Risiken und Unsicherheiten von CE im Vergleich mit denen des Klimawandels bewertet werden.

Sowohl WissenschaftlerInnen als auch viele andere, die in Politik und Zivilgesellschaft sowie an der Schnittstelle von Wissenschaft und Politik CE kommentieren, fordern eine Regulierung von Forschung, Entwicklung und möglicher Anwendung auf mehreren Ebenen, wie etwa der wissenschaftlichen Selbstverwaltung, der internationalen Politik und der öffentlichen Beteiligung. Governance als offenes Konzept beantwortet jedoch noch nicht, auf welchen Grundlagen Akteure und Kollektive handeln und entscheiden sollen. Aus diesem Grund sind Fragen nach Verantwortung zentral: Wie kann eine verantwortliche Forschung zu CE geschehen? Wäre ein „strategischer Einsatz" von CE nach Maßstäben internationalen Rechts verantwortbar? Können Verantwortungsprinzipien, wie Verhaltensregeln für die Wissenschaft oder Maßstäbe für die Politik, die großen Unsicherheiten in der CE-Forschung politisch überbrücken, sodass verantwortlich entschieden werden kann? Diese und weitere Fragen waren auch Thema der oben genannten Stellungnahme der DFG (NKGCF et al. 2012). Sie sind Teil der deutschen und internationalen Debatte.

Die Möglichkeit eines zerstörerischen Klimawandels, bei gleichzeitigen Ungewissheiten über dessen Ausmaß, macht die globale Dimension gegenwärtiger Unsicherheiten deutlich (vgl. Beck 2007). Jedoch sind Unsicherheiten allein nicht handlungsleitend (vgl. Luhmann 1991), da sie sowohl politisches Handeln oder Nichthandeln begründen können. Unsicheres Wissen in der Klimaforschung kann die Vorsorge für den Ernstfall begründen oder den Verbleib beim Status quo rechtfertigen. Die Unsicherheit überträgt Individuen, Institutionen und Kollektiven „die ultimative Verantwortung des Entscheidens" (Beck 2007: 347) mit weitreichenden Folgen. Risikoreiche Technologien wie CE werfen also ganz besondere Verantwortungsfragen auf. Deshalb werden wir den Zusammenhang von Unsicherheit und Verantwortung im Diskurs um CE genauer beleuchten.

4 ‚Unsicherheit' in CE-Diskursen

Unsicherheiten von CE haben verschiedene Ursachen und Folgen, denen auf unterschiedliche Art und Weise begegnet werden kann. In den fünf untersuchten Arenen finden sich divergente Perspektiven auf auftretende Unsicherheiten, sei es als kategorisches Argument gegen CE (wie von einigen NGOs vorgebracht) oder als Begründung für die Notwendigkeit weiterer Forschung (wie von Wissenschaft und Politik gefordert).

Unsicherheiten werden in Deutungsmuster eingefasst, die sich in drei inhaltliche Kategorien sowie in eine funktionale Kategorie unterscheiden lassen:

- *Ursachen:* Eine klare Einteilung von Unsicherheiten entsprechend den Diskursarenen, d. h. in naturwissenschaftlich-technische und soziale Unsicherheiten, würde zwar einer Unterscheidung von Forschung in mathematischen Erdsystem-Modellen einerseits und politisch-sozialen Debattenbeiträgen andererseits entsprechen, allerdings lässt sich diese klare Trennung nicht durchgängig aufrechterhalten. Denn auch aus naturwissenschaftlicher Sicht wird oft danach gefragt, für welche Menschen, Staaten etc. die Unsicherheiten von CE von Bedeutung sind. Außerdem beziehen sich oft gerade WissenschaftlerInnen in ihren Kommentaren auf soziale Unsicherheiten, während andere Akteure wiederum wissenschaftliche Unsicherheiten als Argument (gegen CE oder für mehr Forschung) verwenden. Auffällig ist der hohe Differenzierungsgrad von Ursachen der Unsicherheit, während Folgen und mögliche Lösungen weniger ausgeprägt diskutiert werden. Insgesamt sehr häufig werden Unsicherheiten generell problematisiert, ohne zu spezifizieren, welchen Gegenstandsbereich sie betreffen. Viele Unsicherheiten haben ihren Ursprung in der naturwissenschaftlichen Betrachtung von CE: im wissenschaftlichen Verständnis des Klimawandels sowie von CE allgemein, in Messungen in Feldexperimenten, in der Modellierung (vgl. z. B. den Beitrag von Oschlies in diesem Band), in der Rolle von Kohlenstoff, der technischen Umsetzung von CE, den Folgen auf größerer Skala, den Diskussionen innerhalb der wissenschaftlichen Gemeinschaft sowie in deren Kommunikation nach außen. Andere Unsicherheitsdeutungen sind nicht oder nicht ausschließlich auf Wissenschaft bezogen: Machbarkeit, Potenziale, Unsicherheitsmanagement, soziale oder politische Unsicherheiten und das Fehlen eines Präzedenzfalles für einen CE-Einsatz.
- *Folgen:* Nicht jede (Neben-)Folge eines großskaligen Feldexperiments oder eines tatsächlichen Einsatzes von CE muss einen Schaden bedeuten. Des-

halb sind die Unsicherheiten hier von Risiken zu trennen, denn bei Risiken wäre zumindest sicher, dass ein Schaden eintreten kann, wenn auch unsicher ist, mit welcher Wahrscheinlichkeit und in welcher Größe. Unsichere Folgen werden so gedeutet, dass sie Ökosysteme, Gesellschaften oder Ökonomien betreffen können (wobei die Unterscheidung zwischen Gesellschaft und Ökonomie Teil des Deutungsmusters selbst ist – Ökonomie ist ja, soziologisch gesprochen, Teil von Gesellschaft). Ein wesentlicher Grund für die große Unberechenbarkeit von sozialen Folgen ist die Beschränkung in Erdsystem-Modellen auf einige wenige Ausgabegrößen. Wenn der Einsatz von Schwefelaerosolen in der Atmosphäre nicht nur die Temperatur, sondern auch die Niederschlagsmuster auf der Erde verändern würde, dann wären zwar Schäden durch Dürren oder Überschwemmungen denkbar, was dies aber für Menschen oder Gesellschaften vor Ort bedeutet, hinge von vielen natürlichen und sozialen Faktoren ab. Der tatsächliche Impact kann aus unsicheren Folgen nicht abgeleitet werden, sie können aber zumindest die Aufmerksamkeit auf wichtige Leerstellen lenken.

- *Lösungen:* Ähnlich wie Folgen werden auch die Lösungsansätze von Unsicherheitsproblemen kaum genauer definiert. Da aus einer Unsicherheit keine eindeutige Handlungsoption abgeleitet werden kann, ist eine wichtige Strategie, den aktuellen Status der Unsicherheit aufzulösen. Die Royal Society fordert, Unsicherheiten in Risiken zu überführen, da diese sich in Form des Risikomanagements bearbeiten lassen (vgl. Royal Society 2009: 37 f.). Die Stoßrichtung der meisten in den untersuchten Dokumenten auffindbaren Vorschläge zum Umgang mit Unsicherheiten von CE lautet „mehr Forschung". Oft wird mehr Forschung generell, nicht selten aber werden entweder bessere Modellierung oder Feldexperimente gefordert (vgl. auch den Beitrag von Held in diesem Band). Insbesondere das Spannungsverhältnis zwischen sicherer Modellierung am Computer und unsicheren Experimenten im Freien ist nicht nur unter WissenschaftlerInnen, sondern auch unter anderen DiskursteilnehmerInnen stark umstritten.

- *Funktionale Verwendung:* Im Prozess des lexikalischen Kodierens aller Instanzen von ‚Unsicherheit' (Suchterm: *uncertain**) tauchten viele Textstellen auf, die *Unsicherheit* funktional im Text verwenden. Oft werden im Literaturverzeichnis Titel genannt, die *Unsicherheit* enthalten, ohne dass der Artikel selbst Unsicherheiten zum Thema macht. Diese Verwendung der Kategorie ist also als eine Art „Ausschuss" zu sehen.

Nils Matzner & Daniel Barben

Tab. 1: *Prozentuale Verteilung von Deutungsmustern von ‚Unsicherheit' über die Arenen*

	Kategorien	Wissenschaft	SciPol	Politik	NGOs	Think Tanks
	generell	22 %	29 %	8 %	1 %	39 %
	in der Klimamodellierung	69 %	23 %	4 %	0 %	5 %
	Klimawandel und -system	48 %	16 %	10 %	3 %	23 %
	wissenschaftliches Verständnis von CE	30 %	27 %	33 %	3 %	7 %
	in Feldexperimenten	62 %	14 %	7 %	0 %	17 %
	Kohlenstoff	36 %	32 %	16 %	16 %	0 %
	technische Unsicherheit	29 %	24 %	29 %	0 %	18 %
	Hochskalierung	71 %	29 %	0 %	0 %	0 %
Ursachen	in der wissenschaftlichen Gemeinschaft	38 %	38 %	12 %	12 %	0 %
	in Wissenschaftskommunikation	0 %	50 %	25 %	0 %	25 %
	in der Anwendung	56 %	25 %	12 %	6 %	0 %
	in den Kosten	43 %	26 %	4 %	26 %	0 %
	Entscheidungsfindung	25 %	50 %	0 %	0 %	25 %
	Machbarkeit	6 %	24 %	47 %	24 %	0 %
	Potenziale	55 %	15 %	3 %	6 %	21 %
	Unsicherheiten managen	43 %	43 %	0 %	0 %	14 %
	soziale Unsicherheit	22 %	57 %	13 %	0 %	9 %
	politische Unsicherheit	10 %	38 %	17 %	0 %	35 %
	kein Präzedenzfall	60 %	0 %	10 %	0 %	30 %
Folgen	Auswirkungen auf Ökosysteme	39 %	25 %	24 %	6 %	7 %
	Auswirkungen auf die Gesellschaft	18 %	41 %	18 %	18 %	6 %
	Auswirkungen auf die Wirtschaft	17 %	75 %	0 %	0 %	8 %
Lösungen	mehr Forschung	20 %	60 %	13 %	3 %	3 %
	Modellstudien	45 %	23 %	5 %	0 %	27 %
	Feldversuche	60 %	0 %	20 %	0 %	20 %
	funktional	66 %	15 %	0 %	1 %	17 %

Die Tabelle zeigt die Unterschiede zwischen den gefundenen und interpretativ zusammengefassten Kategorien über die Arenen hinweg. Die Prozentwerte zeigen an, wie die Häufigkeitsverteilung einer einzelnen Kategorie beschaffen ist. Für die folgende Beschreibung der Unsicherheitsbegriffe einer Arena wurde diese Häufigkeitsübersicht als ein Hinweis auf Bedeutungsunterschiede genommen, im Weiteren wurden aber vor allem die Inhalte der kategorialen Zuweisungen – die Textstellen selbst – als interpretative Grundlage verwendet.

‚Unsicherheit' in der Wissenschaft: Unsicherheiten sind ein grundlegendes Problem der CE-Forschung. Wer sich mit Klimaforschung beschäftigt hat und anschließend CE-Methoden erforscht, weiß, dass jede zukünftige Entwicklung des Klimas mit breiten Unsicherheitsmarkern versehen werden muss. Innerhalb der Wissenschaft ist unumstritten, dass Klimamodelle allgemein und spezielle Simulationen von CE immer in Unkenntnis verschiedener Prozesse stattfinden (beispielsweise der Änderungsgeschwindigkeit von tiefen Meeresströmungen, die Nährstoffe und Kaltwasser an die Meeresoberfläche bringen, oder der exakten Größe des Material- und Energieaustausches zwischen Stratosphäre und Troposphäre). Die Folgen eines CE-Einsatzes werden vor allem in ökologischer Hinsicht adressiert, da ökonomische und gesellschaftliche Größen nicht zum Repertoire von Erdsystem-Modellen gehören. Sogenannte Integrated Assessment Models (IAMs), welche einige ökonomische Faktoren berücksichtigen, spielen bisher eine untergeordnete Rolle, nehmen aber in ihrer Bedeutung zu. Die im Diskurs vertretenen CE-ForscherInnen fordern ausnahmslos mehr Forschung, während einige wenige Außenseiterstimmen, wie z. B. der IPCC-Autor Raymond Pierrehumbert, Forschung ablehnen. Einige WissenschaftlerInnen halten Feldexperimente für so unsicher, dass diese vorerst nicht durchgeführt werden sollten, andere wiederum möchten Unsicherheiten in Modellierungen durch Messungen im Rahmen von Feldexperimenten reduzieren.

Unsicherheiten in der Klimaforschung sind nicht aus der Welt zu schaffen. Zwar hängt die Genauigkeit von Klimamodellen unter anderem von der vorhandenen Rechenkapazität der Supercomputer ab und Klimamodelle müssen immer etwas ungenauer gemacht werden, damit sie überhaupt funktionieren (vgl. Edwards 2001: 55 f.), aber gleichzeitig fördert auch die Verbesserung von Modellen bei gesteigerter Rechenleistung oft noch mehr Unsicherheiten zutage (vgl. Maslin/Austin 2012: 183). Die auf Klimamodelle gestützte Forschung zu CE erbt diese Paradoxie der Unsicherheit aus der Klimaforschung, da dieselben Modelle in leicht angepasster Form auch hier Verwendung finden.

,Unsicherheit' an der Schnittstelle zwischen Wissenschaft und Politik (SciPol):
Dokumente von der Schnittstelle zwischen Wissenschaft und Politik (engl.
science-policy interface, SciPol) umfassen Berichte von parlamentarischer Technikfolgenabschätzung (z. B. Umweltbundesamt 2011), Stellungnahmen von Wissenschaftsorganisationen (z. B. Deutsche Physikalische Gesellschaft 2012) oder
ähnlicher Schnittstellen-Organisationen (z. B. IPCC; zum Konzept der „boundary
organizations" vgl. Guston 2001; Beck 2009). Die oft interdisziplinär arbeitenden
ExpertInnen müssen ihre Berichte differenziert und ausgewogen gestalten. Die
Namen auf den Berichten sind oft dieselben wie auf wissenschaftlichen Publikationen, jedoch haben die AutorInnen in dieser Diskursarena die Rolle der Beurteilung und teils auch der Politikberatung. In den Berichten werden zahlreiche
soziale und wissenschaftliche Ursachen von Unsicherheit thematisiert, wobei im
Vergleich zu den anderen Arenen die sozialen Unsicherheiten besonders stark
betont werden (soziale Unsicherheiten kommen zu ungefähr 60 % in dieser Arena vor, siehe Tab. 1). Die Konstruktion des Forschungsgegenstandes im Rahmen
eines klimapolitischen Stillstandes wird in SciPol besonders reflektiert, was auch
den Beiträgen von Sozial- und GeisteswissenschaftlerInnen geschuldet ist. In
monodisziplinären Gutachten von wissenschaftlichen Fachverbänden kommt
naturgemäß vor allem die eigene disziplinäre Ausrichtung zum Tragen. Beispielsweise betont ein Ingenieursverband, dass Ingenieure sich schon immer mit
dem Management von Unsicherheiten beschäftigt hätten und von daher für die
Entwicklung von CE geeignet seien (vgl. Engineering Committee for Oceanic
Resources 2011: 48).

,Unsicherheit' in der Politik: Nur eine geringe Anzahl an Texten aus Parlamenten
und Regierungen ließ sich finden, die sich dezidiert mit CE befassen. In ihnen
werden die Machbarkeit und das wissenschaftliche Verständnis von CE-Methoden
generell angezweifelt. Immer wieder wird betont, dass der Politik nicht genügend
Forschungsergebnisse vorlägen, um CE abschließend bewerten zu können. Dieses
Defizit drückt auch die internationale Organisation zum Schutz der Meere aus:

> Geo-Engineering könnte Teil einer Antwort auf diese Herausforderungen [hier: Oze-
> anversauerung, N.M./D.B.] sein: allerdings geht die Familie an Technologien mit einer
> erweiterten Familie von Problemen einher. Governance und Regulierung, selbst die der
> Forschung, stecken noch, wie die Technologien selbst, in den Kinderschuhen. (Global
> Ocean Commission 2013: 11, eigene Übersetzung)

Es müssten erst mehr Unsicherheiten beseitigt werden, bevor man überhaupt
eine Stellungnahme abgeben könne. Diese Einstellung in den vorliegenden Do-

kumenten trägt auch zur Erklärung bei, warum CE in vielen anderen Bereichen der Politik kaum diskutiert wird und es beispielsweise keine offizielle Stellungnahme der US-Regierung gibt. So hatte das Global Change Research Program der Obama-Administration vorgeschlagen, die „Möglichkeiten, Beschränkungen und potenziellen Nebenfolgen" von CE zu erforschen (U.S. Global Change Research Program 2017: 37).

‚Unsicherheit' bei Nichtregierungsorganisationen (NGOs): In der Diskursarena der NGOs sammeln sich Umweltorganisationen, Aktionsnetzwerke und Hilfsorganisationen. Ihre Einstellung zu CE spaltet NGOs in zwei Lager. Eher traditionelle, linksorientierte NGOs lehnen CE als zu unsicher und unverantwortlich ab. Sogenannte „ökopragmatische" NGOs fordern dagegen einen pragmatischen und verantwortlichen Umgang mit CE-Unsicherheiten.

Traditionelle NGOs nutzen Risiken und Unsicherheiten als Argumente gegen CE-Forschung und -Entwicklung. Die Forschung selbst sehen sie als Ablenkung vom eigentlichen Ziel, das Klima durch Emissionsreduktionen nachhaltig zu schützen. Unsicherheiten werden von ihnen als Ressource (vgl. Groß 2007) genutzt, um CE zu verhindern. Darüber hinaus werden einige Unsicherheiten und Risiken in Gewissheiten übersetzt. „Techniken und Experimente im Geo-Engineering werden spezifische negative Auswirkungen auf das soziale Gefüge und die Umwelt haben." (Bronson 2012: 52)[4]

Die ökopragmatischen NGOs deuten CE als eine zum aktuellen Zeitpunkt unsichere, aber möglicherweise vorteilhafte und kontrollierbare Technologie: Damit CE für den Klimaschutz genutzt werden könne, müssten zuerst Unsicherheiten aufgelöst und Potenziale erforscht werden (vgl. EDF et al. 2011). Diese NGOs arbeiten mit ForscherInnen und Think Tanks zusammen, um CE auf eine sichere und verantwortungsvolle Weise zu entwickeln.

‚Unsicherheit' bei Think Tanks: Think Tanks, Stiftungen und ähnliche Organisationen bieten eine große Vielfalt an Perspektiven auf Erforschung, Entwicklung und mögliche Anwendung von CE. In ihren Gutachten werden Bewertungskategorien stark ausdifferenziert, ohne eigene Präferenzen deutlich zu markieren. Dennoch unterscheiden sich progressive Think Tanks wie das Woodrow Wilson Center, welche Global Governance anstreben, und konservative Think Tanks

---

4   Bronson, eine Vertreterin der ETC Group, argumentiert hier, dass negative Folgen sicher zu erwarten sind. Typisch für CE-kritische NGOs scheint die Argumentation zu sein, dass negative Konsequenzen wahrscheinlich zu erwarten sind oder drastische Schäden zwar unwahrscheinlich, aber so groß sein könnten, dass aus dem Vorsorgeprinzip heraus CE abgelehnt werden müsse.

wie das American Enterprise Institute, welche auf nationale Interessen abzielen, deutlich. Allen Think Tanks ist die Problematisierung und Analyse insbesondere von politischen sozialen Unsicherheiten wichtig (siehe Tab. 1).

Über alle Arenen hinweg wird eine große Vielschichtigkeit bei der Thematisierung von Unsicherheiten mit unterschiedlichen Schwerpunktsetzungen deutlich. Viele Diskursakteure verwenden Unsicherheiten als argumentative Ressource. Für die Wissenschaft, aber auch viele andere, sind Unsicherheiten eine Begründung für größere Forschungsinvestitionen. Für die Politik bedeuten Unsicherheiten in der Forschung ein Hindernis für eine aktuelle politische Bewertung. An der Schnittstelle zwischen Politik und Wissenschaft wird eine differenzierte Betrachtung von Unsicherheiten als eigenes Qualitätsmerkmal verstanden. Traditionelle NGOs hingegen sehen manche Unsicherheiten als schon weitgehend sichere Gefahren, während ökopragmatische NGOs ein Management von Unsicherheiten in Zusammenarbeit mit anderen Akteuren forcieren. Think Tanks nutzen Unsicherheiten zur Analyse von CE, deren Perspektive durch die jeweilige, möglicherweise politische, Programmatik gefärbt sein kann.

Eine besondere Rolle kommt den NaturwissenschaftlerInnen zu. Verschiedene Akteure beziehen sich in den meisten, freilich nicht allen, Deutungen von Unsicherheiten auf die Natur- und Ingenieurswissenschaften. Unsicherheiten werden von allen Akteuren vorgebracht und thematisiert, jedoch jeweils unterschiedlich bewertet oder argumentativ genutzt (vgl. Janich/Simmerling 2013). Insbesondere Unsicherheiten im Klimasystem und in dessen Modellierung, welche von NaturwissenschaftlerInnen seit ungefähr zwei Jahrzehnten für CE untersucht werden, sind im Diskurs besonders stark vertreten. Soziale und politische Unsicherheiten (wie etwa mögliche zukünftige Konflikte im internationalen System) werden zwar von NaturwissenschaftlerInnen angesprochen, jedoch von Sozialwissenschaften, Politik, NGOs und Think Tanks weitaus differenzierter problematisiert und analysiert.

5 ‚Verantwortung' in CE-Diskursen

Philosophiegeschichtlich ist Verantwortung ein junger Begriff und ersetzt oder ergänzt den viel älteren Gerechtigkeits-Begriff. Angesichts großer Potenziale und Risiken moderner Technologien liegen Fragen nach der Verantwortung in Forschung und Entwicklung nahe. Die als „Russel-Einstein-Erklärung" bekannte Warnung vor den Gefahren der Nuklearwaffen war in den 1950er-Jahren ein Appell an die kollektive Verantwortungsübernahme durch WissenschaftlerInnen (vgl. Neuneck 2007; Bartosch et al. 2017). Doch nicht immer wollten Akteure aus

Wissenschaft, Politik und Wirtschaft Verantwortung für die Folgen ihres Handelns übernehmen, insbesondere wenn die Handlungen in eine andere Sphäre hineinreichen, wie es bei der Verantwortungsübernahme der Atomwissenschaftler für den möglichen Einsatz der Technologien geschehen ist. Edward Teller, einer der „Väter" der Wasserstoffbombe und gleichzeitig Befürworter von RM-Forschung, sprach sich damals zwar dafür aus, die Bevölkerung zu informieren, aber die Wissenschaft habe trotzdem die Pflicht, Kernenergie schrankenlos und schnell zu entwickeln (vgl. Mitcham 1987: 11).

In einer Sprechsituation bedeutet ‚etwas verantworten' normalerweise, Rechenschaft schuldig zu sein. „Der Kern des Verantwortungsbegriffs ist das ‚verantwortende' Ablegen von Rechenschaft *vor* anderen *für* eigene Verhaltensweisen *als* zurechenbare Handlungen *angesichts* geltender Normen und Werte" (Ott 1998: 580, Hervorhebungen im Original). Dabei muss betont werden, dass Verantwortung selbst keine Norm ist, sondern sich auf Normen und Werte bezieht. Wenn also von verantwortungsvoller Politik, Wissenschaft etc. gesprochen wird, existiert noch kein normativ begründetes Handeln. Erst muss erklärt werden, was Verantwortung bedeutet: Wer verantwortlich ist (Subjekt), wofür (Objekt), aufgrund wovon (Norm) und wem gegenüber (Institution) (vgl. auch den Beitrag von Janich/Stumpf in diesem Band). Statt der hier vorgeschlagenen vier Stellen ließe sich etwa auch ein Verantwortungsbegriff mit nur drei oder mit bis zu sieben Stellen konstruieren (vgl. Ropohl 1996). Hier geht es allerdings um einen handhabbaren, dem Untersuchungsgegenstand angemessenen Begriff.

Schon bei der kursorischen Lektüre und im lexikalischen Durchsuchen des Korpus zeigte sich, dass Governance ein zentrales Thema ist, während Verantwortung eine eher untergeordnete Rolle zu spielen scheint. Governance, im Sinne von politischem Entscheiden und regulativem Handeln, wird in allen Teildiskursen als wichtige Herausforderung für die Erforschung, Entwicklung und Anwendung von CE gesehen, während Verantwortung zwar als wichtig erscheint, ohne meistens aber genauer bestimmt zu werden. Für die vier Instanzen von Verantwortung sind im Korpus vielfältige Deutungen mit unterschiedlichen Schwerpunkten je nach Diskursarenen nachweisbar. Hier werden zunächst die tatsächlich gefundenen Kategorien erklärt.

Die Sprechakte von Verantwortung in allen Diskursarenen lassen sich in sechs Kategorien einteilen, wobei die ersten vier die Leerstellen des Verantwortungsbegriffes betreffen und die letzten beiden weitere Funktionen erfüllen:

- *Subjekt:* Im doppelten Sinn von Subjekt (vgl. Foucault 2005: 245) können Akteure selbst verantwortlich handeln (Handlungssubjekt) oder aber verantwortlich gemacht werden (unterworfenes Subjekt). Als Subjekte von Verantwortung können Gruppen (wie WissenschaftlerInnen, UnternehmerInnen oder PolitikerInnen), Organisationen (wie NGOs) oder Institutionen der internationalen Politik (wie Staaten oder die UN) gemeint sein. Im CE-Diskurs können Subjekte nicht immer identifiziert werden. In den untersuchten Dokumenten wird oft auf das Attributionsproblem hingewiesen, welches Unsicherheit in der Zuordnung von Effekten zu handelnden Subjekten markiert.
- *Objekt:* Das Objekt bezeichnet, wofür ein Subjekt verantwortlich gemacht wird. Dabei handelt es sich um weitreichende Ziele, wie das Bewahren der Erde oder die Zukunft der Menschheit, oder auch die konkrete Forschungsarbeit oder die Anwendungsentscheidung. Wenn Subjekte für Emissionen verantwortlich gemacht werden, ist damit eine historische Schuld gemeint und nicht, wie in den vorangegangenen Beispielen, eine Aufgabenverantwortung (siehe hierzu auch unten: *Typen von Verantwortung*).
- *Norm:* Verantwortung ist selbst keine Norm, sondern rekurriert auf Normen (vgl. Ott 1998: 582). Normen bilden die Grundlage für verantwortliches Handeln. Sie werden nicht immer klar benannt, teilweise sind sie implizit vorhanden, aber oft nicht aus konkreten Sprechakten zu identifizieren. Wenn Normen erkennbar sind, beziehen sie sich auf dem Thema CE übergeordnete Größen, wie etwa verantwortliche Forschung und/oder verantwortliche Governance, Rationalität oder Schuld. Im Korpus werden Normen selten begrifflich diskutiert und bleiben unbestimmt.
- *Institution:* Im Zusammenhang mit Verantwortungsbegriffen meinen Institutionen eine Kontrollinstanz. Zwar können Subjekte autonom unter akzeptierten Normen auf ein Verantwortungsobjekt hin handeln; wenn eine Norm als Handlungsanleitung nicht ausreicht, können Institutionen oder ähnliche Instanzen dieses Handeln kontrollieren. Verantwortliche Forschung und Governance wären von internationaler Politik oder Recht zu kontrollieren oder aber von der wissenschaftlichen Gemeinschaft selbst.
- *Typen von Verantwortung:* Verantwortungstypen liegen quer zu den vier vorgenannten Kategorien. So wäre wissenschaftliche Verantwortung für ein Impact Assessment auf Grundlage von Regeln verantwortlicher Forschung eine Art Berufsethik, während für die Emissionen von Industriestaaten, die zum Klimawandel geführt haben, eine historische Verantwortung übernommen werden muss. Diese Beispiele aus unseren Ergebnissen zeigen, wie unterschiedlich die Bezugnahme auf Verantwortung erfolgen kann.

- *Funktionale Verwendungen:* Im Prozess des lexikalischen Kodierens aller Instanzen von ,Verantwortung' (Suchterm: *responsib**) tauchten viele Textstellen auf, die den Begriff der Verantwortung funktional im Text verwenden. Der häufigste Fall ist, dass die verantwortlichen AutorInnen genannt werden. Damit wird *Verantwortung* zwar wörtlich verwendet, aber keine Verantwortung adressiert, die im Rahmen von CE Bedeutung hätte. Diese Kategorie ist wieder als eine Art „Ausschuss" zu sehen.

Tab. 2: Prozentuale Verteilung von Deutungsmustern von ,Verantwortung' über die Diskursarenen

	Kategorien	Wissenschaft	SciPol	Politik	NGOs	Think Tanks
Subjekt	Attributionsproblem	24 %	**48 %**	14 %	5 %	10 %
	Menschheit	25 %	35 %	5 %	10 %	25 %
	globaler Norden	10 %	13 %	6 %	**71 %**	0 %
	globaler Süden	4 %	17 %	13 %	**61 %**	4 %
	internationale Institutionen	16 %	**63 %**	11 %	11 %	0 %
	Staaten und Regierungen	9 %	**42 %**	23 %	20 %	6 %
	PolitikerInnen	5 %	**40 %**	10 %	30 %	15 %
	UnternehmerInnen	12 %	18 %	6 %	**47 %**	18 %
	CE-ForscherInnen	**45 %**	23 %	9 %	23 %	0 %
	NGOs	9 %	0 %	18 %	**64 %**	9 %
Objekt	die Erde retten	28 %	17 %	28 %	11 %	17 %
	zukünftige Generationen retten	12 %	**41 %**	0 %	12 %	35 %
	den Planeten managen	**44 %**	0 %	11 %	22 %	22 %
	Anwendungsentscheidung	27 %	33 %	0 %	13 %	27 %
	demokratischer Prozess	6 %	**53 %**	6 %	29 %	6 %
	Forschungsgovernance	38 %	**45 %**	3 %	10 %	3 %
	Impact Assessment	29 %	35 %	18 %	6 %	12 %
	negative CE-Effekte	21 %	5 %	26 %	**42 %**	5 %
	Emissionen und Verschmutzung	26 %	23 %	5 %	**46 %**	0 %
	Mitigation	25 %	25 %	8 %	**42 %**	0 %

	Kategorien	Wissenschaft	SciPol	Politik	NGOs	Think Tanks
	verantwortliche Governance	29 %	29 %	4 %	25 %	12 %
	verantwortliche Forschungsgovernance	14 %	**63 %**	11 %	9 %	3 %
	verantwortliche Forschung	30 %	**47 %**	16 %	2 %	5 %
	verantwortliche Anwendung	33 %	17 %	0 %	33 %	17 %
Norm	gute Wissenschaft	67 %	17 %	0 %	17 %	0 %
	Schuld	0 %	0 %	0 %	**80 %**	20 %
	ethische Verantwortung	20 %	**40 %**	0 %	10 %	30 %
	Rationalität	**71 %**	29 %	0 %	0 %	0 %
	keinen Schaden anrichten	23 %	23 %	8 %	31 %	15 %
	Wohlfahrt	0 %	33 %	0 %	0 %	**67 %**
	Demokratie	25 %	**75 %**	0 %	0 %	0 %
Institution	wissenschaftliche Gemeinschaft	0 %	**40 %**	60 %	0 %	0 %
	internationale Politik	10 %	20 %	10 %	**40 %**	20 %
	internationales Recht und Regulierung	18 %	**73 %**	0 %	0 %	9 %
	Unverantwortlichkeit	18 %	36 %	0 %	**45 %**	0 %
	geteilte Verantwortung	11 %	11 %	37 %	16 %	26 %
	Diffusion von Verantwortung	0 %	17 %	17 %	**50 %**	17 %
Typen	historisch	0 %	13 %	13 %	**73 %**	0 %
	politisch	11 %	**47 %**	13 %	22 %	7 %
	legal	12 %	**54 %**	29 %	2 %	2 %
	moralisch oder ethisch	32 %	26 %	6 %	26 %	10 %
	kausal	**70 %**	8 %	3 %	17 %	2 %
	funktional	*31 %*	*37 %*	*16 %*	*14 %*	*3 %*

Analog zu Tabelle 1 zeigt Tabelle 2 die aggregierten Kategorien von ‚Verantwortung' über die fünf Diskursarenen hinweg. Die Prozentzahlen zeigen die jeweilige Häufigkeit einer Einzelkategorie relativ zu den jeweils anderen Arenen.

‚*Verantwortung*' *in der Wissenschaft:* In wissenschaftlichen Studien halten sich WissenschaftlerInnen zumeist an das Objektivitätsgebot und sprechen, bis auf wenige Ausnahmen, wenig über Verantwortlichkeiten. In den Einleitungen und Resümees der Studien wird in sehr allgemeiner Form von ethischer Verantwortung angesichts der großen Hebelwirkung von CE gesprochen. Beispielsweise begründen die AutorInnen einer Modellierungsstudie ihre CE-Forschung damit, dass man CE-Risiken erforsche und den Klimawandel „verantwortlich adressieren" müsse (Mitchell et al. 2011: 258). Im Gegensatz zu dieser forschungsethischen und -politischen Verwendung von *Verantwortung*, zeigt sich in der Textsorte der Wissenschaftstexte ein anderer Umgang mit *verantwortlich*. Sätze wie „CO_2 ist verantwortlich für den Klimawandel" (z. B. Titel „CO_2-induced climate change" in Bala/Caldeira 2000) zeichnen sich durch eine agenslose Sprache aus, bei der die menschlichen Handlungen, die zu Emissionen geführt haben, hinter der Beschreibung von CO_2-Wirkungen zurücktreten. Statt über von Menschen verursachte Emissionen zu sprechen, steht das nicht weiter erläuterte Molekül CO_2 als Stellvertreter für einen ganzen Grund-Folge-Zusammenhang.

In wissenschaftlichen Kommentaren und Editorials befürworten viele WissenschaftlerInnen eine Selbstregulierung der Forschung gemäß verantwortungsbezogener und rationaler Prinzipien. WissenschaftlerInnen adressieren sich oft selbst als Verantwortungssubjekte (siehe Tab. 2, Subjekt: CE-ForscherInnen). Dabei führen sie Debatten über legitime Forschungspolitik und Feldexperimente (siehe Tab. 2, Objekt: Forschungsgovernance, Normen: verantwortliche Governance, Forschung und Anwendung), wie sie sich auch in der Idee der „erlaubten Zone" für Feldexperimente widerspiegelt („allowed zone", Wood/Ackerman 2013: 468). Die Forschungsergebnisse sollen der Öffentlichkeit und der Politik mitgeteilt werden, damit letztere entsprechend verhandeln und entscheiden können. Regierungen werden in der Verantwortung gesehen, Forschung zu fördern. Auch in den USA gibt es eine große Forschungsgemeinschaft, aber bislang kein nationales Forschungsprogramm, wie in Deutschland etwa das Schwerpunktprogramm 1689 der DFG. Abgesehen von ihren wissensbezogenen Aufgaben sprechen WissenschaftlerInnen offen über ihre Befürchtungen bezüglich der Folgen des Klimawandels. Normen nüchtern-rationaler Wissenschaft und die Sorge um unsere Welt können sich im selben Artikel gegenüberstehen.

Innerwissenschaftliche Kontroversen zeichnen sich im vorliegenden Korpus ab, aber auch vor allem in den geführten Interviews (systematische Auswertungen werden später veröffentlicht), auf Konferenzen und Mailinglisten, zu denen die AutorInnen Zugang haben. Streitpunkte sind vor allem die Notwendigkeit und Nützlichkeit von Feldexperimenten sowie die Einschätzung von Potenzialen und Risiken einzelner Technologien. So lässt sich durchaus von „Lieblingstechnologien" einiger WissenschaftlerInnen sprechen, die im Diskurs gegeneinander antreten.

,Verantwortung' an der Schnittstelle zwischen Wissenschaft und Politik (SciPol): Parlamentarische Technikfolgenabschätzung, Wissenschaftsverbände und Organisationen, in denen wissenschaftliches Wissen auf seine Politikrelevanz geprüft und weiterverarbeitet wird, weisen einen stark politik- und rechtsbezogenen Verantwortungsbegriff auf. Als Verantwortungssubjekte werden vor allem nationale Regierungen und internationale Institutionen (UNO, Mitglieder des UNFCCC[5], nationale Agenturen wie die US Environmental Protection Agency etc.) angesprochen, welche sich um einen demokratischen Prozess in der Verhandlung über die Erforschung und Entwicklung von CE bemühen sollen. Verantwortungsvolle Governance und Forschung sowie Wohlfahrt und Demokratie sind grundlegende Normen in diesen Gutachten. Hier wären wiederum internationale Institutionen und Recht Kontrollinstanzen. Rechtliche, politische und naturwissenschaftliche Fragen verschränken sich im Attributionsproblem. Während FachwissenschaftlerInnen und Wissenschaftsorganisationen die aktuelle Erderwärmung eindeutig anthropogenen Ursachen zurechnen (vgl. Cook et al. 2016), sind konkrete und lokale Klimaschäden schwer dem Handeln einzelner Akteure zuzuordnen. Intentionale Eingriffe in das Erdsystem benötigen demnach klar nachweisbare Zurechenbarkeiten, damit diejenigen, die einen Eingriff durchführen, dafür zur Rechenschaft gezogen werden können.

,Verantwortung' in der Politik: In Dokumenten aus parlamentarischen oder Regierungskreisen wird CE vor allem als Problem der Unsicherheits- und Risikoregulierung gesehen. Während ethische Fragen keine Rolle spielen, werden negative Auswirkungen von CE besonders betont. In der professionalisierten Politik werden Regierungen in der Verantwortung nicht nur für Lösungsansätze gegenüber dem Klimawandel, sondern auch für Entscheidungen über die Erforschung, Entwicklung und mögliche Anwendung von CE gesehen. Vertrackte Sachlagen, die der Ausdruck „wicked problems" (Grundmann 2016) beschreibt, tauchen auch im Diskurs der Politikarena auf: Die internationale Politik ist sowohl für die Verschärfung des Klimawandels verantwortlich als auch für Lösungsbeiträge in Form von Emissionsreduktionen und Anpassungsmaßnahmen gegenüber Klimafolgeschäden sowie für Entscheidungen über die Verwendung von CE. Entscheidungskompetente Akteure sind in institutionelle Settings unterteilt, als

---

5   Die rechts- und politikwissenschaftliche Literatur nennt vor allem internationale Organisationen wie die Organisation der Vereinten Nationen (UNO) und die Klimarahmenkonvention (UNFCCC) als mögliche Subjekte einer internationalen Regulierung von CE. Allerdings haben diese Organisationen bis *dato* keine entsprechenden Schritte unternommen (vgl. Maas/Scheffran 2012; Zürn/Schäfer 2013).

einzelne Politiker, Ministerien, Regierungen und internationale Organisationen. Auch in den wenigen aktuell vorhandenen politischen Dokumenten zu CE zeigt sich, dass der kaum vorhandene Rechtsrahmen für CE (Proelß 2013) viel Raum für Diskussionen bietet. Einig ist man sich darüber, dass es keine auf alle CE-Methoden passende Regulierung geben wird (d. h. keinen „one-size-fits all approach", Armeni/Redgwell 2015).

Verantwortung' bei NGOs: Auch in der Deutung von Verantwortung differenzieren sich die NGOs in ein traditionelles und ein ökopragmatisches Lager (siehe Abschnitt 4).

Die traditionellen NGOs – allen voran die ETC Group – verwenden einen historischen Verantwortungsbegriff, indem sie die Länder des globalen Nordens für die Klimamisere verantwortlich machen und kritisieren, dass diese Länder in CE einen einfachen Ausweg sähen. Die Länder des globalen Südens hingegen seien Leidtragende des Klimawandels und würden gleichzeitig CE-Fehlschläge schlechter verkraften. Die Schuld der Industriestaaten leugnet nahezu niemand im CE-Diskurs, allerdings sprechen die traditionellen NGOs diesen Punkt prominent an. Außerdem fordern sie ein verbindliches Moratorium auf Feldexperimente und den Einsatz von CE. In einem Bündnisaufruf, unterschrieben von 167 NGOs, wird eine sichere, langfristige, demokratische und friedliche Lösung der Klimakrise mittels CE als äußerst unwahrscheinlich abgetan (vgl. H.O.M.E. 2011).

Ökopragmatische NGOs, wie der Environmental Defense Fund (EDF), fordern ebenfalls demokratische und transparente Verfahren. Allerdings möchte der EDF die Erforschung und Entwicklung von CE konstruktiv-kritisch begleiten. Deshalb fordert er verantwortliche Forschung und Governance von CE, während die ETC Group ein solches Engagement von vornherein als unverantwortlich ablehnt.

Verantwortung' bei Think Tanks: Unabhängig von ihrer politischen Färbung setzen Think Tanks auf einen politischen und auch rechtlichen Verantwortungsbegriff. Sie analysieren politische Optionen und sehen verschiedene Verfahren der Governance als möglich an, wobei konservative Think Tanks nationale Interessen in den Vordergrund stellen.

Festzuhalten ist, dass ,Verantwortung' sowohl zwischen den ausgewählten Diskursarenen als auch oft innerhalb dieser ganz verschieden gedeutet wird. Nicht nur wird jeweils anderen Akteuren Verantwortlichkeit zugeschrieben, auch sind die adressierten Verantwortungsbereiche, Normen und Kontrollinstanzen sowie die Typen der Verantwortungsbegriffe unterschiedlich. Am Beispiel der Spaltung im Lager der NGOs ist deutlich zu sehen, wie die technologiepolitische Einstellung zu CE den Verantwortungsbegriff selbst formt. Während traditionelle NGOs einen historischen Begriff der Schuld verwenden, um die Problemverursacher des Klimawandels zu benennen, wollen ökopragmatische NGOs den Weg einer verantwortlichen Forschung und Governance mit CE gehen.

6 Verantwortung unter den Bedingungen von Unsicherheit

Für den Unsicherheitsbegriff gilt: Wird er als Argument gegen CE verwendet, dann ist kein Interesse für Unsicherheitsreduzierung durch weitere Forschung vorhanden. Sollen aber mehr oder weniger unbestimmte Unsicherheiten in abschätzbare Risiken überführt werden, kann über verantwortliche Forschung weiter nachgedacht werden. Für den Verantwortungsbegriff gilt: Wird er retrospektiv (historisch) verstanden, dann wird es schwierig, mit diesem Begriff verantwortungsvolle zukünftige Forschung zu begründen. Soll aber Verantwortung für Forschung und Governance übernommen werden, dann kann dies dabei helfen, Unsicherheiten zu überbrücken.

Wenn Verantwortung als Regulativ verstanden wird, wie es prominente PhilosophInnen und SoziologInnen aus verschiedenen Perspektiven tun (z. B. Jonas, Kaufmann), dann kann sie andere Formen der Regulierung, wie etwa Governance von Technologien, ersetzen oder ergänzen. Anders sieht dies in streng formalisierten Verfahren der Regierung oder Verwaltungsbürokratie aus, in denen Akteure nicht selbstverantwortlich, sondern lediglich regelkonform handeln müssen. Luhmann sieht Ethik als „Störgröße" (Schramm 2001: 106), wenn Verantwortungsprinzipien überkomme Steuerungsvorstellungen retten – und aus seiner Sicht fehlleiten – sollen (vgl. Luhmann 1997: 776 f.). In der aktuellen Diskussion um die Governance von Technologien wird nicht von einem derartig zentralisierten Steuerungsbegriff ausgegangen, wie Luhmann ihn kritisiert, wenngleich eine staatliche Gestaltungsmacht unter Zuhilfenahme diverser Instrumente angenommen wird (vgl. Offe 2008: 68 f.). Verantwortungsbewusste Governance hat weniger ein Steuerungsproblem als vielmehr ein Problem der Unbestimmtheit des Verantwortungsbegriffes, wie unsere empirische Analyse gezeigt hat.

Wie bereits diskutiert, ist ‚Verantwortung' selbst keine Norm, sondern bedarf einer normativen Bestimmung sowie eines Bezugs auf Verantwortungssubjekte, Objekte und Institutionen. Eine verantwortungsbewusste Governance von CE müsste auf ein grundlegendes Verantwortungskonzept verweisen können, um wirkmächtig werden zu können.

Verantwortungsprinzipien sind wichtige Elemente im CE-Diskurs, aber keine feste Größe. Das zeigt die Geschichte einiger Initiativen der CE-Forschung. Als im Jahr 2009 durch eine interdisziplinäre WissenschaftlerInnengruppe die Kieler Thesen „Wissenschaft und Verantwortung" in Bezug auf CE formuliert wurden, stand man in Deutschland der CE-Forschung wesentlich skeptischer und vorsichtiger gegenüber als in den USA, Kanada und Großbritannien, wo CE-Forschung damals schon offener als mögliche Politikoption wahrgenommen wurde. Die Vorsicht hat sich – aufbauend auf den Kieler Thesen – auch im Prozess der Einrichtung eines SPP 1689 bei DFG erhalten, welches sich dezidiert nur mit problemorientierter Grundlagenforschung befassen sollte, und zwar fernab von Technologieentwicklung oder -erprobung. Die anfänglich deutlich sichtbare Verantwortungsrhetorik in den Kieler Thesen, die durchaus gut begründet war, hat sich, so unser Eindruck, in den später bewilligten Anträgen sowie der tatsächlichen Forschungsarbeit des SPP abgeschwächt. Der Governance-Begriff hingegen ist in viele internationale Forschungsprogramme und Initiativen maßgeblich eingeflossen. Ein prominentes Beispiel ist die Solar Radiation Management Governance Initiative (SRMGI), gegründet von der Royal Society, dem Environmental Defense Fund und der World Academy of Sciences, welche ForscherInnen und AktivistInnen aus dem globalen Süden mit in die Diskussion um Erfordernisse für eine globale Governance von CE einbezieht (vgl. SRMGI 2011). Die Initiative resümiert in ihrem Bericht, dass die Wahrscheinlichkeit, Unsicherheiten von CE aufzulösen, von der Fähigkeit abhängt, zukünftige Forschung effizient und verantwortlich regulieren zu können (SRMGI 2011: 9). Während versucht wird, Governance durch Verantwortung genauer zu bestimmen, bleibt auch hier Verantwortung selbst weiter unbestimmt.

Was seit einigen Jahren unter dem Label „Responsible Research and Innovation (RRI)" diskutiert wird, könnte für CE Chancen bieten. RRI zielt auf einen transparenten und interaktiven Prozess, bei dem mit Innovation befasste Akteure sich wechselseitig mit Positionen auseinandersetzen, die sie als akzeptabel, nachhaltig und sozial wünschenswert erachten. Eine solche Gestaltung von Innovationsprozessen soll auch zur besseren gesellschaftlichen Einbettung von wissenschaftlichem und technologischem Fortschritt beitragen (vgl. Schomberg 2011). Dieses prozessorientierte und reflexive Verständnis von verantwortlicher Forschung und Entwicklung würde Governance nicht an externe Instanzen delegieren, sondern bei einer global relevanten Technologie wie CE alle interessierten oder betroffenen Akteure zur Beteiligung einladen. Die gut begründete Vorsicht, welche die DFG dem SPP 1689 in Form von Grundlagenforschung ohne Technologieentwicklung verordnet hatte (NKGCF et al. 2012), führte zu einem Quasi-Ausschluss von IngenieurInnen aus dem bisher größten nationalen CE-Forschungsprojekt. Im Sinne einer RRI müssten also IngenieurInnen in Überlegungen einbezogen werden, wie CE-Technologien gesellschaftlich verantwortlich entwickelt werden könnten – auch in Forschungsansätzen, die über reine Computermodellierung hinausgehen. Ansonsten bliebe die Technologieentwicklung außerhalb von Forschungsprogrammen, die an Verantwortlichkeit orientiert sind. Schließlich bildet RRI einen zentralen Baustein des europäischen Forschungsrahmenprogrammes „Horizon 2020", welches darauf abzielt, dass auch Geistes- und Sozialwissenschaften mit Natur- und Ingenieurwissenschaften zu globalen Herausforderungen eng zusammenarbeiten (vgl. European Commission 2015).

Die Verbindung von CE mit RRI böte also den Vorteil, daraus prozessuale Vorschläge für die Besetzung der Leerstellen bezüglich Akteuren, institutionellen Rahmungen von Verantwortung u. a. m. zu gewinnen. In diesem Sinne ist RRI eher eine „Entwicklungsstrategie" (Schomberg 2013) als eine Norm oder gar Vorschrift.

Unsere nach Diskursarenen differenzierte Analyse hat gezeigt, wie unterschiedlich Unsicherheits- und Verantwortungsbegriffe sind. Umso wichtiger sind Prozesse, wie sie von RRI und verwandten Ansätzen vorgeschlagen werden, welche Akteure aus verschiedenen Wissensfeldern bzw. gesellschaftlichen Handlungsbereichen miteinander in Beziehung setzen. Dabei soll RRI freilich nicht als technokratisches Vorhaben verstanden werden, sondern vielmehr als Leitlinie für eine verantwortungsbewusste, an der Bewältigung globaler Herausforderungen orientierte Praxis.

7 Fazit

Wir konnten zeigen, dass ‚Unsicherheit' und ‚Verantwortung' über die fünf untersuchten Diskursarenen sehr unterschiedliche Deutungen erfahren, wenngleich es einige Ähnlichkeiten und gegenseitige Bezüge gibt. Deutungsmuster können auch programmatisch geprägt sein, wie bei NGOs und Think Tanks, die CE entsprechend ihrer politischen Perspektive interpretieren: entweder als chancenreiche Innovation oder als Verheißung mit zu vielen Ungewissheiten.

Unsicherheit ist ein zentrales Problem von Technologien, die auf Klimaintervention zielen. Während viele Unsicherheiten aus wissenschaftlich-technischen Quellen zu entspringen scheinen, sind andere wiederum sozialer oder politischer Herkunft. Gleichzeitig sind viele Fragen abhängig von den Arenen, in denen sie gestellt werden. Beispielsweise wäre vor allem wissenschaftlich interessant, Unsicherheiten bei sehr spezifischen Klimasimulationen oder den möglichen Erkenntnisgewinn durch kleinskalige Tests für die Analyse des globalen Klimas zu untersuchen.

Ein ähnliches Bild ergibt sich für den Verantwortungsbegriff. Auch er ist arenenspezifisch besetzt und aufgefächert. Der Verantwortungsbegriff kann ohne nähere Bestimmung für die Bearbeitung von Unsicherheiten nicht genutzt werden. Es muss geklärt werden, was verantwortliche Forschung und Governance bedeuten können. Die Diskussionen um RRI können helfen, einen solchen Prozess zu organisieren, an dem sich relevante Stakeholder beteiligen. Bei bisherigen Initiativen der öffentlichen Beteiligung wurden Haltungen zur Erforschung und zum Einsatz von CE oft kategorisch abgefragt. Zukünftig sollte bei der Durchführung solcher Maßnahmen darauf geachtet werden, unter welchen Umständen Akteure sich eine verantwortungsvolle CE-Forschung vorstellen können und, falls CE als unverantwortlich angesehen wird, auf welcher Grundlage diese Einschätzung entsteht.

Danksagung

Diese Forschung wurde von der Deutschen Forschungsgemeinschaft im Schwerpunktprogramm „Climate Engineering: Uncertainties, Risks, Opportunities?" (SPP 1689) im Rahmen des Projekts CE-SciPol (Fördernummer BA 1992/5–1) gefördert. Wir bedanken uns bei Stefanie Bauer und Vanessa Erat für die Unterstützung bei der Kodierung und viele hilfreiche Hinweise, sowie bei den Herausgeberinnen und anonymen GutachterInnen für ihre konstruktiven Kommentare.

Literatur

Anderson, Kevin/Peters, Glen P. (2016): The trouble with negative emissions. In: Science 354.6309, 182–183. DOI: 10.1126/science.aah4567.

Angermüller, Johannes (2011): From the many voices to the subject positions in anti-globalization discourse. Enunciative pragmatics and the polyphonic organization of subjectivity. In: Journal of Pragmatics 43.12, 2992–3000. DOI: 10.1016/j.pragma.2011.05.013.

Angermüller, Johannes (2015): Discourse Studies. In: Wright, James D. (Hrsg.): International Encyclopedia of the Social & Behavioral Sciences. 2. Aufl. Amsterdam, 510–515.

Armeni, Chiara/Redgwell, Catherine (2015): International legal and regulatory issues of climate geoengineering governance: rethinking the approach. CGG Working Papers 21. http://www.geoengineering-governance-research.org/perch/resources/workingpaper21armeniredgwelltheinternationalcontextrevise-.pdf (abgerufen 26.3.2018).

Bala, Govindasamy/Caldeira, Ken (2000): Geoengineering Earth's radiation balance to mitigate $CO2$-induced climate change. In: Geophysical Research Letters 27.14, 2141–2144. DOI: 10.1029/1999GL006086.

Bartosch, Ulrich/Neuneck, Götz/Wunderle, Ulrike (Hrsg.) (2017): The Russell-Einstein Manifesto – 60 years on. Berlin.

Beck, Silke (2009): Das Klimaexperiment und der IPCC. Schnittstellen zwischen Wissenschaft und Politik in den internationalen Beziehungen. Marburg.

Beck, Ulrich (2007): Weltrisikogesellschaft. Auf der Suche nach der verlorenen Sicherheit. Frankfurt am Main.

Bellamy, Rob/Chilvers, Jason/Vaughan, Naomi E./Lenton, Timothy M. (2012): A review of climate geoengineering appraisals. In: WIREs Climate Change 3.6, 597–615. DOI: 10.1002/wcc.197.

Bidlo, Oliver/Schröer, Norbert (2011): Einleitung. Das „abduktive Subjekt" in Wissenschaft und Alltag. In: Schröer, Norbert/Bidlo, Oliver (Hrsg.): Die Entdeckung des Neuen. Qualitative Sozialforschung als Hermeneutische Wissenssoziologie. Wiesbaden, 7–19.

Böttcher, Miranda/Schäfer, Stefan (2017): Reflecting upon 10 Years of Geoengineering Research. Introduction to the Crutzen + 10 Special Issue. In: Earth's Future 5.3, 266–277. DOI: 10.1002/2016EF000521.

Bronson, Diana (2012): Geoengineering: Plan B for the Climate Crisis? In: Schafler, Klaus/Bronson, Diana/Blakeney, Peter/Schöffler, Christine (Hrsg.): Hacking the future and planet. Wien, 55–60.

Buck, Holly Jean (2011): Climate Engineering in the New Media Landscape: Culture, Power, and Climate Control. Lund University. Lund. http://www. lu.se/o.o.i.s?id=19464&postid=1940495 (abgerufen 31.10.2011).

Buck, Holly Jean (2014): Village Science Meets Global Discourse. The Haida Salmon Restoration Corporation's Ocean Iron Fertilization Experiment (Geoengineering Our Climate? Working Paper and Opinion Article Series). http:// geoengineeringourclimate.com/2014/01/14/village-science-meets-global-discourse-case-study/ (abgerufen 26.3.2018).

Caldeira, Ken/Bala, Govindasamy/Cao, Long (2013): The Science of Geoengineering. In: Annual Review of Earth and Planetary Sciences 41.1, 231–256. DOI: 10.1146/annurev-earth-042711-105548.

Cook, John/Oreskes, Naomi/Doran, Peter T./Anderegg, William R. L./Verheggen, Bart/Maibach, Ed W. et al. (2016): Consensus on consensus. A synthesis of consensus estimates on human-caused global warming. In: Environmental Research Letters 11.4, 48002. DOI: 10.1088/1748-9326/11/4/048002.

Crutzen, Paul J. (2006): Albedo Enhancement by Stratospheric Sulfur Injections: A Contribution to resolve a Policy Dilemma? In: Climatic Change 77.3–4, 211–219. DOI: 10.1007/s10584-006-9101-y.

Curvelo, Paula (2012): Exploring the Ethics of Geoengineering through Images. In: The International Journal of the Image 2.2, 177–198.

Curvelo, Paula/Guimarães Pereira, Ângela (2016): Geoengineering: Reflections on Current Debates. In: Delgado, Ana (Hrsg.): Technoscience and Citizenship. Ethics and Governance in the Digital Society. Cham, 163–184.

Deutsche Physikalische Gesellschaft (2012): Climate-Engineering – Eingriff ins Erdklima 13. http://www.dpg-physik.de/veroeffentlichung/physik_konkret/pix/Physik_Konkret_13.pdf (abgerufen 28.8.2012).

Dreyfus, Hubert L./Rabinow, Paul (1987): Michel Foucault. Jenseits von Strukturalismus und Hermeneutik. Frankfurt am Main.

Edwards, Paul N. (2001): Representing the Global Atmosphere. Computer Models, Data, and Knowledge about Climate Change. In: Miller, Clark A./Edwards, Paul N. (Hrsg.): Changing the atmosphere. Expert knowledge and environmental governance. Cambridge (Mass.), 31–65.

Engineering Committee for Oceanic Resources (2011): Enhanced Carbon Storage in the Ocean. ECOR Report.

Entman, Robert M. (1993): Framing. Toward Clarification of a Fractured Paradigm. In: Journal of Communication 43.4, 51–58. DOI: 10.1111/j.1460–2466.1993.tb01304.x.

EDF et al. – Environmental Defense Fund/Royal Society/TWAS (2011): International groups call for coordinated oversight of geoengineering research. http://www.edf.org/news/international-groups-call-coordinated-oversight-geoengineering research (abgerufen 26.3.2018).

ETC Group (2007): Gambling with GAIA. Communiqué, 93. http://www.etcgroup.org/content/gambling-gaia-0 (abgerufen 5.3.2018).

European Commission (2015): Horizon 2020. Societal Challenges. http://ec.europa.eu/programmes/horizon2020/en/h2020-section/societal-challenges (abgerufen 5.5.2018).

Fleming, James Rodger (2010): Fixing the sky. The checkered history of weather and climate control. New York.

Foucault, Michel (2005): Subjekt und Macht. In: Foucault, Michel/Defert, Daniel/Lagrange, Jacques/Ansén, Reiner/Lemke, Thomas (Hrsg.): Analytik der Macht. Frankfurt am Main, 240–263.

Geden, Oliver (2016a): The Paris Agreement and the inherent inconsistency of climate policymaking. In: WIREs Climate Change 7.6, 790–797. DOI: 10.1002/wcc.427.

Geden, Oliver (2016b): Toward a Viable Climate Target. In: Project Syndicate, 18.5.2016. https://www.project-syndicate.org/commentary/paris-agreement-viable-emissions-targets-by-oliver-geden-2016-05 (abgerufen 26.3.2018).

Global Ocean Commission (2013): Climate change, ocean acidification and geo-engineering. Policy Options Paper, 2.

Goldenberg, Suzanne (2014): Al Gore says use of geo-engineering to head off climate disaster is insane. In: The Guardian, 15.1.2014. http://www.theguardian. com/world/climate-consensus-97-per-cent/2014/jan/15/geo-al-gore-engineering-climate-disaster-instant-solutio/print (abgerufen 16.1.2014).

Groß, Matthias (2007): The Unknown in Process: Dynamic Connections of Ignorance, Non-Knowledge and Related Concepts. In: Current Sociology 55.5, 742–759. DOI: 10.1177/0011392107079928.

Grundmann, Reiner (2016): Climate change as a wicked social problem. In: Nature Geoscience 9.8, 562–563. DOI: 10.1038/ngeo2780.

Guston, David H. (2001): Boundary Organizations in Environmental Policy and Science: An Introduction. In: Science, Technology & Human Values 26.4, 399–408.

H.O.M.E. (2011): Open letter to IPCC on geoengineering. Hands Off Mother Earth. http://www.handsoffmotherearth.org/wp-content/uploads/2011/06/IPCC_letter_080613-Eng.pdf (abgerufen 29.7.2011).

Harnisch, Sebastian (2012): Minding the Gap? CE, CO2 Abatement, Adaptation and the Governance of the Global Climate. In: S+F (Sicherheit und Frieden/Security and Peace) 30.4, 221–225.

Harnisch, Sebastian/Uther, Stephanie/Böttcher, Miranda (2015): From 'Go Slow' to 'Gung Ho'? Climate Engineering Discourses in the UK, the US, and Germany. In: Global Environmental Politics 15.2, 57–78. DOI: 10.1162/GLEP_a_00298.

Huttunen, Suvi/Skytén, Emmi/Hildén, Mikael (2014): Emerging policy perspectives on geoengineering: An international comparison. In: The Anthropocene Review 2.1, 14–32. DOI: 10.1177/2053019614557958.

International Maritime Organization (2013): Marine geoengineering including ocean fertilization to be regulated under amendments to international treaty. Briefing, 45. http://www.imo.org/MediaCentre/PressBriefings/Pages/45-marine-geoengieneering.aspx#.UwdlvIWtbm4 (abgerufen 21.2.2014).

IPCC (2014): Climate Change 2014. Impacts, Adaptation, and Vulnerability. Summary for Policymakers. In: Barros, Vicente R./Field, Christopher B./Dokken, David Jon/Mastrandrea, Michael D./Mach, Katharine J. et al. (Hrsg.): Intergovernmental Panel on Climate Change. Geneva. ipcc.ch/pdf/assessment-report/ar5/wg2/ar5_wgII_spm_en.pdf (abgerufen 26.3.2018).

Janich, Nina/Simmerling, Anne (2013): „Nüchterne Forscher träumen…". Nichtwissen im Klimadiskurs unter deskriptiver und kritischer diskursanalytischer Betrachtung. In: Meinhof, Ulrike Hanna/Reisigl, Martin/Warnke, Ingo H. (Hrsg.): Diskurslinguistik im Spannungsfeld von Deskription und Kritik. Berlin, 65–100.

Jonas, Hans (1979): Das Prinzip Verantwortung. Frankfurt am Main.

Kahan, Dan M./Jenkins-Smith, Hank C./Tarantola, Tor/Silva, Carol L./Braman, Donald (2015): Geoengineering and Climate Change Polarization: Testing a Two-Channel Model of Science Communication. In: The ANNALS of the American Academy of Political and Social Science 658.1, 192–222. DOI: 10.1177/0002716214559002.

Kaufmann, Franz-Xaver (1992): Der Ruf nach Verantwortung. Risiko und Ethik in einer unüberschaubaren Welt. Freiburg im Breisgau.

Keith, David W. (2000): Geoengineering the Climate: History and Prospect. In: Annual Review of Energy and the Environment 25.1, 245–284.

Keith, David W. (2013): A case for climate engineering. Boston.

Keller, Reiner (2004): Diskursforschung. Eine Einführung für SozialwissenschaftlerInnen. Opladen.

Keller, Reiner (2008): Wissenssoziologische Diskursanalyse. Grundlegung eines Forschungsprogramms. 2. Aufl. Wiesbaden.

Keller, Reiner (2013): Zur Praxis der Wissenssoziologischen Diskursanalyse. In: Keller, Reiner/Truschkat, Inga (Hrsg.): Methodologie und Praxis der Wissenssoziologischen Diskursanalyse. Wiesbaden, 27–68.

Lawrence, Mark G. (2006): The Geoengineering Dilemma: To Speak or not to Speak. In: Climatic Change 77.3–4, 245–248. DOI: 10.1007/s10584-006-9131-5.

Lin, Albert (2012): Does Geoengineering Present a Moral Hazard? University of California (UC Davis Legal Studies Research Paper Series, 312). http://ssrn.com/abstract=2152131 (abgerufen 26.3.2018).

Linnér, Björn-Ola/Wibeck, Victoria (2015): Dual high-stake emerging technologies: a review of the climate engineering research literature. In: WIREs Climate Change 6, 255–268. DOI: 10.1002/wcc.333.

Long, Jane C. S./Shepherd, John G. (2014): The Strategic Value of Geoengineering Research. In: Freedman, Bill (Hrsg.): Global Environmental Change. Dordrecht, 757–770.

Luhmann, Niklas (1976): Funktionen und Folgen formaler Organisation. 3. Aufl. Berlin.

Luhmann, Niklas (1991): Soziologie des Risikos. Berlin.

Luhmann, Niklas (1997): Die Gesellschaft der Gesellschaft. Frankfurt am Main.

Maas, Achim/Scheffran, Jürgen (2012): Climate Conflicts 2.0? Climate Engineering as a Challenge for International Peace and Security. In: S+F (Sicherheit und Frieden/Security and Peace) 30.4, 193–200.

Maslin, Mark/Austin, Patrick (2012): Uncertainty: Climate models at their limit? In: Nature 486.7402, 183–184. DOI: 10.1038/486183a.

Mieg, Harald A. (1994): Verantwortung. Moralische Motivation und die Bewältigung sozialer Komplexität. Opladen.

Minx, Jan C./Lamb, William F./Callaghan, Max W./Bornmann, Lutz/Fuss, Sabine (2017): Fast growing research on negative emissions. In: Environmental Research Letters 12.3, 35007. DOI: 10.1088/1748-9326/aa5ee5.

Mitcham, Carl (1987): Responsibility and Technology. The Expanding Relationship. In: Durbin, Paul T. (Hrsg.): Technology and responsibility. Dordrecht, 3-39.

Mitchell, David L./Mishra, Subhashree/Lawson, R. Paul (2011): Cirrus Clouds and Climate Engineering: New Findings on Ice Nucleation and Theoretical Basis. In: Carayannis, Elias G. (Hrsg.): Planet Earth 2011. Global Warming Challenges and Opportunities for Policy and Practice, 257-288.

Neuneck, Götz (Hrsg.) (2007): Zur Geschichte der Pugwash-Bewegung in Deutschland. Symposium der deutschen Pugwash-Gruppe im Harnack-Haus Berlin, 24. Februar 2006. Berlin.

NKGCF et al. (2012): Climate Engineering: Forschungsfragen einer gesellschaftlichen Herausforderung. Stellungnahme. Hrsg. vom Nationalen Komitee für Global Change Forschung (NKGCF), DFG Senatskommission für Ozeanographie (SKO), DFG Senatskommission Zukunftsaufgaben der Geowissenschaften (SKZAG). Bonn. http://www.dfg.de/download/pdf/dfg_im_profil/reden_stellungnahmen/2012/stellungnahme_climate_engineering_120403.pdf (abgerufen 26.3.2018).

Offe, Claus (2008): Governance. „Empty signifier" oder sozialwissenschaftliches Forschungsprogramm. In: Schuppert, Gunnar Folke/Zürn, Michael (Hrsg.): Governance in einer sich wandelnden Welt. Wiesbaden, 61-76.

Oldham, Paul/Szerszynski, Bronislaw/Stilgoe, Jack/Brown, Casey/Eacott, B./Yuille, A. (2014): Mapping the landscape of climate engineering. In: Philosophical Transactions of the Royal Society 372.2031. DOI: 10.1098/rsta.2014.0065.

Oschlies, Andreas/Klepper, Gernot (2017): Research for assessment, not deployment of Climate Engineering. The German Research Foundation's Priority Program SPP 1689. In: Earth's Future 5.1, 128-135. DOI: 10.1002/2016EF000446.

Ott, Konrad (1998): Verantwortung. In: Grupe, Ommo/Mieth, Dietmar (Hrsg.): Lexikon der Ethik im Sport. 2. Aufl. Schorndorf, 578-587.

Parson, Edward A./Keith, David W. (2013): End the Deadlock on Governance of Geoengineering Research. In: Science 339.6125, 1278-1279. DOI: 10.1126/science.1232527.

Proelß, Alexander (2013): Geoengineering and International Law. In: S+F (Sicherheit und Frieden/Security and Peace) 30.4, 205-211.

Rickels, Wilfried/Klepper, Gernot/Dovern, Jonas/Betz, Gregor/Brachatzek, Nadine/Cacean, Sebastian et al. (2011): Gezielte Eingriffe in das Klima? Eine Bestandsaufnahme der Debatte zu Climate Engineering. Sondierungsstudie für das Bundesministerium für Bildung und Forschung. Kiel Earth Institut. Kiel. http://www.kiel-earth-institute.de/projekte/forschung/resolveUid/d809 088ae83ba7e3873f9e71f59f243d (abgerufen 17.10.2011).

Ropohl, Günter (1996): Ethik und Technikbewertung. Frankfurt am Main.

Royal Society (2009): Geoengineering the climate: science, governance and uncertainty. London. http://royalsociety.org/policy/publications/2009/ geoengineering-climate/ (abgerufen 26.3.2018).

Schomberg, René von (2011): Introduction. Towards Responsible Research and Innovation in the Information and Communication Technologies and Security Technologies Fields. In: Schomberg, René von (Hrsg.): Towards responsible research and innovation in the information and communication technologies and security technologies fields. Luxembourg, 8–15.

Schomberg, René von (2013): A Vision of Responsible Research and Innovation. In: Owen, Richard/Bessant, John R./Heintz, Maggy (Hrsg.): Responsible innovation. Managing the responsible emergence of science and innovation in society. Chichester, 51–74.

Schramm, Michael (2001): Systemtheorie und Sozialethik. Methodologische Überlegungen zum Ruf nach Verantwortung. In: Merks, Karl-Wilhelm (Hrsg.): Verantwortung. Ende oder Wandlungen einer Vorstellung? Orte und Funktionen der Ethik in unserer Gesellschaft. 29. Internationaler Fachkongress für Moraltheologie und Sozialethik, September 1999. Tilburg. Münster, 105–134.

Secretariat of the CBD (2012): Geoengineering in Relation to the Convention on Biological Diversity. Technical and Regulatory Matters. Convention on Biological Diversity. Montreal. www.cbd.int/doc/publications/cbd-ts-66-en.pdf (abgerufen 26.03.2018).

Simakova, Elena (2012): Making Nano Matter: An Inquiry into the Discourses of Governable Science. In: Science, Technology & Human Values 37.6, 604–626. DOI: 10.1177/0162243911429334.

SRMGI – Solar Radiation Management Governance Initiative (2011): Solar radiation management: the governance of research. Royal Society; Environmental Defense Fund (EDF); TWAS. http://royalsociety.org/policy/projects/solar-radiation-governance/report/?f=1and (abgerufen 26.3.2018).

Stirling, Andrew (2008): Science, Precaution, and the Politics of Technological Risk. In: Annals of the New York Academy of Sciences 1128.1, 95–110. DOI: 10.1196/annals.1399.011.

Tufekci, Zeynep (2017): Twitter and tear gas. The power and fragility of networked protest. New Haven/London.

U.S. Global Change Research Program (2017): National Global Change Research Plan 2012–2021: A Triennial Update. Washington, D.C. https://downloads. globalchange.gov/strategic-plan/2016/usgcrp-strategic-plan-2016.pdf (abgerufen 26.3.2018).

Umweltbundesamt (2011): Geo-Engineering, wirksamer Klimaschutz oder Größenwahn? Methoden – Rechtliche Rahmenbedingungen – Umweltpolitische Forderungen. Unter Mitarbeit von Harald Ginzky, Friederike Herrmann, Karin Kartschall, Wera Leujak, Kai Lipsius, Claudia Mäder et al. www.uba.de/uba-info-medien/3978.html (abgerufen 30.10.2011).

UNFCCC – United Nations Framework Convention on Climate Change (2015): Adoption of the Paris Agreement. Geneva. http://unfccc.int/documentation/documents/advanced_search/items/6911.php?priref=600008831 (abgerufen 26.3.2018).

Wiertz, Thilo (2015): Visions of Climate Control. Solar Radiation Management in Climate Simulations. In: Science, Technology & Human Values 41.3, 438–460. DOI: 10.1177/0162243915606524.

Winickoff, David E./Brown, Mark B. (2013): Time for a Government Advisory Committee on Geoengineering Research. In: Issues in Science & Technology (Summer), 79–85.

Wood, Robert/Ackerman, Thomas P. (2013): Defining success and limits of field experiments to test geoengineering by marine cloud brightening. In: Climatic Change 121.3, 459–472. DOI: 10.1007/s10584-013-0932-z.

Zürn, Michael/Schäfer, Stefan (2013): The Paradox of Climate Engineering. In: Global Policy 4.3, 266–277. DOI: 10.1111/gpol.12004.

Nina Janich & Christiane Stumpf (Darmstadt)

Verantwortung unter der Bedingung von Unsicherheit – und was KlimawissenschaftlerInnen darunter verstehen

Abstract: This paper discusses the question of what is understood by the term *scientific responsibility*. The contextual focus for this discussion is climate research and geo-engineering. As this discipline is associated with inherent uncertainties (e.g. climate modelling, estimating the impacts of technology), we hypothesize that these uncertainties will quite possibly necessitate a close reflection on and debate about scientific responsibility. Our discussion proceeds in three steps: the first is to clarify the meaning of scientific uncertainty in the specific context of climate research. The second step is to show what questions are left open when the term *responsibility* is considered within the context of knowledge boundaries in scientific-historical terms (i.e. who is responsible for whom/what, given which specific norms/values/regulations). This leads to the third step, in which interviews with project leaders working on the DFG (German Research Association) Priority Research Project 1689 ‚Climate Engineering - Risks, Challenges, Opportunities (2013–2019)' are analyzed in order to determine how these open questions are decided on and, in the process, how both consensus and controversy arise among these researchers.

Keywords: Wissen – Unsicherheit – Verantwortung – Klimaforschung – Klimamodellierung – Klimapolitik – Climate Engineering – wissenschaftliche Werte – Politikberatung

1 Einleitung

Dieser Beitrag verdankt sich einem Forschungsprojekt zum Thema „Climate Engineering im Verhältnis von Wissenschaft und Politik: Kontroverse Deutungen wissenschaftlicher und politischer Verantwortung gegenüber der globalen Herausforderung Klimawandel", das von der Deutschen Forschungsgemeinschaft (DFG) im Rahmen des Schwerpunktprogramms 1689 „Climate Engineering – Risks, Challenges, Opportunities" 2013–2016 gefördert wurde.[1] Das Schwerpunktprogramm (2013–2019) dient der interdisziplinären Auseinandersetzung mit der Frage, unter welchen wissenschaftlichen/experimentellen, rechtlichen, politischen, sozialen und kommunikativen Bedingungen eine Erforschung und

---

1   Wir danken der DFG für die Finanzierung des Projekts und den am SPP beteiligten KollegInnen für die Unterstützung in Form gemeinsamer Diskussionen und der Bereitschaft, im Rahmen des Projekts an Interviews teilzunehmen.

Entwicklung von in das Klima eingreifenden Technologien (z. B. solche für Eingriffe in den Strahlenhaushalt der Erde oder für die Extraktion von CO_2 aus der Atmosphäre in Verbindung mit verschiedenen Lagerungstechnologien) überhaupt legitim und verantwortbar ist (vgl. die zugrunde liegende Stellungnahme der DFG 2012). Im Rahmen des genannten interdisziplinären Teilprojekts sollten aus sprachwissenschaftlicher und politikwissenschaftlicher Perspektive Verantwortungsdiskurse in der Klimaforschung (national, international und innerhalb des SPPs) rekonstruiert werden: Untersucht werden sollte, wie Akteure unterschiedlicher gesellschaftlicher Domänen – insbesondere aus Wissenschaft, Politik und Zivilgesellschaft – mit Blick auf Climate Engineering (CE) und die damit verbundenen Risiken und Potenziale epistemische, normative und institutionelle Aspekte und Argumente in den Klimawandeldiskurs einbringen. Ziel war es, Aufschlüsse zu erhalten sowohl über epistemische Gemeinschaften, die sich aufgrund gemeinsamer Wissensbestände, Diskurspositionen und Argumentationsmuster bilden, als auch über den Einfluss von Klimaregimen (wie beispielsweise dem Intergovernmental Panel on Climate Change/IPCC) auf den Diskurs und damit auch auf die Klimaforschung (vgl. für politikwissenschaftliche Ergebnisse des Projekts Matzner/Barben in diesem Band).

Ziel dieses sprachwissenschaftlichen Beitrags ist es nun, einen genaueren Blick darauf zu werfen, welche Verantwortungsbegriffe die am Schwerpunktprogramm (SPP) beteiligten WissenschaftlerInnen als zentrale AkteurInnen im CE-Diskurs vertreten. Es geht dabei keinesfalls darum zu bewerten, inwieweit in der Klimaforschung (oder im SPP) verantwortungsbewusst und verantwortlich gehandelt wird, d.h., es wird auch niemandem unterstellt, unverantwortlich zu handeln. Vielmehr soll die grundsätzliche Frage beantwortet werden, wie allgemeine und weitgehend konsensuale, nicht selten aber doch eher abstrakte Werte einer verantwortungsbewussten Wissenschaft von einzelnen WissenschaftlerInnen des SPP angesichts der konkreten Unsicherheiten, die in der Klimamodellierung und Technikfolgenabschätzung insbesondere im Kontext von Climate Engineering bestehen, ausbuchstabiert und auf welche Handlungsfelder sie tatsächlich bezogen werden. Motiviert wird dieser begrifflich-konzeptuelle Fokus auch dadurch, dass das genannte SPP auf eine Initiative einiger WissenschaftlerInnen zurückgeht, die sich selbst in ihren Anfängen als „Verantwortungs-Initiative der Wissenschaft" bezeichnet hat. In ihren „Kieler Thesen", verabschiedet 2009 bei einem der ersten Rundgespräche zur Vorbereitung des SPP, vertritt diese Initiative unter anderem die folgenden Forderungen:

Um zu verhindern, dass CE-Techniken ohne Risikoanalyse entwickelt oder gar eingesetzt werden, müssen die vorgeschlagenen CE-Maßnahmen mit ihren jeweiligen spezifischen Risiken und ihrem Klima-Potenzial wissenschaftlich eingehend untersucht werden. Die Risiken, das Potenzial und die Bewertung von CE-Optionen müssen transdisziplinär untersucht werden, um die technischen, natur- und sozialwissenschaftlichen Aspekte gemeinsam betrachten zu können. Neben den naturwissenschaftlichen und technischen Fragen müssen Entscheidungsprinzipien, Kontrollmechanismen und Governance-Strukturen entwickelt und bewertet werden. (Kieler Thesen 2009/2010 [internes Papier])

Verantwortungsbewusstsein wird hier implizit durch imperativische sprachliche Strukturen als notwendig gesetzt, indem bestimmte Handlungen eingefordert werden (*müssen untersucht werden, müssen entwickelt und bewertet werden*) und zugleich die Art und Weise ihrer Ausführung festgelegt wird (*wissenschaftlich eingehend, transdisziplinär*). Diese Forderungen werden explizit begründet mit möglichen Unterlassungsfolgen (*Um zu verhindern, dass CE-Technologien entwickelt oder gar eingesetzt werden*) sowie mit impliziten Werte-Postulaten (*um die technischen, natur- und sozialwissenschaftlichen Aspekte gemeinsam betrachten zu können;* d. h., es sind nicht nur naturwissenschaftliche Fragen zu beantworten, sondern der Klimadiskurs muss alle gesellschaftlichen Ebenen umfassen).

Diese kurze Zitatanalyse zeigt, dass ‚Verantwortung' ein Zuschreibungsbegriff ist, der mehrere Leerstellen aufweist (wer hat wofür wem gegenüber Verantwortung zu übernehmen, evtl. auch: warum/auf Basis welcher Verpflichtungen/ Normen o. a.), die situationsspezifisch unterschiedlich gefüllt sein können. Da CE im SPP entsprechend der „Kieler Thesen" vor allem im Hinblick auf „Risks, Challenges and Opportunities " (so der Untertitel des SPP) erforscht werden soll, wird im Folgenden zuerst knapp auf Unsicherheiten in der Klimamodellierung eingegangen. Dem Beitrag liegt die Hypothese zugrunde, dass diese Unsicherheiten den Verantwortungsbegriff in der Klima- und insbesondere der CE-Forschung besonders komplex machen (Abschnitt 2, vgl. auch ausführlich Oschlies in diesem Band). Es folgt die Skizze eines theoretisch gefassten Verantwortungsbegriffs (Abschnitt 3), um vor diesem Hintergrund schließlich die verschiedenen möglichen Dimensionen von Verantwortung in der Klimaforschung im Spiegel der Auffassungen von SPP-WissenschaftlerInnen zu rekonstruieren (Abschnitt 4).

2 Unsicherheiten in der Klimamodellierung

2.1 Begriffliche Klärung

Unter *Unsicherheit* verstehen wir, im Sinne eines noch unspezifischen Überbegriffs, unterschiedlichste Ausprägungen unsicheren Wissens bis hin zum Nichtwissen. Die terminologische Frage, ob sinnvoller von *Unsicherheit* oder von *Ungewissheit* zu sprechen ist, soll vorerst offen bleiben. In der englischsprachigen Forschung ist durchgängig von *uncertainty* die Rede, in deutschsprachigen wissenschaftlichen Texten tauchen aber gleichermaßen *Unsicherheit/unsicheres Wissen, Ungesichertheit* und *Ungewissheit* auf. Dabei fokussiert ersteres eher auf denjenigen, dem Unsicherheit zugeschrieben wird, während *Ungewissheit* (und *Ungesichertheit*) den Fokus eher auf die Referenzebene richtet, d. h., wie gewiss/ungewiss ein zu verhandelndes Wissen ist. Da im Folgenden auch *Verantwortung* als Zuschreibungsbegriff auf Personen behandelt wird, soll mit der Bevorzugung des Ausdrucks *Unsicherheit* verdeutlicht werden, dass es im Hinblick auf Ungewissheiten in Forschung und Wissenschaft auch ganz entscheidend darum geht, wie WissenschaftlerInnen/ Individuen mit wissenschaftlicher/ihrer Unsicherheit umgehen – und auf einer übergeordneten Ebene mit ihrer Verantwortung für den Umgang damit.

Um nun also verschiedene Ausprägungen unsicheren Wissens genauer differenzieren zu können, müssen zuerst zwei wesentliche Dimensionen von Wissen unterschieden werden, um eine dritte Dimension – die seiner epistemischen Qualität – besser fassen zu können (siehe ausführlicher Janich/Birkner 2015: 199–206):

(1) Wer ist der *Wissensträger*: Ein Individuum kann – einer Unterscheidung Kurt Russels folgend – Wissen durch Erfahrung (*learning by acquaintance*) oder durch Lernen (*learning by description*) erwerben; ein Kollektiv einigt sich dagegen diskursiv darauf, welches Wissen für die Gemeinschaft Gültigkeit besitzt (vgl. Warnke 2009: 118–122).

(2) Was ist die *Referenz des Wissens*: Grundsätzlich werden zumeist – in Anlehnung an Gilbert Ryle – ein prozedurales oder instrumentelles *knowing how* und ein deklaratives oder propositionales *knowing that* unterschieden, wobei sich dann letzteres noch weiter ausdifferenzieren lässt (z. B. in semantisches, logisches, empirisches, technikbasiertes oder historisches Wissen, vgl. P. Janich 2012). Die Ebene der Referenz ist wie gesagt zugleich jene, auf der es begrifflich eher um Ungewissheit statt um Unsicherheit geht.

(3) Unsicherheit kann nun – im Sinne einer dritten Dimension von Wissen – als eine Skala unterschiedlicher *epistemischer Qualitäten* von Wissen (eines Einzelnen, einer Gemeinschaft) verstanden werden: Unsicherheit auf der individuellen Ebene bedeutet, dass Nichtwissen oder nur Ahnung, Vermutung oder Meinung vorliegt, d. h., dass (a) ein Sachverhalt unbekannt ist (Nichtwissen), (b) nicht klar sprachlich ausgedrückt und formuliert werden kann (Ahnung), dass er (c) formulierbar, aber subjektiv noch nicht gültig ist (Vermutung) oder dass er (d) formulierbar und subjektiv gültig, aber noch nicht transsubjektiv begründet ist (Meinung) (P. Janich 2012: 28; vgl. ähnlich Leibniz 1996/1684: 9–15). Unsicherheit

auf der kollektiven Ebene bedeutet, dass (a) Wissen fehlt (im Sinne eines nicht weiter kommunizierbaren *unkown unkown* oder eines als Wissensdesiderat identifizierbaren *known unkown*) oder dass (b) der Geltungsgrad des Wissens unklar und umstritten bzw. etwas nicht als Wissen allgemein anerkannt wird (*unknown known*) (vgl. auch Kerwin 1993).

Dabei beziehen sich die jeweiligen Unsicherheiten inhaltlich-referenziell auf ganz Unterschiedliches: in der Wissenschaft z. B. auf die Datengrundlage, auf Methoden der Datengenerierung, auf die Interpretierbarkeit von Ergebnissen u. a. Unsicherheit ist demnach ein unvermeidlicher bzw. selbstverständlicher Teil des wissenschaftlichen Alltags (vgl. Wehling in diesem Band).

2.2 Beispiel Klimamodellierung

Unsicherheiten und Ungewissheiten finden sich in der Klimamodellierung – als einem zentralen methodischen Bezugspunkt von CE-Forschung – zum Beispiel auf folgenden Ebenen (so das Ergebnis eines Workshops des SPP in Kassel 2014: Janich/Stumpf 2015; vgl. auch Oschlies in diesem Band):

- Unsicherheiten des Messens (z. B. Standardabweichungen oder Standardfehler), die – obwohl zufällig – doch weitgehend bekannt und berechenbar sind;
- Unsicherheiten bezüglich der Parameter (z. B. systematische Fehler), über deren Vollständigkeit keine Sicherheit herrscht;
- unsichere Parameter (z. B. wenn zu einem Parameter keine Daten gewonnen werden können oder wenn ein Parameter nicht adäquat beschreibbar oder ins Modell integrierbar ist);
- prozessuale Unsicherheiten (z. B. wenn die Modellmechanismen nicht bekannt bzw. zu komplex zum Nachvollzug sind oder wenn Unsicherheiten durch die Nutzung fremder Daten oder Modelle entstehen);
- Unsicherheiten bezüglich der Resultate, entweder in Form pragmatischer Unsicherheiten (z. B. wenn ein Modell zugunsten einer besseren/klareren/ erfolgreicheren Modellierung explizit auf einzelne Parameter verzichtet) oder in Form fundamentaler Unsicherheit (z. B. wenn der Gegenstand – wie das Klima – so komplex ist, dass Unsicherheit jeder Modellierung von vornherein inhärent ist);
- Unsicherheiten bezüglich der Relevanz der Ergebnisse (z. B. wenn die Resultate verschiedener Modelle widersprüchlich zueinander ausfallen, auf verschiedene Fragen antworten oder in der *scientific community* nicht akzeptiert werden);
- Unsicherheiten über die Fragestellung (z. B. weil in einem solchen dynamischen Forschungsfeld nicht immer eindeutig klar ist, welche Fragen wann und wie zu stellen sind und wie die verschiedenen Fragen miteinander zusammenhängen).

Klimamodellierung ist demnach – von der Auswahl der Fragestellung über Mo-
dellierungsprozesse bis zur Ergebnissicherung – ohne Unsicherheiten undenkbar,
wenn diese auch von unterschiedlicher Qualität und Berechenbarkeit sind. Bei
Climate Engineering kommen weitere Unsicherheiten hinzu, beispielsweise wie
effektiv bestimmte technologische Eingriffe ins Klima sind, wie unterschiedlich
kurz-, mittel- und langfristig sie wirken können, wie sich lokale Maßnahmen
global auswirken und ob und inwiefern die Eingriffe reversibel sind (vgl. genauer
Matzner/Barben in diesem Band). Es kann demnach berechtigterweise gefragt
werden, wie angesichts solcher Unsicherheiten verantwortungsvoll zum Klima
geforscht und vor allem über Forschung kommuniziert werden kann.

3 *Verantwortung* – ein mehrdimensionaler Begriff

Im Folgenden wird postuliert, dass durch Bedeutungsanalysen ein sogenannter
„Wissensrahmen" für das begriffliche Konzept ‚Verantwortung' rekonstruiert
werden kann. Wissensrahmen bestehen laut Busse (2008: 71) aus Komponenten,
die „von ihrem Grundaufbau her immer durch Stabilität und Variabilität zugleich
gekennzeichnet" sind und nicht selten wieder selbst Wissensrahmen darstellen.
Sprachliche Zeichen dienen dazu, auf solche Wissensrahmen zurückzugreifen und
sie dabei zugleich zu aktivieren: „Rahmen (Frames) etc. sind also letztlich Muster
der Wissensverarbeitung und Wissensaktivierung" (Busse 2015: 160). Der Begriff
der Verantwortung weist nun, wie eingangs gezeigt, zahlreiche Leerstellen auf, die
situations- und sprecher- bzw. textspezifisch unterschiedlich gefüllt sein können.
Diese Leerstellen, im Folgenden in linguistisch-syntaktischer Terminologie *Valenzstellen* genannt, sollen Gegenstand der folgenden zuerst wissenschaftshistorisch-
theoretischen, dann der aktuell-empirischen Rekonstruktionen sein.

Betrachtet man Bedeutung und Geschichte des Ausdrucks *Verantwortung*,
so tritt dieser erst ab der zweiten Hälfte des 15. Jahrhunderts in Erscheinung.
Es handelt sich um eine Substantivableitung des Verbs *verantworten*, das mit
zweierlei Bedeutung verwendet werden kann:

> 1. Als ein Activum, von Sachen, und auch hier nur in engerer Bedeutung, Rede und
> Antwort, d. i. Rechenschaft, von einer Handlung geben, eine begangene Handlung ver-
> theidigen. Das will ich verantworten. Das läßt sich unmöglich verantworten. [...] 2. Von
> Personen, als ein Reciprocum, sich verantworten, sein Betragen, seine Handlungen mit
> Worten vertheidigen, ihre Rechtmäßigkeit behaupten. [...] Sich vor jemanden, gegen
> jemandem, im gemeinen Leben auch, bey jemanden verantworten. Sich vor Gericht
> verantworten. (Adelung 1811: Sp. 988)

Aus der Bedeutungsbeschreibung von *verantworten* geht schon hervor, dass es
einerseits um die Rechenschaft über *Handlungen* geht und andererseits um ein

Phänomen der Sprache und der Kommunikation (*Rede und Antwort geben, mit Worten vertheidigen, Rechtmäßigkeit behaupten*). Auch die drei zentralen Valenzstellen des Verbs *verantworten* sind hier schon angedeutet: ,jemand verantwortet etwas (oder sich) jemandem gegenüber'. In Bezugsgrößen wie *Rechenschaft geben, Rechtmäßigkeit behaupten* oder *vor Gericht* zeigt sich eine weitere qualitative Valenz: Man verantwortet sich in der Regel vor dem Hintergrund eines gemeinsamen Normensystems (zum Beispiel in Gesetzen festgehalten).

Das Substantiv *Verantwortung* ist ein Abstraktum zu diesem Verb, das in seiner Bedeutung die Valenzstellen des Verbs übernimmt und in der handlungstheoretischen und ethischen Diskussion häufig um weitere Valenzstellen erweitert wird:

> *jemand* – V.-Subjekt, V.-Träger, Person, Korporation – ist *für* etwas – Handlungen, Handlungsfolgen, Zustände, Aufgaben usw. – *gegenüber* einem Adressaten und *vor* einer Sanktions-, Urteilsinstanz *in bezug auf* ein normatives Kriterium *im Rahmen eines* V.- und Handlungsbereiches verantwortlich. Die V.-Zuschreibung selbst ist mehrdimensional: Sie kann *beschreibend* versuchen, die Ursächlichkeit, die Handlungs(folgen)-V. zu ermitteln. Sie kann *normativ* entweder rechtlich Haftbarkeiten oder Schuld oder moralisch Tadelnswürdigkeit bzw. Schuld oder Lobenswürdigkeit zuerkennen. <V.> ist überdies *Familienbegriff*, der sehr verschiedene Arten der V. umfaßt. (Ritter et al. 2001: 570)

Wichtig ist, dass es sich sowohl beim deskriptiven als auch beim normativen Verständnis von *Verantwortung* nicht um ein Phänomen, um eine ontologische Größe handelt, sondern um einen Zuschreibungsbegriff, der an Handlungen von Personen und deren Bewertung in einer Gemeinschaft gebunden ist:

> Damit V. entstehen kann, muß es ein handelndes Subjekt geben, das V. übernehmen, d. h. Rechenschaft abgeben oder zur Rechenschaft gezogen werden kann. Diese V. bezieht sich auf eine Handlung oder die Wirkungen eines Handelns als sein Objekt, und sie wird übernommen gegenüber oder eingefordert von einer Instanz. (Mittelstraß et al. 1996: 499)

Handeln wird dabei – im Unterschied zu Verhalten, das einem widerfährt – bestimmt als etwas, zu dem aufgefordert werden kann, das demnach auch unterlassen werden kann und für das dem Handelnden Verdienst oder Schuld zugeschrieben wird (P. Janich 2001: 26 f.). Jemandem (oder sich selbst) Verantwortung für eine Handlung (oder auch eine Unterlassung; vgl. im Strafrecht den Fall der unterlassenen Hilfeleistung) zuzuschreiben, bedeutet genau diese Zuschreibung von Schuld oder Verdienst, und zwar vor dem Hintergrund des gesellschaftlichen Kontextes einer Handlung und der Zurechnungsfähigkeit der verantwortlichen Person:

> Damit eine Person Subjekt der V. werden kann, muß sie überhaupt zurechnungsfähig und darüber hinaus für die Wirkungen des Handelns, um die es geht, zuständig sein (Zurechnung). (Mittelstraß et al. 1996: 499)

Außer der konkreten Handlung des Rechenschaft-Ablegens, des sich Verant-wortens, hat *Verantwortung* demnach auch die abstraktere Bedeutung „Zustand der Verantwortlichkeit', wo die Handlung der Verantwortung nur als Möglichkeit besteht" (Grimm/Grimm 1956) – zum Beispiel kann jemand in einer Leitungs-funktion auch Verantwortung zu übernehmen haben für das Handeln anderer, die ihm unterstellt sind und als Angehörige einer Institution handeln (Mittelstraß et al. 1996: 499 f.). Auch ein solcher ‚Zustand' entsteht allerdings erst durch Zu-schreibung.

Dabei werden Fragen der Zuständigkeit in organisierten vs. nicht-organisierten Kollektiven in Philosophie und Ethik intensiv diskutiert:

> In bezug auf das Verhältnis von individueller und kollektiver V. werden zwei Positionen vertreten: die des Reduktionismus oder des ethischen Individualismus, für die V. immer und ohne Rest auf Individuen zurückführbar ist, und die des Kollektivismus oder Kor-porativismus, für die es eine eigenständige – auch moralische – V. von Kollektiven bzw. Korporationen gibt. (Ritter et al. 2001: 571)

Fragen dieser Art stellen sich auch den einzelnen WissenschaftlerInnen, ins-besondere wenn sie mit Daten arbeiten, die sie nicht selbst gewonnen haben, wenn sie Modellierungen verwenden, die sie nicht selbst entwickelt haben und deren Algorithmen sie selbst nicht vollständig nachvollziehen können, wenn sie institutionell in eine bestimmte Forschungspolitik eingebunden sind, wenn sie für wissenschaftlichen Nachwuchs verantwortlich sind und/oder wenn sie sich ent-scheiden müssen, in welcher Form und wem gegenüber sie ihre Forschungsergeb-nisse kommunizieren (ob nur wissenschaftsintern oder z. B. auch im Rahmen wissenschaftlicher Politikberatung). In der Klimaforschung und besonders im Forschungsfeld Climate Engineering kommt hinzu, dass „die Wirkungsmöglich-keiten des Handelns weit über den jeweils eigenen Erfahrungsbereich hinaus" gesteigert sind und deshalb zu fragen ist, „ob damit auch der Bereich der V. über die Grenzen eigener Erfahrungsmöglichkeiten hinaus ausgedehnt werden muß" (Mittelstraß et al. 1996: 500).

Generell kontrovers wird schließlich die Frage der zuständigen Instanz, der gegenüber man verantwortlich ist, diskutiert:

> Die Antworten auf diese Frage reichen von Gott über die Menschheit (einschließlich der künftigen Generationen), die von den Wirkungen des zu verantwortenden Handelns Betroffenen oder die an dem Diskurs darüber beteiligten bis hin zu der Natur oder dem Sein als solchem. (Mittelstraß et al. 1996: 500)

Dabei sind diejenigen, *vor* denen ein Handeln zu rechtfertigen ist, zu unterschei-den von denjenigen, *für* die Verantwortung zu übernehmen ist (ebd.). Die Iden-tifikation letzterer ist dabei wesentlich weniger strittig als die der ersteren, da weitgehend Konsens darüber besteht, „daß wir mit unserem Handeln auch für die künftigen Generationen und die nicht-menschliche Natur eine V. tragen" (ebd.). Es zeigt sich, dass Verantwortungsbegriffe immer mehrstellig sind, dabei aber unterschiedlich weit, mit mindestens drei bis fünf Valenzstellen, ggf. auch mehr, ausdifferenziert werden können. Im Folgenden wird zu fragen sein, welche dieser Valenzstellen von den befragten SPP-Beteiligten in welcher Weise gefüllt werden, wenn es um (wissenschaftliche) Verantwortung in der Klimaforschung geht.

4 Verantwortung in der Klimaforschung

4.1 Bezugsnormen in der Wissenschaft

In den Vorbemerkungen der Empfehlungen zur guten wissenschaftlichen Praxis der Deutschen Forschungsgemeinschaft (DFG) heißt es:

> Wissenschaftliche Arbeit beruht auf Grundprinzipien, die in allen Ländern und in allen wissenschaftlichen Disziplinen gleich sind. Allen voran steht die Ehrlichkeit gegenüber sich selbst und anderen. Sie ist zugleich ethische Norm und Grundlage der von Disziplin zu Disziplin verschiedenen Regeln wissenschaftlicher Professionalität, das heißt guter wissenschaftlicher Praxis. Sie den Studierenden und dem wissenschaftlichen Nachwuchs zu vermitteln gehört zu den Kernaufgaben der Hochschulen. (DFG 2013: 13)

Hier wird auf grundlegende und konsensuale Werte referiert, wie sie spätestens seit Anfang des 20. Jahrhunderts gelten. Seit Max Webers Aufsatz „Wissenschaft als Beruf" (1919) schlagen sie sich in unterschiedlicher Akzentuierung in der Wissenschaftstheorie nieder und wurden beispielsweise von Robert Merton (1938) im Angesicht drohender Politisierung und Instrumentalisierung von Wissenschaft im Kontext politischer Diktaturen zu grundsätzlichen Werten der Wissenschaft und der Forschung erhoben. Zu den sog. *mertonian values* zählen dabei

- der Universalismus (*universalism*) der Wissenschaft (d. h. der Anspruch der intersubjektiven Geltung und der Reproduzierbarkeit von wissenschaftlicher Erkenntnis),
- die Interessensneutralität (*desinterestedness* und *impersonality*) von Wissenschaft (d. h. der schon von Weber formulierte Anspruch, dass wissenschaftliche Erkenntnis nicht der Erhöhung und dem Image des Einzelnen oder einem individuellen Nutzen, sondern dem allgemeinen Fortschritt zu dienen habe, und sich der Forscher/die Forscherin also durch seine/ihre Spezialisierung legitimiere, nicht aber etwa durch Charisma oder gar durch die Befriedigung politischer oder wirtschaftlicher Interessen),

- der Allgemeingut-Charakter (*communism*) von Wissenschaft (d. h. insbesondere der Anspruch, dass wissenschaftliche Erkenntnisse notwendigerweise öffentlich gemacht werden sollen, weil sie dem Nutzen aller dienen sollen),
- die eristische Grundhaltung jeder Wissenschaft (*organized scepticism*) (d. h., dass Wissenschaft vom Zweifel und der Kontroverse lebt, die Erkenntnis erst ermöglichen sowie legitimieren – vgl. schon Aristoteles' Postulate der Dialektik und Eristik) sowie
- die Integrität (*integrity*) und „intellektuelle Rechtschaffenheit" (*intellectual honesty*), wie Weber sie schon genannt hat und die im Verweis auf „Ehrlichkeit" auch im DFG-Zitat anklingt (bei Weber ist hier insbesondere auch die Ehrlichkeit gemeint, die dazu führt, dass der Wissenschaftler/die Wissenschaftlerin nicht vorgibt, *Sinnfragen* wissenschaftlich beantworten zu können).

Diese Postulate gelten trotz vielfacher Diskussion und Kritik in ihrem Kern bis heute, werden im Forschungsdiskurs aber unterschiedlich ausdifferenziert, ausgelegt und zur Grundlage von Handlungsbewertungen gemacht (vgl. am Beispiel interdisziplinärer Tagungsdiskussionen z. B. die Befunde von Rhein 2015 sowie den Beitrag von Rhein in diesem Band). Zudem wurden und werden sie unter dem Eindruck zunehmender Industrie- und Technikforschung neu reflektiert und im Hinblick auf die Verantwortung der Wissenschaft sogar noch ausgeweitet (vgl. z. B. Schomberg 2012 zum Programm *Responsible Research and Innovation/RRI*). Stilgoe et al. (2013) gehen in ihrem „framework" für verantwortungsvolle Innovation beispielsweise davon aus, dass WissenschaftlerInnen – wollen sie verantwortungsvoll wissenschaftlich handeln – auch Geboten zu folgen haben wie der Berücksichtigung konkreter gesellschaftlicher Bedürfnisse und der angemessenen Reaktion auf sich wandelnde gesellschaftliche Ansprüche (d. h. Umakzentuierung der *desinterestedness* zu einer *responsiveness*), dass Gesellschaft stärker auch an der Produktion wissenschaftlicher Erkenntnis partizipieren solle (d. h. Zuspitzung des *communism* zum Anspruch der *inclusion*), dass Intersubjektivität und Kontroverse durch eine starke Reflexivität (*reflexivity*) jeder wissenschaftlichen Erkenntnis gestützt werden sollten und dass schließlich intellektuelle Rechtschaffenheit auch die Antizipation (*anticipation*) möglicher Gebräuche oder Missbräuche wissenschaftlicher Erkenntnisse einschließen müsse.

Dass Wissenschaft solchen Forderungen entsprechend einem sehr viel höheren Anspruch ausgesetzt wäre als „nur" dem der Ehrlichkeit und des Arbeitens entsprechend den *leges artis*, wie dies die DFG formuliert, steht außer Frage. Wie legitim solche Ansprüche an Wissenschaft sind und ob und wie die Wissenschaft ihnen konkret gerecht werden könnte, soll hier jedoch nicht diskutiert werden, dies ist Gegenstand einer umfassenderen forschungsethischen Diskussion und Wissenschaftskritik. Diese Verweise haben in erster Linie die Funktion, den historischen Hintergrund und aktuellen Kontext zu skizzieren, vor dem die heutigen Natur- und Technikwissenschaften betrieben und im Blick auf ihre Verantwortung (im Sinne eines ‚Zustands von Verantwortlichkeit‘) möglicherweise wissenschaftsintern wie -extern bewertet werden. Vor allem aber soll damit angedeutet werden, dass das Referenzsystem an Normen und Werten, vor dessen Hintergrund Wissenschaft sich selbst Verantwortung zuschreibt (oder diese von der Gesellschaft zugeschrieben bekommt), historisch bedingt einerseits einen konsensualen Kern aufweist, sich andererseits aber in der zeit-, kultur- und fachspezifischen Konkretisierung auch partiell unterscheiden kann. Weitreichende Ansprüche wie die von RRI-Initiativen werden dabei durchaus auch vor dem Hintergrund technologischer Entwicklungen problematisiert, deren Handlungswirkungen und (nicht-intendierten) Nebenfolgen kaum mehr absehbar sind (siehe oben unter 3). Jonas (1993: 85) beispielsweise geht davon aus, dass die Anforderungen an die Verantwortlichkeit des Einzelnen proportional zu den Taten der Macht wachsen: Der Umgang mit Technik versetze den Menschen dabei in eine Rolle, „die nur die Religion ihm manchmal zugesprochen hatte: die eines Verwalters und Wächters der Schöpfung" (Jonas 1993: 86).

Nicht zuletzt Fragen und Probleme dieser Art haben im Forschungsfeld Climate Engineering in Deutschland zur Einrichtung des genannten Schwerpunktprogramms 1689 geführt, weshalb den WissenschaftlerInnen, die im Rahmen dieses SPP forschen, eine besonders intensive Reflexion von und Auseinandersetzung mit wissenschaftlicher Verantwortung unterstellt werden kann.

4.2 Dimensionen von Verantwortung in der CE-Forschung – ganz konkret

Die zentrale Fragestellung des folgenden Abschnitts lautet, was wissenschaftliche Verantwortung nun ganz konkret in der Klimaforschung bedeuten kann, d. h., welche Verantwortungszuschreibungen KlimaforscherInnen im SPP vornehmen bzw. als Selbstzuschreibungen annehmen und zu akzeptieren bereit sind. Dabei interessiert im vorliegenden Fall besonders der Zusammenhang mit den Unsicherheiten in der Klimamodellierung einerseits, mit den unsicheren Technikfolgen von CE-Technologien andererseits: Wie gehen die einzelnen WissenschaftlerInnen mit Blick auf mögliche CE-Technologien mit den zwangsläufigen Unsicherheiten der Klimamodellierung und der Technikfolgenabschätzung um – inwieweit entlasten diese die einzelnen WissenschaftlerInnen eher von Verantwortung (vgl. die Funktionen von Unsicherheitsthematisierungen in wissenschaftlichen Texten als theoretische und/oder methodische Vorbehalte/*caveats*; Stocking/Holstein 1993: 191–193) oder führen umgekehrt zu höheren Rechtfertigungsansprüchen, und dies gegenüber wem?

Die Materialgrundlage für die folgende Auswertung stellen 17 leitfadengestütz-
te Interviews mit Projektverantwortlichen des SPP dar. Gefragt wurden sowohl
Natur- als auch Geistes- und SozialwissenschaftlerInnen nach ihren Einschätzungen bezüglich einer verantwortungsbewussten Klimaforschung und Klimafor-
schungspolitik, nach der Bedeutung der Klimawissenschaft *für* die Klimapolitik
(bzw. der Rolle der KlimawissenschaftlerInnen *in* der Klimapolitik) sowie nach
den Unsicherheiten in der CE-Forschung und die durch sie entstehenden Herausforderungen für die einzelnen WissenschaftlerInnen. Die folgenden Inter-
viewausschnitte, die vor allem aus Interviews mit NaturwissenschaftlerInnen
stammen, weil diese von Verantwortungszuschreibungen im Feld der Klimaforschung unmittelbar betroffen sind, folgen dem Originalwortlaut und werden
qualitativ-hermeneutisch danach ausgewertet, auf welche Valenzstellen des Verantwortungsbegriffs (vgl. Abschnitt 3) sie Bezug nehmen. Dabei wird geprüft, wo
Konsens und wo Kontroversen bestehen und was sich auf traditionelle Werte von
Wissenschaftlichkeit (vgl. Abschnitt 4.1) beziehen lässt.

4.2.1 Wem wird Verantwortung zugeschrieben?

An den Verantwortungszuschreibungen in den Interviews ist spannend, ob
und wann sie sich eher auf PolitikerInnen oder eher auf WissenschaftlerInnen
oder auf die Gesellschaft als Ganzes beziehen. Dabei lassen sich kollektive von
personalen Zuschreibungen ebenso unterscheiden wie Fremd- von Selbstzuschreibungen.

Grundsätzlich scheint es einen großen Konsens zu geben, dass „wir alle", d. h.
die Gesellschaft unter Führung der Politik, für das Klima und die damit zusam-
menhängenden politischen wie forschungspolitischen Entscheidungen verantwortlich sind.

(1) *Wenn Sie jetzt fragen, welche Institutionen sollten zur Lösung des Klimawandels beitragen – ich denke, das ist ein gesamtgesellschaftlicher Auftrag, und ja, ich denke, da sind
natürlich politische Institutionen ganz vorne zu nennen.*

Als Konnex zwischen Politik und Wissenschaft gilt dabei häufig das Intergovernmental Panel on Climate Change (IPCC). Dem IPCC, der regelmäßig über
den Stand der Klimaforschung berichtet und auf dieser Basis politische Handlungsoptionen formuliert, wird dabei eine Art korporative Stellvertreterfunktion
zugeschrieben, was die Gewährleistung eines objektiven Gesamtüberblicks über
den – mehr oder weniger aktuellen – wissenschaftlichen Erkenntnisstand zum
Klimawandel betrifft, wie er von einem/einer einzelnen WissenschaftlerIn nicht
zu erwarten ist:

(2) *Also, ich denke, mit dem IPCC ist in der Klimaforschung schon viel mehr geschaffen als in vielen anderen Forschungsbereichen. Also da hat sich die Community ja wirklich aufgerafft und auch viel investiert.*

(3) *Naja, ich glaube, das ist schon eine ganz bemerkenswerte Sache, dass man es schafft, so einen Konsens-Report zu machen zu diesem schwierigen Thema, das halte ich für eine sehr gute Initiative [...] es ist natürlich ein wunderbares Nachschlagewerk, denn [...] wenn Sie gucken, was die Breite der Sache ist, werden Sie [...] keinen Wissenschaftler finden, der auf der Breite des IPCC arbeitet, sodass also eine gute Referenz ist.*

(4) *Das hat den ganz großen Vorteil, dass man dort [im IPCC] die Autorität delegiert an die Gemeinschaft, die aber auch mit dem Akteur, mit der Politik zusammen, bis hin zur Handlungsempfehlung da abliefert. Aus meiner Sicht ist das nach wie vor die größte Autorität, die da ist; nichts ist perfekt, aber es ist deutlich besser, das so zu handeln, als zu sagen: Expertin so und so weiß da wirklich gut Bescheid, die befragen wir um Rat.*

Die zentrale Leistung des IPCC besteht aus Sicht der befragten WissenschaftlerInnen im Wesentlichen aus zweierlei, was in den obigen Zitaten schon in Stichwörtern wie *Nachschlagewerk* und *Autorität* anklingt: nämlich erstens besser als der/die einzelne WissenschaftlerIn zeigen zu können, wo bereits Konsens und wo noch Unsicherheiten und Wissenslücken auszumachen sind, und zweitens den anthropogenen Klimawandel als ein auch politisch akzeptiertes wissenschaftliches Faktum in der Öffentlichkeit zu etablieren:

(5) *Ich glaube, das ist extrem hilfreich sagen zu können, das ist kein Dokument von irgendwelchen, ja, Klimaforschern, die ihre zukünftigen Mittel sichern wollen oder ähnliches, das sind Regierungen [...], die haben alle diesem Dokument zugestimmt, und ich glaube, das ist sehr kraftvoll, diese Botschaft, [...] also diese Aussage: Schaut mal, [...] da steht drin, wie sich das Klima verändert. Und das ist eine akzeptierte Sichtweise von fast zweihundert Regierungen dieser Welt, das ist, glaube ich, extrem wichtig. Und ist auch wieder diese Diskussion auch: Man weiß ja gar nicht so richtig genau – natürlich weiß man manche Dinge nicht richtig genau, aber es gibt sehr viel Wissen, [...] was hier zusammengefasst ist, und sagen zu können, das ist ein Konsens nicht nur unter einzelnen dahergelaufenen Wissenschaftlern, ist, glaube ich, unglaublich viel wert. [...] Allerdings ist das natürlich auch ein durchaus wichtiges wissenschaftliches Verfahren, dass man sich auch in der Forschung versucht klar zu machen, was ist eigentlich der Wissensstand und wo sind die Lücken, und das fördert natürlich dann auch wieder dann die Forschung später zu fokussieren, nämlich auf die Lücken. Also von daher – ich bin froh, dass es den gibt.*

(6) *Zu ersterem – ich glaube, das IPCC hat eine ganz große Bedeutung, [...] es hat einen maßgeblichen Beitrag dazu geleistet, dass die Klimawandeldebatte in der allgemeinen Bevölkerung verankert werden konnte, und das ist wichtig und das ist gut. Ich glaube auch tatsächlich, dass es ja ein beispielloser Versuch ist, so viel Expertise wie nur irgendwie möglich zusammenzutragen. [...] Was die Forschungsagenda anbelangt, glaub ich auch, dass die Schlussfolgerung, die Assessment Reports des IPCC, von großer Bedeutung sind,*

einfach deshalb, weil sozusagen die Berichte einen Beitrag dazu leisten genau zu iden-
tifizieren, an welcher Stelle die Unsicherheit, die wissenschaftliche Unkenntnis besonders
verbreitet ist, sodass man dort dann ansetzen kann, ich glaube schon insofern, dass die
Rolle bedeutsam ist.

Die am IPCC Beteiligten bieten als Expertengemeinschaft also eine Orientierung
für Wissenschaft, Politik und Öffentlichkeit, womit sie aber zugleich die Verantwortung an Wissenschaft und Politik zurückgeben im Hinblick auf noch notwendige Forschung und angemessene politische Reaktionen. Dabei wird die Leistung
des IPCC in einer durchaus ambivalenten Weise sowohl als eine korporative (vgl.
die bisherigen Zitate) wie auch als eine personale (vgl. Zitate 7 und 8) angesehen
und zum Teil mit explizit normativen Zuschreibungen von Verantwortung versehen (vgl. Zitat 8):

(7) *Dass dabei Fehler gemacht werden und dass auch Manipulationsversuche unternom-*
men werden, ist nur menschlich, das verblüfft mich nicht, mich verblüfft eher, dass einen
das überrascht, dass es vorkommt. Es ist immer so, wenn Menschen agieren.

(8) *Der IPCC ist eine Auftragsarbeit der Staatengemeinschaft [...] Oder, wenn Sie so*
wollen, der Staaten mit [...] ihren Außenministerien. Die wiederum haben gesagt, wir
können das aber nicht im politischen Rahmen machen, sondern wir werden dafür natürlich
Experten holen müssen, die uns das vorhandene Wissen synthetisieren und uns beraten. Die
aber auch gesagt haben, was am Ende dabei raus kommt, soll ja für uns politisch relevant
sein. Das heißt, bei dem Ergebnis wollen wir auch ein Wort mitreden, ne, da kann also
nichts Beliebiges drin stehen. [...] Und das ist leider so verstanden, dass es auch Leute da
gibt, die behaupten, ich arbeite für den IPCC, wo ich immer denke: Wie jetzt? Ihr seid doch
der Forschung verschrieben und sollt Informationen für Klimaforschung entwickeln und die
einzige Rolle des IPCC, das Wissen zu-abzuprüfen auf Konsens und was Konsensfähiges
schreiben, ja auch was kontrovers diskutiert wird in der Wissenschaft, wie hoffentlich alles,
wird eben auch als kontrovers eingeordnet. Das heißt, das ist kein naturwissenschaftlicher
Forschungsprozess und auch überhaupt kein Erkenntnisprozess, sondern man sagt einfach
nur, wir haben imperfektes Wissen und wir versuchen einen Zwischenstand zu machen und
das Beste, was wir können, ist einfach abzufragen: Gibt es Konsens oder nicht. Das ist kein
Gütesiegel, weil auch der IPCC kann falsch sein.

Da das IPCC und seine Berichte aus Sicht der Befragten in erster Linie den wissenschaftlichen Konsens, weniger den Dissens repräsentieren (vgl. *Konsens-Report*
(3); *Autorität* (4); *akzeptierte Sichtweise* (5); kritisch hierzu vor allem Zitat 8),
und weil die starke Beteiligung der Politik am IPCC nicht unkritisch gesehen
wird (vgl. Zitate 8 und 10), entlastet das IPCC daher nicht den/die einzelne/n
WissenschaftlerIn von sorgfältiger Prüfung und Zweifel:

(9) *Also glaub ich, wenn es der IPCC veröffentlicht hat, bedeutet das nicht, dass man das einfach für bare Münze nehmen kann, sondern man muss es natürlich genauso in Zweifel ziehen, wie jedes andere Dokument auch, das ist halt unsere Aufgabe.*

(10) *Das Endgame liegt in der wissenschaftlichen Diskussion, und das kann auch sein, dass eine Außenseitermeinung irgendwann mal die richtige ist. Das [die Arbeit des IPCC] ist ein ganz anderer Prozess, und wer den verwechselt mit dem ureigenen Forschungsprozess, der begibt sich da in ein ganz schwieriges Fahrwasser.*

Das IPCC steht in Äußerungen wie diesen also nicht stellvertretend für die Wissenschaft, sondern wird als ein politikberatendes Gremium betrachtet, dessen korporative Verantwortung die personale nicht ablöst, nicht von ihr entlastet – im Gegenteil bleibt der Merton'sche Wert des *organized scepticism* als invarianter Anspruch auch an den Einzelnen bestehen (und dies sowohl als einem koordiniert-korporativ als auch einem unkoordiniert neben und mit anderen gemeinschaftlich in der Forschung Handelnden):

Von ,kollektiver V. im allgemeinen' wird gesprochen, wenn im entsprechenden Handlungszusammenhang mehr als ein einzelner verantwortlich ist. Zwei Fallgruppen kollektiven Handelns stehen dabei im Vordergrund: das unkoordinierte Handeln mehrerer Handlungssubjekte und das koordinierte Handeln eines korporativen Handlungssubjektes bzw. einer natürlichen Person, die repräsentativ für die Korporation handelt. In bezug auf das Verhältnis von i. e. S. kollektiver und individueller V. mehrerer Akteure für ein bestimmtes Ereignis E lassen sich zwei grundsatzliche Lösungsvorschläge unterscheiden: 1) Die Invarianz-Sicht: Die moralische V. eines Akteurs für das Ereignis wird nicht dadurch vermindert, daß auch andere für E (mit-)verantwortlich sind. [...] 2) Die Differenz-Sicht: Die individuelle moralische V. verändert bzw. vermindert sich in Abhängigkeit von der Anzahl der Personen [...]. (Ritter et al. 2001, Bd. 11: 571)

Eine solche personale Verantwortung des/der einzelnen WissenschaftlerIn wird – unabhängig von der Haltung zum IPCC – auch in keinem der Interviews bestritten. Kontrovers ist allerdings die Frage, ob und inwieweit diese personale Verantwortung des/der WissenschaftlerIn neben dem streng wissenschaftlich-forschenden auch ein politisches bzw. politikberatendes Handeln umfasst (vgl. Zitate 11–14). Die mit CE verbundenen Unsicherheiten und Risiken tragen hier ganz offensichtlich dazu bei, dass die jeweiligen Positionen sehr explizit, d. h. im Bewusstsein einer Kontroverse eingenommen werden (*da ist ein Tabu nicht sehr hilfreich* (12); *ich weiß, Kollegen definieren das unterschiedlich* (13)):

(11) *Und dann trägt man Verantwortung dabei, in dem Kontext, in dem die Resultate, die man gewonnen hat, in der einen oder anderen Weise verwertet werden [...]: Gehe ich damit an die Presse, in die Öffentlichkeit? Wie prominent mache ich das in der Politikberatung? Auch so Sachen wie – wenn ich jetzt – wie: Mache ich überhaupt Politikberatung, also wie weit lehne ich mich aus dem Fenster bei der Frage, Handlungsempfehlung zu geben, und*

wo kommen die normativen Annahmen her, die ich – die da eingehen in die Handlungs-
empfehlung, die ich versuche, aus meinen Resultaten abzuleiten.

(12) *Ja, ich meine, das ist ja der Beitrag, den wir als – wir können nicht für die Gesell-*
schaft Entscheidungen treffen, das muss die Gesellschaft ja selber machen, aber wir können
zumindest sagen, okay, das sind die Aspekte, von denen wir glauben, dass sie relevant sind,
dass sie vielleicht nicht so relevant sind, die wir betonen würden – das ist ja unsere Rolle in
dem Prozess, und da ist ein Tabu nicht sehr hilfreich.

(13) *Na, ich muss praktisch nach dem besten Wissen und Gesetzen meine Arbeit machen*
und sehen, Leute informieren, was kommt dabei raus. Ich meine, ich weiß, Kollegen de-
finieren das unterschiedlich, manche sind extrem engagiert und machen dann auch, sagen
wir fast Selbsthilfegruppe oder so, wie [begegne] ich dem Klimawandel. Ich sehe das etwas
differenzierter. Man muss also auch sehen, dass die Leute auch eine gewisse Eigenverant-
wortlichkeit haben. Man kann also jetzt nicht dem [Menschen Ideen vorschlagen], um das
Klima zu retten, sondern man muss sagen, okay, wenn ihr so weiter macht wie bisher, dann
läuft das in eine Richtung, die ihr wahrscheinlich nicht einschlagen wollt.

(14) *Tja, also grundsätzlich denke ich, auch in sonstigen Forschungsbereichen zum Klima,*
ist es wichtig meines Erachtens, dass wir ergebnisoffen und ohne, möglichst ohne Intention
unsere Ergebnisse erstellen und veröffentlichen. Natürlich muss man sich trotzdem dabei
bewusst sein, dass solche Ergebnisse unter Umständen eben Auswirkungen haben, politische
Auswirkungen haben oder gesellschaftliche Auswirkungen haben, trotzdem, die Ergebnisse
an sich sind meines Erachtens – also das Wichtigste ist, dass wir die Ergebnisse, so wie sie
sind, vorstellen.

Die Haltungen zur Politikberatung durch WissenschaftlerInnen sind zwangsläufig
mit unterschiedlichen Verantwortungszuschreibungen verknüpft: Je eher eine
politikberatende Aufgabe der Wissenschaft verneint wird, desto mehr Verantwortung wird Politik und Gesellschaft zugeschrieben. Wo vor allem *Ergebnisse, so*
wie sie sind (14), kommuniziert werden sollen, da erhöht sich die Verantwortung
der Adressaten, denen diese Ergebnisse mitgeteilt werden (*wir können nicht für die*
Gesellschaft Entscheidungen treffen, das muss die Gesellschaft ja selber machen (12);
dass die Leute auch eine gewisse Eigenverantwortlichkeit haben (13)). Dass auch die
bloße Mitteilung von Forschungsergebnissen *politische und gesellschaftliche Aus-*
wirkungen (14) haben kann, dessen haben sich die WissenschaftlerInnen bewusst
zu sein. Dass dies aber möglicherweise auch ihren Verantwortungsbereich über
die durchgängig konsensuale „intellektuelle Rechtschaffenheit" (*integrity, intellec-*
tual honesty) hinaus zum Beispiel in Richtung der von Stilgoe et al. (2013) geforderten Antizipation möglicher Folgen erweitern könnte, wird am ehesten dort
bejaht, wo Politikberatung auch dem Handlungsfeld der WissenschaftlerInnen
zugeschrieben wird (*Und dann trägt man Verantwortung dabei, in dem Kontext,*

in dem die Resultate, die man gewonnen hat, in der ein oder anderen Weise verwertet werden (11)).

4.2.2 Verantwortung wofür?

Aus den obigen Zitaten geht aber nicht nur hervor, dass die Zuschreibungen zu Verantwortungs-Subjekten vielschichtig und spannungsreich ausfallen, weil angesichts des engen Wissenschafts-Politik-Nexus beim Thema Klimawandel die Grenzen der Verantwortlichkeit von WissenschaftlerInnen im Hinblick auf (wissenschaftliches) Wissen vs. (politikberatendes oder sogar politisches) Handeln unterschiedlich beurteilt werden. Die Zitate verweisen außerdem bereits darauf, *wofür* sich die WissenschaftlerInnen verantwortlich fühlen:

- für eine politisch unabhängige Forschungsagenda, die Wissenslücken aufspürt und sich mit den offenen und relevanten Fragen befasst (*okay, das sind die Aspekte, von denen wir glauben, dass sie relevant sind* (12), vgl. auch Zitate 5 und 6),
- für eine Forschungspraxis entsprechend den *leges artis*, den Regeln der Kunst (*nach dem besten Wissen und Gesetzen* (13)),
- sowie für die Weitergabe der Forschungsergebnisse in die *scientific community* und in die Gesellschaft (*Leute informieren, was kommt dabei raus* (13); *dass wir ergebnisoffen und ohne, möglichst ohne Intention unsere Ergebnisse erstellen und veröffentlichen* (14)).

Diese drei Aspekte werden auch auf die explizite Frage nach der Verantwortung der Wissenschaft allgemein und der Klimaforschung im Besonderen in verschiedenen Interviews thematisiert und hervorgehoben:

(15) *Ich glaube auch hier nicht, dass das Climate Engineering* [...] *eine ganz spezielle Betrachtung verdient vielleicht, sondern ich denke,* [...] *es gibt eine Verantwortung* [...] *die Fragen zu beantworten, das heißt, wir wollen Wissen schaffen, wir wollen eben zunächst mal nicht ein politisches Ziel erreichen, und das ist eine Verantwortung, die wir, glaub ich, der Wissenschaft gegenüber haben werden.*

(16) *Gut, zunächst erstmal ist – also ein Level Verantwortung ist, dass man wissenschaftlich sauber arbeitet, das heißt, dass man alle Ergebnisse so ausarbeitet und archiviert, dass sie nachgeprüft, überprüft werden können, was auch schon* [...] *sehr problematisch ist, also viele Fehler, viele Modelle kann man gar nicht nachrechnen, da müssen wir uns deutlich verbessern, dann der zweite Level, also ja, das ist also Reproduzierbarkeit, wissenschaftlich sauber arbeiten, zweite Level ist, dass man es wirklich veröffentlicht, dass man transparent ist und die Ergebnisse halt der Gesellschaft sozusagen halt zur Verfügung stellt, wobei die Gesellschaft eben hauptsächlich wahrscheinlich erstmal nur Wissenschaftler sind, die es wieder auch weiterverwenden und vielleicht konzentrieren, kondensieren, aber ja, also*

keine Geheimhaltung, das würde nicht meinem Stand von Gefühl von verantwortlicher Forschung entsprechen. Da letztlich natürlich gut, dass wir auch im Kontakt mit der Gesellschaft stehen als Wissenschaftler, dass wir die Sorgen und Ängste aufgreifen, die es gibt, wir versuchen relevante Probleme zu untersuchen und nicht irgendwie was machen, was völlig abgekoppelt ist von irgendwelchem Bezug zur Wirklichkeit. Und, gut, das wäre halt letztlich das Ziel, dass man viele Lebensbedingungen verbessert, dass man dort, ja, hilft, wirklich relevante Probleme zu lösen.

Insbesondere in Zitat (16) werden relevante Normen wie die Merton'schen Werte des *universalism* und *communism*, also allgemeine Zugänglichkeit zu wissenschaftlichen Erkenntnissen und ihre intersubjektive Reproduzierbarkeit auf der Basis von Theorien und Methoden des Faches, explizit aufgerufen.

Im Zusammenhang mit der Konkretisierung wissenschaftlicher Verantwortung im Forschungsfeld Klima/Climate Engineering kommen dann in besonderem Maße die Unsicherheiten, Risiken und Wissenslücken zur Sprache, die zeigen, dass diese drei Typen von Handlungsrichtlinien – eine ergebnisoffene, politisch unabhängige Forschungsagenda (siehe folgende Zitate 17–19), eine adäquate Forschungspraxis (siehe Zitate 20 und 21) und eine transparente Kommunikation der Ergebnisse (siehe Zitate 22 und 23) – gar nicht so leicht umzusetzen sind. Insbesondere in den Zitaten (17) und (18) wird der Wert der *desinterestedness* noch einmal besonders stark gemacht, doch die Art, wie dies thematisiert wird, zeigt (ähnlich wie die kritischen Äußerungen zu den am IPCC beteiligten WissenschaftlerInnen in Zitat 8), dass bei diesem Forschungsthema aufgrund seiner Komplexität und gesamtgesellschaftlichen Relevanz, der daraus resultierenden politischen Erwartungshaltungen sowie des damit verbundenen möglichen wissenschaftlichen Renommees (verbunden mit der ökonomischen Komponente der Forschungsförderung) das interessensfreie wissenschaftliche Arbeiten und Kommunizieren als eine beständige Herausforderung für den Einzelnen/die Einzelne gesehen wird.

(17) *Ganz am Anfang [...] kam eine der Fragen von einem Kollegen: Ja, willst du zeigen dass es funktioniert, oder willst du zeigen, dass es nicht funktioniert? Und ich glaube, beides Herangehen wäre verantwortungslos der Wissenschaft gegenüber, das heißt, die Verantwortlichkeit des Wissenschaftlers ist es in meinen Augen zu versuchen, diese Fragestellungen neutral zu untersuchen, und das ist dann auch die Verantwortung gegenüber der Gesellschaft, denk ich, die wir haben, dass wir eben nicht versuchen, unsere Ergebnisse in irgendeiner Richtung zu interpretieren, sondern so wahrheitsgetreu wie möglich darüber zu berichten.*

(18) *Verantwortung bei Klimawissenschaft ist vielleicht noch etwas stärker, weil in der Klimawissenschaft sich viele Wissenschaftler auch ganz stark positionieren, vielleicht auch oder politisch positionieren und Wissenschaft und [...] Politik nicht immer stark getrennt werden. Und dort, denk ich, kommt noch diese Meta-Verantwortung dazu, dass man eben aufpasst, dass die Rolle der Wissenschaft klar ist, und wo ist die Grenze, wo ist Abgrenzung*

Wissenschaft–Politik, und dass man da als Wissenschaftler eben auch mit Verantwortung trägt, dass man das immer sauber trennt, dass man sagt, wo handle ich jetzt, wo gebe ich wissenschaftliche Informationen preis, wo hab ich jetzt meine eigene politische Meinung und welche Hebel benutz ich wie, welche Autoritäten setze ich wie ein. Und das wird halt meiner Meinung nach schon stark vermischt in der Klimaforschung, und ich glaube, da sind die Wissenschaftler, die daran beteiligt sind, nochmal extra gefordert, ja das das zu verbessern, was man – was nicht immer gut läuft und nicht gut gelaufen ist, dass halt da […] doch eine sehr starke Vermischung eingetreten ist und damit am Ende vielleicht auch ein Autoritätsverlust der Wissenschaftler, ein Glaubwürdigkeitsproblem der Wissenschaft eingetreten ist.

In den folgenden drei Zitaten wird zudem die Komplexität des hier verhandelten Wissens deutlich, d. h., die personale Verantwortung im Blick auf Forschungsagenda und -praxis wird beeinflusst davon, dass man nicht ohne das von anderen „produzierte" Wissen auskommen kann – und dass man sich daher zum Teil auch auf das Verantwortungsbewusstsein dieser anderen verlassen bzw. sich der daraus entstehenden Unsicherheit der eigenen Ergebnisse bewusst sein muss:

(19) *Für einen Wissenschaftler ist es unheimlich schwer zu sagen, das ist das, was wir rauskriegen, und deshalb müssen wir in die Richtung marschieren, sondern wir sagen, mit dem, was wir von unseren Kollegen geliefert kriegen, wo wir aber auch nicht so hundertprozentig durchblicken, ob das so vernünftig ist, kriegen wir dieses oder jenes Ergebnis, und dann müssen wir aber wirklich den Leuten das so präsentieren und sagen, gut, jetzt müsst ihr selber entscheiden, wollt ihr dieses Risiko eingehen oder nicht?*

(20) *Also ich denke, also wenn ich das aus der Modellierung jetzt betrachte, die ich einigermaßen zu überblicken meine, ist da die Gefahr, dass Modellierung sich ablöst von den harten Wissenschaften, und ich glaub, da wäre – ist eine engere Zusammenarbeit immer sehr wünschenswert, dass halt ständig Modelldaten abgeglichen werden, damit man in Wirklichkeit nicht dann die Gefahr läuft, dass die Modelle so eine Eigendynamik, ne eigene, ja, Scheinrealität ja entwickeln und man sich eigentlich nur noch da drin bewegt und die Realität ein bisschen ausblendet. Da würd ich eine sehr enge Verzahnung von Theorie, also Modellierung, und Experimenten für sehr wünschenswert halten.*

(21) *Das war der erste IPCC-Report, in dem Landnutzung überhaupt mit simuliert wurde, indem – mit den gekoppelten Simulationen, und an sich ist das ja ein Riesenfortschritt, das ist ein wichtiges Forcing für das Klima, aber es war aber nie berücksichtigt in diesen IPCC-Simulationen, und jetzt zum ersten Mal, und dann sollte man denken, die Simulationen werden besser oder der Modellspread wird kleiner, weil wir realistischer sind. Und das ist halt nicht der Fall. Und da haben wir eben gemerkt, dass, wie die Modelle Landnutzung umsetzen, sehr unterschiedlich ist, dass wir da noch jede Menge anderes Verständnis brauchen, neue Prozesse im Modell, die nicht abgebildet sind.*

Die Schlussfolgerung aus dieser – letztlich unvermeidlichen – Problemlage kann aus Sicht der Interviewten nur sein, sie zusammen mit den Forschungsergebnissen auch nach außen zu kommunizieren:

(22) *Verantwortlichkeit im Climate Engineering, jetzt sind wir doch bei diesem Thema, beinhaltet aber auch, dass man, wenn man dann diese Ergebnisse kommuniziert, auch der Öffentlichkeit gegenüber auch deutlich macht, das ist nur ein Aspekt, es gibt andere Aspekte, die wir hier nicht untersucht haben, die möglicherweise aber die Beurteilung dieser Methode in einem ganz anderen Licht erscheinen lassen würden [...] dass die Beurteilung solcher Methoden natürlich viel komplexer ist, und das ist für mich dann auch ja verantwortungsvolle Kommunikation.*

(23) *Also man muss sich sehr viel genauer überlegen, wie man formuliert eben in der Öffentlichkeit, weil man weiß, das wird schnell von einer anderen Community aufgegriffen, und ich glaube, da muss man sich einfach bewusst sein, dass man sehr genau abwägt, wie man kommuniziert, wie man eben auch die Unsicherheiten kommuniziert, das ist ja notwendig, aber man weiß eben, dass einem sehr genau dann die Worte zerlegt werden, und ich glaube, da gibt es einzelne Leute, die vielleicht da weniger geschickt mit umgehen, als man sich das persönlich wünschen würde.*

Ob die Konsequenz dieser Unsicherheiten und Risiken sein darf (oder muss), auf bestimmte Forschungsanliegen – zum Beispiel bezüglich möglicher CE-Optionen – ganz zu verzichten, wird durchaus kontrovers bewertet. Grundsätzliche Forschungsfreiheit gilt dabei zwar als unbestrittener Konsens, doch wird die Forderung von Stilgoe et al. (2013) nach Antizipation in Form einer Problematisierung möglicher Konsequenzen von CE-Forschung durchaus (selbst)kritisch aufgegriffen:

(24) *Ja, Risiken [von CE-Forschung] könnten beispielsweise das oft zitierte Slippery-Slope-Argument sein, also dass man auf eine schiefe Bahn gerät, dass: Forschung generiert neue Forschung, Forschung generiert Anwendung, Forschung generiert dann eben auch Innovation, das heißt möglicherweise in Produkte umsetzbares Wissen, und damit könnte man auch in einer Art Automatismus auch zu Anwendung von Climate Engineering kommen, der ohne diese Forschung möglicherweise gar nicht aufgetreten wäre – das wäre eines dieser Risiken.*

(25) *Das ist eine alte, das ist ja eine Debatte, die schon lange geht, und Forschung als Risiko zu bezeichnen, halte ich für eine Unverschämtheit, denn also erstens ist das ein Eingriff in die Forschungsfreiheit, den man, egal, wie man sie verbrämt, nicht machen sollte, denn niemand weiß ja, was bei der Forschung nachher rauskommt, und die Dinge, die man nachher hat, die die großen Vorteile bringen, von denen wir ja leben in Deutschland.*

Was in dieser unvermeidbaren und für die Natur- und Lebenswissenschaften nicht ungewöhnlichen Konfliktsituation (man denke auch an Themen wie Virologie oder Genetik) bleibt, ist daher zumindest eine Verantwortung der WissenschaftlerInnen für eine aktiv praktizierte Reflexivität (*reflexivity*) – eines der wesentlichen Ziele auch des beforschten Schwerpunktprogramms. Der beständige Forschungswettbewerb wird von den Befragten deshalb auch unter wissenschaftsethischer Perspektive immer wieder problematisiert:

(26) *Wenn wir das nicht machen, weil wir das nicht wollen, weil wir unsere frei wählbare Forschungsenergie da nicht einsetzen wollen, dann kann es aber sein, dass dieses Feld dann belegt wird von anderen Akteuren, die möglicherweise weniger Klimakompetenz haben und die dann mit ihrem nicht so fundierten Wissen trotzdem in der Gesellschaft agieren und sagen, das ist ein guter Weg, ja?*

(27) *Ist natürlich immer die Sache, ja gut, wenn wir es nicht machen, macht es jemand anders, das ist auch ein bisschen ein gefährliches Argument, aber trotzdem ist es ein ernstzunehmendes Szenario, und dann kommt irgendjemand und sagt, ja, jetzt müssen wir Climate Engineering machen, man weiß aber nichts über die Risiken, und dann kann man in eine sehr, sehr schlechte Lage kommen, weil es keine Alternative gibt. Es wird alles positiv dargestellt, vielleicht ist es auch selbst subjektiv für die Leute, die es dann machen, da sie keine andere Information haben, dann alles okay, vielleicht sogar aus deren Sicht auch objektiv eine vertretbare Entscheidung, aber es ist eben eine subjektive Entscheidung, weil man nicht genug Information hat, und die kann man nur kriegen aus mehr Forschung.*

So bleibt für den Einzelnen am Ende und im Sinne der *integrity* also doch die personale Verantwortung für die individuelle Entscheidung, womit er sich forschend beschäftigt:

(28) *Als Wissenschaftler, glaube ich, hat man natürlich auch moralische Verantwortung, und das kann Unterschiedliches bedeuten. Die zeigt sich, glaub ich, vor allen Dingen dabei, bei der Frage, mit welchen Themen man sich eigentlich auseinander setzt.*

(29) *Dass man sich als Wissenschaftler auch über die Folgen des Tuns Gedanken macht, und das ist ja auch wieder die Verantwortung gegenüber der Wissenschaft und vielleicht auch gegenüber der Gesellschaft, dass man eben nicht versucht, Vorteile Einzelner zu erzählen – aber ja, man soll sich vielleicht keine Illusionen machen.*

Aus dieser personalen Verantwortung resultiert dann auch wieder eine korporative Verantwortung, nämlich die Verantwortung für den wissenschaftlichen Nachwuchs, dem bei einer einseitigen Qualifikation nur in einem umstrittenen Forschungsgebiet mehr oder weniger Zukunftschancen zugeschrieben werden:

(30) *Ich fänd's, glaube ich, nicht gut, wenn Forscher komplett ihre Karriere auf Geo-Engineering basieren, also da muss man vielleicht ein bisschen aufpassen, auch bei den Doktoranden in den Schwerpunktprogrammen, die damit praktisch groß werden. Ich fand's besser, dass die, und so war es ja in der Vergangenheit, dass alle Geo-Engineering-Forscher aus einem anderen Bereich kamen.*

Auch diese Verantwortung für diejenigen, die man wissenschaftlich ausbildet, ist eine, die schon Max Weber im Zusammenhang mit seiner Forderung nach wissenschaftlicher Klarheit und persönlicher intellektueller Rechtschaffenheit thematisiert hat:

Und damit erst gelangen wir zu der letzten Leistung, welche die Wissenschaft als solche im Dienste der Klarheit vollbringen kann, und zugleich zu ihren Grenzen: wir können — und sollen — Ihnen [den Studenten] auch sagen: die und die praktische Stellungnahme läßt sich mit innerer Konsequenz und also: Ehrlichkeit ihrem Sinn nach ableiten aus der und der letzten weltanschauungsmäßigen Grundposition – es kann sein, aus nur einer, oder es können vielleicht verschiedene sein –, aber aus den und den anderen nicht. Ihr dient, bildlich geredet, diesem Gott und *kränkt jenen anderen*, wenn Ihr Euch für diese Stellungnahme entschließt. Denn Ihr kommt notwendig zu diesen und diesen letzten inneren sinnhaften *Konsequenzen*, wenn Ihr Euch treu bleibt. Das läßt sich, im Prinzip wenigstens, leisten. [...] Wir können so, wenn wir unsere Sache verstehen (was hier einmal vorausgesetzt werden muß), den Einzelnen nötigen, oder wenigstens ihm dabei helfen, sich selbst *Rechenschaft zu geben über den letzten Sinn seines eigenen Tuns.* (Weber 1919: 550, Hervorhebungen im Original)

4.2.3 Verantwortung wem gegenüber?

Neben dem regelmäßigen Verweis auf die Institutionen, an denen die Befragten arbeiten, und auf Drittmittelgeber (insbesondere des SPPs), wird in den Interviews als Bezugspunkt für wissenschaftliche Verantwortung immer wieder vor allem die Gesellschaft (als vom Klimawandel Betroffene sowie als Gemeinschaft der Steuerzahler) genannt, was konsistent ist zu den bisherigen Positionen, (1) dass Wissenschaft Lösungen für relevante lebensweltliche Probleme zu suchen und (2) ihre Ergebnisse im Sinne einer grundsätzlichen Berichts- und Rechenschaftspflicht transparent zu kommunizieren habe. Es passt zudem zur verbreiteten Grundhaltung, dass (3) Wissenschaft und Gesellschaft gemeinsam eine Verantwortung für die Reaktion auf den Klimawandel tragen:

(31) *Aber ich denke durchaus, wir sind öffentlich finanziert, es ist gut auch, wenn wir der Öffentlichkeit auch mitteilen können, was wir eigentlich tun, und wir uns auch rechtfertigen können.*

(32) *Ich wünsche mir von der Gesellschaft die Freiheit der Forschung, aber ich finde, dafür darf die Gesellschaft auch von mir erwarten, dass ich als verantwortlicher Forscher auch verantwortlich zurückkommuniziere, was das Ergebnis ist oder auch ein Zwischenergebnis ist.*

Die Haltungen gehen hier nicht weiter als bislang berichtet, d.h., eine *inclusion* im Sinne Stilgoes et al. (2013) wird von keinem/keiner der Interviewten ernsthaft vertreten, sondern im Gegenteil eher abgelehnt: So wird zwischen Wissenschaft und Gesellschaft immer bewusst getrennt („wir" vs. „die Bürger/die Leute"[2]),

---

2 Der sehr unbestimmte Ausdruck *Leute* wird in den Interviews in der Regel für die Öffentlichkeit, also synonym zum Beispiel zu *Bürger* verwendet (z.B. Zitate 13 und 19). Er kann interessanterweise aber auch enger gemeint sein, ohne deshalb weniger vage zu bleiben, zum Beispiel für andere WissenschaftlerInnen, evtl. auch PolitikerInnen

was sich nicht zuletzt in der Wahrnehmung der Massenmedien als (notwendige/ zwangsläufige) Vermittlungsinstanz zeigt:

(33) *Von daher spielen die Medien schon eine Rolle und ich sehe das auch als eine Art Bring- schuld der Wissenschaftler der Gesellschaft gegenüber, dass wir auf solche Fragen, Anfragen [der Medien] positiv reagieren, schließlich bekommen wir das Geld der Bürger, und da sehe ich das durchaus, dass wir ihnen dann auch auf diesem Weg Rede und Antwort stehen sollten.*

(34) *Es ist nicht nur die Frage, wie artikulieren die Wissenschaftler selbst die Unsicherhei- ten, die sie in einem bestimmten Bereich sehen, zum Beispiel in einem Abschlussbericht, das ist eine Frage. Und eine andere Frage ist, [...] wie wird es eigentlich zum Beispiel in den Zeitungsberichten wiedergegeben [...] und gibt es da vielleicht eine Diskrepanz oder besteht da sogar ein gewisser Druck, dass Wissenschaftler das antizipieren, was man mutmaßlich in Zeitungen schreiben kann, was nicht, um entsprechend dann ihre Versuche und Resultate schon runter zu kochen oder zu vereinfachen.*

4.2.4 Verantwortung vor dem Hintergrund welcher Normen und Werte?

In manchen Interviews gehen die Befragten tatsächlich ganz explizit auf konkrete Referenzwerte ein, die sie zur Basis ihrer Verantwortungszuschreibungen machen (vgl. ausführlich auch Zitat 16):

(35) *Also notwendige Bedingungen sind für mich normative Offenheit, Zulassen eines breiten Spektrums, natürlich akademische Sauberkeit, intellektuelle Redlichkeit, auch das Ausprägen einer höheren Dosis von Bemühen, in der Öffentlichkeit verständlich zu sein, denn wir agieren hier in einem Feld, wo man damit rechnen muss, dass man von Interessen- gruppen vereinnahmt wird.*

In Zitaten wie diesen spiegelt sich eine lange Tradition in der Sicht auf wissen- schaftliche Grundwerte als Bezugsgrößen wissenschaftlicher Verantwortung. In den vorigen Teilkapiteln wurden sie im Einzelnen bereits zur Erklärung der zitierten Positionen aufgerufen: intellektuelle Redlichkeit (*intellectual honesty, integrity*) und interessensfreie Bemühung um Wahrheit, Fortschritt (*desinteres- tedness*) und Lösung lebensweltlicher Probleme (*responsiveness*), methodische Reproduzierbarkeit (*universalism, impersonality*) und interessensfreie Weiterga- be des Wissens (*communism*), Kritikbereitschaft/Zweifel (*organized scepticism*) sowie eine selbstkritische Reflexivität (*reflexivity*) – bis hin zum Versuch der Antizipation (*anticipation*) der Folgen von Forschung. Dass diese Werte aber

---

oder VertreterInnen der Ökonomie – gemeinsam haben „diese Leute" dann, dass sie zumindest potenziell weniger verantwortungsbewusst sind (z. B. Zitate 8, 23 und 27). Immer ist *Leute* aber ein klarer Abgrenzungsbegriff zur Größe *ich/wir*.

dennoch mindestens in der Form einer Selbstvergewisserung „gepflegt" werden müssen, weil sie, z. B. durch Pragmatismus und Wettbewerb, aber auch durch politischen Erwartungsdruck oder das Geltungsbedürfnis Einzelner in Gefahr geraten können – auch diese Bedenken zeigen sich in vielen der obigen Zitate deutlich.

5 Fazit

Fasst man die Positionen in den Interviews zusammen, dann ergeben sich aus den „Füllungen" der Valenzstellen des hier rekonstruierten Wissensrahmens ‚wissenschaftliche Verantwortung' verschiedene thematische Dimensionen, in deren Rahmen Verantwortungszuschreibungen vorgenommen werden, die also umgekehrt dazu dienen können, die Sicht auf wissenschaftliche Verantwortung im Schwerpunktprogramm über den Begriff selbst und seine Valenzstellen hinaus genauer zu charakterisieren (vgl. auch Janich/Stumpf 2015):

– *Wissen und Handeln:* Verantwortungszuschreibungen beziehen sich im Blick auf das *Wissen* über Klima und Klimawandel vor allem auf WissenschaftlerInnen mit ihrer Expertise auf der Basis eigener und fremder Forschung. Im Hinblick auf daraus resultierende (gesellschaftspolitische) *Entscheidungen* und *Handlungen* wird dagegen davon ausgegangen, dass die Verantwortung mindestens zu teilen, wenn nicht gar eindeutig in Richtung Politik und Gesellschaft zu verschieben ist. Dabei wird meistens klar zwischen Wissenschaft und Nicht-Wissenschaft getrennt, Verbindungen entstehen erst, wenn sich die Befragten explizit als WissenschaftlerIn *und* Mensch/BürgerIn äußern.

– *Scientific Community und Interdisziplinarität:* Zur Erforschung des Klimawandels müssen aus verschiedenen Fächern/Disziplinen Expertisen und Daten interdisziplinär zusammengeführt werden. Die eigene wissenschaftliche Verantwortungsbereitschaft setzt explizit ein verantwortliches Handeln auch der anderen WissenschaftlerInnen/Disziplinen voraus; die personale Verantwortung ist angesichts der Unsicherheiten, Wissenslücken und Risiken im Feld der Klimaforschung ohne die nicht-koordinierte wie koordinierte korporative Verantwortung nicht zu denken.

– *Modelle und Daten:* Auf der Ebene der Forschungspraxis kann Verantwortung konkret auch dadurch wahrgenommen werden, dass die verwendeten Klimamodelle stärker als bisher in ihren Möglichkeiten und Grenzen reflektiert werden. Modellierung ist ein wichtiges Forschungsinstrument, darf aus Sicht der Befragten aber nicht falsche Sicherheiten oder Scheinrealitäten erzeugen. Forschungsdaten müssen daher dokumentiert werden, Arbeitsmethoden müssen transparent sein, neue Parameter sind auf ihren Mehrwert zu prüfen, unterschiedliche Ergebnisse sind in ihrer Diversität wahrzunehmen und (womöglich stärker als bisher) zu diskutieren. Forschung erfolgt – so mal unbezweifelte Grundannahme, mal ausdrückliche Hoffnung – grundsätzlich und immer nach den Regeln guter wissenschaftlicher Praxis.

– *Kommunikation:* Verantwortung ist nicht zuletzt auch dadurch wahrzunehmen, dass Forschung transparent ist und die Risiken und Unsicherheiten in der Klimaforschung und insbesondere rund um mögliche Climate-Engineering-Maßnahmen offen diskutiert werden. Adressaten sind dabei nicht nur die Mitglieder der *scientific community,* sondern auch Politik und Gesellschaft, wodurch sich der Kreis zu den anderen Aspekten schließt.

Damit ergibt sich eine vielschichtige Zuschreibungspraxis innerhalb und für die Wissenschaft, die immer dort kontrovers wird, wo die Grenzen des eigenen Faches bzw. der Wissenschaft im strengen Sinn überschritten werden. Dass wissenschaftliches Verantwortungsbewusstsein allein aber nicht ausreicht, sondern in Bezug auf den Klimawandel politische Verantwortungsräume eröffnet werden, die erst noch bzw. immer wieder neu zu besetzen sind, zeigt das abschließende Zitat, das vor dem Hintergrund der Wahl von Donald Trump zum Präsidenten der USA 2016 eine unerwartet neue Brisanz erhält und womöglich sogar pessimistischen Widerspruch provoziert:

(36) *Wissen Sie, meine Erwartung ist so gering, die ich habe an Entscheidungsfindungs- oder an die Bereitschaft einzelner Staaten, langfristige Maßnahmen zu treffen, die über einzelne Wahlperioden hinaus gehen, ich bin da so skeptisch und zurückhaltend, dass ich der Meinung bin, dass bereits der Umstand, dass verhandelt wird, im Prinzip ein gutes Zeichen ist. Und es gibt keinen Staat, der sich hinstellen kann heute und sagen kann, es ist alles Kokolores, der das hat keinen menschlichen Einfluss, und insofern würde ich doch sagen, das Glas ist eher halb voll als halb leer.*

Literatur

Adelung, Johann Christoph (1811): Grammatisch-kritisches Wörterbuch der Hochdeutschen Mundart, mit beständiger Vergleichung der übrigen Mundarten, besonders aber der Oberdeutschen. Dritter Theil. Wien. http://lexika. digitale-sammlungen.de/adelung/online/angebot (abgerufen 24.3.2018).

Busse, Dietrich (2008): Diskurslinguistik als Epistemologie. Das verstehensrelevante Wissen als Gegenstand linguistischer Forschung. In: Warnke, Ingo H./ Spitzmüller, Jürgen (Hrsg.): Methoden der Diskurslinguistik. Sprachwissenschaftliche Zugänge zur transtextuellen Ebene. Berlin, 57–88.

Busse, Dietrich (2015): Sprachverstehen und Textinterpretation. Grundzüge einer verstehenstheoretisch reflektierten interpretativen Semantik. Wiesbaden.

DFG – Deutsche Forschungsgemeinschaft (2012): Climate Engineering: Forschungsfragen einer gesellschaftlichen Herausforderung. Gemeinsame Stellungnahme für den Senat der Deutschen Forschungsgemeinschaft, vorgelegt vom Nationalen Komitee für Global Change Forschung (NKGCF), der DFG Senatskommission für Ozeanographie (SKO) und der DFG Senatskommission Zukunftsaufgaben der Geowissenschaften (SKZAG). April 2012. http:// www.dfg.de/download/pdf/dfg_im_profil/reden_stellungnahmen/2012/ stellungnahme_climate_engineering_120403.pdf (abgerufen 24.3.2018).

DFG – Deutsche Forschungsgemeinschaft (2013): Sicherung guter wissenschaftlicher Praxis. Empfehlungen der Kommission „Selbstkontrolle in der Wissenschaft." Denkschrift. Weinheim. http://www.dfg.de/download/pdf/dfg_im_ profil/reden_stellungnahmen/download/empfehlung_wiss_praxis_1310.pdf (abgerufen 24.3.2018).

Grimm, Jacob/Grimm, Wilhelm (1956): Deutsches Wörterbuch. Zwölfter Band. 1. Abteilung. V – Verzwunzen. Leipzig.

Janich, Nina/Birkner, Karin (2015): Text und Gespräch. In: Felder, Ekkehard/ Gardt, Andreas (Hrsg.): Handbuch Sprache und Wissen. Berlin/Boston, 195–220.

Janich, Nina/Stumpf, Christiane (2015): Wissenschaft und Verantwortung. Theoretische und empirische Schlaglichter. Erste Projektergebnisse aus der Begleitforschung zum Schwerpunktprogamm 1689. www.spp-climate-engineering.de/?file=files/ce-projekt/media/download_PDFs/spp1689_scipol_ wissenschaft_verantw.pdf (abgerufen 24.3.2018).

Janich, Peter (2001): Logisch-pragmatische Propädeutik. Ein Grundkurs im philosophischen Reflektieren. Weilerswist.

Janich, Peter (2012): Vom Nichtwissen über Wissen zum Wissen über Nichtwissen. In: Janich, Nina/Nordmann, Alfred/Schebek, Liselotte (Hrsg.): Nichtwissenskommunikation in den Wissenschaften. Frankfurt am Main u. a., 23–49.

Jonas, Hans (1993): Warum die Technik ein Gegenstand für die Ethik ist: Fünf Gründe. In: Lenk, Hans/Ropohl, Günter (Hrsg.): Technik und Ethik. Stuttgart, 81–91.

Kerwin, Ann (1993): None Too Solid: Medical Ignorance. In: Science Communication 15/166.

Leibniz, Gotthold W. (1996/1684): Hauptschriften zur Grundlegung der Philosophie. Übersetzt von A. Buchenau, kommentiert und hrsg. von Ernst Cassirer. Teil 1. Hamburg.

Merton, Robert (1938): Science and Social Order. In: Merton, Robert (1973): The Sociology of Science. Theoretical and Empirical Investigations. Chicago/London, 254–266.

Mittelstraß, Jürgen et al. (Hrsg.) (1996): Enzyklopädie Philosophie und Wissenschaftstheorie. Band 4: Sp-Z, Stuttgart/Weimar.

Rhein, Lisa (2015): Selbstdarstellung in der Wissenschaft. Eine linguistische Untersuchung zum Diskussionsverhalten von Wissenschaftlern in interdisziplinären Kontexten. Frankfurt am Main.

Ritter, Joachim/Gründer, Karlfried/Gabriel, Gottfried (Hrsg.) (2001): Historisches Wörterbuch der Philosophie. Bd. 11: U-V. Basel/Darmstadt.

Schomberg, René von (2012): Prospects for technology assessment in a framework of responsible research and innovation. In: Dusseldorp, Marc/Beecroft, Richard (Hrsg.): Technikfolgen abschätzen lehren. Bildungspotenziale transdisziplinärer Methoden. Wiesbaden, 39–61.

Stilgoe, Jack/Owen, Richard/Macnaghten, Phil (2013): Developing a framework for responsible innovation. In: Research Policy 42, 1568–1580.

Stocking, Holly S./Holstein, Lisa W. (1993): Constructing and reconstructing scientific ignorance. Ignorance claims in science and journalism. In: Science Communication 15.2, 186–210.

Warnke, Ingo H. (2009): Die sprachliche Konstituierung von geteiltem Wissen in Diskursen. In: Felder, Ekkehard/Müller, Marcus (Hrsg.): Wissen durch Sprache. Theorie, Praxis und Erkenntnisinteresse des Forschungsnetzwerkes „Sprache und Wissen". Berlin/New York, 113–140.

Weber, Max (1919): Wissenschaft als Beruf. In: Ders. (1922): Gesammelte Aufsätze zur Wissenschaftslehre. Tübingen, 524–555.

Peter Wehling (Frankfurt)

Verantwortung für das Unvermeidliche. Wissenschaftliches Nichtwissen als Gegenstand epistemischer Selbstreflexion und politischer Gestaltung

Abstract: In this chapter, it is argued that, although scientific ignorance (or non-knowledge) is an inevitable implication and corollary of scientific knowledge production, the sciences as well as science politics must nevertheless take responsibility for this ignorance and its potential adverse effects. It is shown that, on closer inspection, 'science-based ignorance' is both unavoidable and avoidable, without there being any clear-cut and impermeable 'boundary' between these two forms of ignorance. By contrast, as an exemplary analysis of epistemic practices and different epistemic cultures illustrates, there is considerable scope of action for the sciences to become aware of and potentially reduce their self-produced ignorance by reflexively scrutinizing their own background assumptions, standard methods and research routines. This should, however, not lead to adopting the flawed ideal of science being able to produce knowledge without simultaneously generating ignorance, albeit to varying degrees and in different forms. Instead, it is essential to recognize and openly communicate the fact that the co-production of scientific knowledge and ignorance is inescapable while, on the other hand, science politics has to create favourable conditions that foster self-reflexive epistemic practices which aim at avoiding potentially harmful knowledge gaps and blind spots. In the end, however, the question of how to deal with scientific ignorance is a political one; therefore, stopping large-scale technoscientific experiments such as climate engineering 'simply' due to the amount of unknowns (known and unknown) they are likely to produce must imperatively be recognized as a legitimate option.

Keywords: Wissen – Nichtwissen – Wissenschaft – epistemische Kulturen – epistemische Praktiken – Verantwortung – Handlungsspielräume

1 Einleitung: Die „Unzertrennlichkeit" von Wissen und Nichtwissen

In seiner wegweisenden Studie über die „Entstehung und Entwicklung einer wissenschaftlichen Tatsache" formulierte Ludwik Fleck 1935 eine weitreichende wissenschaftstheoretische und -soziologische Einsicht, deren Brisanz über lange Zeit jedoch kaum wahrgenommen wurde. „[U]m eine Beziehung zu erkennen", schrieb Fleck (1993: 44), „muß man manche andere Beziehung verkennen, verleugnen, übersehen". Auf diese Weise sei „die Entdeckung mit dem sogenannten Irrtum unzertrennlich verflochten" (ebd.). Dass man statt vom „sogenannten Irrtum" ebenso gut von Ungewissheit, Unbestimmtheit und Nichtwissen sprechen kann, verdeutlicht eine neuere Formulierung des gleichen Sachverhalts durch Martin Seel (2009: 42): „ [W]enn etwas zu wissen bedeutet, etwas Bestimmtes zu wissen, so bedeutet es zugleich, anderes im Unbestimmten zu lassen." Bemerkenswert ist, dass Fleck und Seel hier nicht von korrigierbaren Fehlern ‚schlechter' Wissenschaft sprechen, die es versäumt habe, ihre Wissensbemühungen umfassend genug anzulegen, sondern von erkenntnistheoretischen Notwendigkeiten: Um etwas zu erkennen, *muss* man, so Fleck, anderes verkennen und übersehen; genau deshalb sind „Entdeckung" und „Irrtum", Wissen und Nichtwissen *unzertrennlich* miteinander verflochten. Dieses Nichtwissen erweist sich so als ein im Kern *selbsterzeugtes*, wenngleich zumeist unwissentlich und unbeabsichtigt hervorgebrachtes Nichtwissen der Wissenschaft.

An solche Überlegungen anknüpfend möchte ich im Folgenden die zunächst paradox erscheinende These begründen und erläutern, dass wissenschaftliche Ungewissheit und wissenschaftliches Nichtwissen einerseits ‚normal' und unvermeidlich sind, dass andererseits aber die Wissenschaft (wie auch die Wissenschaftspolitik) für dieses Nichtwissen (und seine möglichen Konsequenzen) dennoch Verantwortung trägt und übernehmen muss.[1] Dass Nichtwissen nicht *per se* von Verantwortung für das eigene Handeln und dessen Folgen entlastet, besagt schon die populäre Maxime „Unwissenheit schützt vor Strafe nicht". An diese Aussage schließt sich in der Regel aber einschränkend die – nicht selten höchst komplizierte – Frage an, ob die Betreffenden es denn überhaupt hätten besser wissen können, ob ihre Unwissenheit also vermeidbar war oder nicht. Denn moralische, politische oder rechtliche Verantwortung für die nicht-vorhergesehenen Folgen ihres Handelns oder Unterlassens wird sozialen Akteuren zumeist nur dann zugewiesen, wenn sie das entsprechende Wissen hätten erlangen können.[2]

---

1 Der Begriff der Verantwortung ist in den letzten Jahren kritisch und kontrovers diskutiert worden (vgl. z. B. Heidbrink 2003; Vogelmann 2014; Buddeberg 2016). Darauf kann ich hier nicht eingehen; vor dem Hintergrund von Beispielen wie dem „Ozonloch" und dem „Contergan-Skandal" halte ich jedoch die Erwartung für legitim, dass Wissenschaftler und Wissenschaftlerinnen sowie das soziale Feld der Wissenschaft insgesamt Verantwortung für die (negativen) Folgen wissenschaftlicher Aktivitäten zeigen – und damit auch für die weitestmögliche Vermeidung solcher Negativeffekte.

2 So argumentiert auch Ludger Heidbrink in seinem Beitrag „Nichtwissen und Verantwortung" (2013: 126): „*Nichtwissen ist keine Entlastungskategorie*. Es schließt nicht die Zurechnung von Handlungsfolgen aus, sondern nur derjenigen Handlungsfolgen, die

Das Ansinnen, sich auch für *unvermeidliche* Unwissenheit und deren Konsequenzen verantwortlich zu zeigen, mag daher zunächst als paradox oder sogar abwegig erscheinen, da man für ein nicht zu vermeidendes, also außerhalb des eigenen Einflussbereichs stehendes Geschehen üblicherweise Verantwortung weder übernehmen muss noch übernehmen kann. Wissenschaftliches Nichtwissen ist jedoch in einer sehr spezifischen, noch präziser zu klärenden Weise gleichzeitig unvermeidlich *und* vermeidbar, und aus diesem Grund erweist sich die Forderung, Verantwortung auch für unvermeidbares Nichtwissen zu übernehmen, als durchaus begründet und begründbar.

Im Folgenden möchte ich zunächst näher erläutern, inwiefern wissenschaftliches Nichtwissen sowohl vermeidbar als auch unausweichlich ist und aus welchen Gründen die Wissenschaft nicht einfach aus der Verantwortung für mögliche unerwünschte Folgen dieses Nichtwissens entlassen ist (Kap. 2). Daran anknüpfend werde ich exemplarisch skizzieren, *wie* die Wissenschaft durch ihre Erkenntnispraktiken gleichzeitig Wissen und Nichtwissen hervorbringt und inwieweit dabei dennoch Möglichkeiten eines reflexiven Umgangs mit dieser Problematik bestehen (Kap. 3). Abschließend möchte ich verdeutlichen, dass die (un-)vermeidbare Ko-Produktion von Wissen und Nichtwissen sowohl eine gesteigerte Selbstreflexivität der Wissenschaft als auch neue (wissenschafts-)politische Rahmensetzungen und gesellschaftliche Gestaltungsspielräume erfordert (Kap. 4).

2 Die (Un-)Vermeidbarkeit wissenschaftlichen Nichtwissens

Schon in frühen wissenschaftstheoretischen und -soziologischen Beobachtungen der sogenannten ökologischen Krise, das heißt der zunehmenden, wissenschaftlich-technisch erzeugten Natur- und Selbstgefährdungen moderner Gesellschaften, ist gelegentlich darauf hingewiesen worden, dass die Produktion und technische Anwendung wissenschaftlichen Wissens gleichzeitig Nichtwissen hervorbringt.[3] Der Wissenschaftsforscher Jerry Ravetz etwa hielt bereits vor rund 30 Jahren fest, das selbsterzeugte „wissenschaftsbasierte Nichtwissen" (*science-*

---

außerhalb des etablierten Wissens- und Aufmerksamkeitshorizont [sic!] liegen und auf einem *unvermeidbaren Nichtwissen* beruhen." (Hervorhebungen im Original) Vgl. ähnlich auch Ewald (1998: 18).

3   Unter wissenschaftlichem Wissen verstehe ich ganz allgemein eine Erkenntnis über einen spezifischen Gegenstand oder Gegenstandsbereich, die durch als wissenschaftlich geltende epistemische Praktiken gewonnen worden ist. Damit unterstelle ich nicht, dass eine solche Erkenntnis eine irgendwie geartete „objektive Wahrheit" über diesen Gegenstand zum Ausdruck brächte (vgl. Wehling 2009).

based ignorance) (Ravetz 1990: 1) nehme sogar „even more rapidly" (Ravetz 1986: 423) zu als das Wissen. Dennoch sind die Gründe für dieses Phänomen einer „Ko-Produktion" und wechselseitigen Steigerung von Wissen und Nichtwissen seither nur selten genauer untersucht worden. Bei einer solchen Analyse lassen sich zwei mögliche Zugänge unterscheiden:[4] Zum einen kann man versuchen, die wechselseitige Konstitution von Wissen und Nichtwissen im Horizont einer *allgemeinen* Theorie des Wissens zu begründen, zum anderen kann man zu rekonstruieren suchen, wie in jeweils *konkreten,* historisch und sozial situierten epistemischen Praktiken zugleich Wissen und Nichtwissen erzeugt werden. Der erstere Zugang hat zwar den Vorteil, die Gleichzeitigkeit von Wissens- und Nichtwissensproduktion als konstitutiv für jegliche Erkenntnis ausweisen zu können und damit fragwürdigen Vorstellungen eines sicheren und vollständigen Wissens gleichsam ohne jede ‚Verunreinigung' durch Nichtwissen grundsätzlich den Boden zu entziehen.[5] Allerdings bleibt eine solche Perspektive indifferent gegenüber der Vielfalt und Heterogenität epistemischer Praktiken in den Wissenschaften. Sie neigt aufgrund ihres Abstraktionsniveaus dazu, eine statische und deterministische Beziehung zwischen Wissen und Nichtwissen anzunehmen, so als würde jeder Wissensgewinn sich gleichsam automatisch und ‚spiegelbildlich' in einem komplementären Zuwachs des Nichtwissens niederschlagen. Vernachlässigt wird dabei, auf welch unterschiedliche Weise innerhalb der Wissenschaften Nichtwissen erzeugt, wahrgenommen und interpretiert wird sowie welche Möglichkeiten bestehen, auf diese Problematik reflexiv zu reagieren. Deshalb muss auf dem Abstraktionsniveau einer allgemeinen Theorie ‚des' Wissens die gleichzeitige Produktion von Nichtwissen nicht nur als grundsätzlich unvermeidbar, sondern auch als letztlich unbeeinflussbar erscheinen. Es ergibt in diesem Theorierahmen daher wenig Sinn, der Wissenschaft Verantwortung für ihr Nichtwissen zuzuweisen, und jeder Versuch der Wissenschaften, durch die Reflexion und Modifikation ihrer Erkenntnispraktiken Einfluss auf die Erzeugung von Nichtwissen zu nehmen, muss von vorneherein als aussichtslos gelten.

---

4   Vgl. zum Folgenden ausführlicher Wehling (2015: 30 ff.).

5   Ein zumindest in der deutschsprachigen Diskussion sehr prominentes und einflussreiches Beispiel für einen solchen Zugang findet sich in den Arbeiten von Niklas Luhmann (bes. 1992, 1995). Hierbei wird Nichtwissen als die „andere Seite" des Wissens begriffen, die mit jeglichem Wissen untrennbar verbunden ist und deshalb durch weiteren Wissensgewinn nicht zum Verschwinden gebracht, sondern nur beständig reproduziert wird. Auf Luhmanns Konzeption kann ich an dieser Stelle nicht näher eingehen; für eine kritische Darstellung vgl. Wehling (2006: 187 ff.).

Demgegenüber möchte ich, ausgehend von den schon erwähnten Überlegungen Martin Seels (2009), begründen, weshalb es für eine empirisch und politisch orientierte Wissenschaftsforschung geboten ist, die Gleichzeitigkeit von Wissen und Nichtwissen konkret und differenziert im Kontext *je spezifischer* epistemischer Praktiken zu untersuchen. Auch Seels Überlegungen setzen zunächst, ähnlich wie die Luhmanns, auf der Ebene einer allgemeinen Theorie des Wissens an. Demnach hat alles Bestimmte notwendigerweise eine „Kehrseite des Unbestimmten", denn „[w]ir können Bestimmung ohne Beschränkung überhaupt nicht denken, geschweige denn erreichen" (Seel 2009: 44). Jeder Akt des Erkennens und der Bestimmung schließt auf diese Weise eine komplementäre Unbestimmtheit mit ein. Wie Seel zu Recht betont, ist dies kein Defizit des Erkennens, das sich durch umfassenderes, genaueres Beobachten beheben ließe. Denn wer

> überhaupt einen erkennenden Zugang zur Welt hat, hat einen beschränkten Zugang zu den Gegenständen seiner Erkenntnis, sonst hätte er überhaupt keinen Zugang. Für erkennende Wesen ist die Welt bestimmt und unbestimmt zugleich (Seel 2009: 44).

Diese allgemeinen Überlegungen münden bei Seel (2009: 47) in die Vorstellung eines „konstitutiven Nicht-Wissens", das in einem „mit allem begrifflichen Wissen verbundenen, aber von den Wissenden nicht überschaubaren Horizont der Unbestimmtheit" bestehe. Hiervon unterscheidet Seel (ebd.) jedoch ein „kontingentes Nicht-Wissen", das zufällig entstanden oder durch eigenes Verschulden hervorgebracht worden sei, wobei er betont, die „Grenze" zwischen diesen beiden Formen des Nichtwissens bleibe „oft genug vage". Dies lässt sich zu einer weitergehenden These zuspitzen und präzisieren: Es besteht keine vorgegebene, objektive und unüberbrückbare Differenz zwischen dem gleichsam in der ‚Natur' des Erkennens liegenden konstitutiven Nichtwissen einerseits, dem durch äußere, situative, nicht zuletzt soziale Umstände bedingten kontingenten Nichtwissen andererseits. Vielmehr ist das vom Erkennen ‚unzertrennliche' und im Erkenntnisprozess miterzeugte Nichtwissen *sowohl* konstitutiv (unvermeidlich) *als auch* kontingent (das heißt: zumindest potenziell vermeidbar). Es sind die jeweiligen situativen Bedingungen und Praktiken des Erkennens, die je spezifischen „Erkenntnismittel" (Seel 2009), die das konstitutive Nichtwissen in kontingenter Weise hervor- und zur Erscheinung bringen. Auch wenn Erkenntnis ohne Beschränkung, ohne Perspektivität grundsätzlich nicht zu erreichen ist, gilt dennoch: *Worin* die Beschränkung besteht und *welche* Perspektive eingenommen wird, ist von den jeweiligen situativen Umständen abhängig. Kontingenz bedeutet dabei mehr und anderes als lediglich Zufall und individuelles ‚Verschulden'; kontingent sind vielmehr vor allem die gegebenen sozialen, kulturellen und technischen Voraussetzungen der

Wissensproduktion, die Erkennen überhaupt erst ermöglichen, es zugleich aber auch begrenzen. Die jeweils eingespielten epistemischen Praktiken stellen

> nicht nur Bedingungen der *Möglichkeit* von Erkennen dar, sondern auch *Grenzen* der Erkenntnis. Sie wirken als *Filter* des Wissen-Wollens und Wissens-Könnens, indem sie in der Forschungspraxis die Aufmerksamkeit, das Erkenntnisinteresse und die Intentionalität der Akteure [...] ‚zurichten' (Sandkühler 2009: 169; Hervorhebungen im Original).[6]

Damit lässt sich die Frage nach der Vermeidbarkeit von und der Verantwortung für wissenschaftliches Nichtwissen auf differenziertere Weise stellen: Obwohl Unbestimmtheit und Nichtwissen die unhintergehbare, konstitutive Bedingung für die Erzeugung von Wissen bilden, ist es gleichzeitig von kontingenten, veränderlichen Faktoren wie eingespielten Forschungsroutinen, methodischen Standards oder theoretischen Hintergrundannahmen abhängig, was in einer gegebenen Situation gewusst und was nicht gewusst wird. Nichtwissen von bestimmten Ereignissen oder Zusammenhängen muss, anders gesagt, nicht *prinzipiell* unvermeidbar sein, sondern kann unter Umständen durch Reflexion auf die blinden Flecken der involvierten Erkenntnispraktiken erschlossen werden – wenn auch häufig ‚nur' als Möglichkeit, als hypothetischer ‚Raum' potenzieller, unbekannter Ereignisse, nicht als gesichertes Wissen dessen, was man nicht weiß. Vor diesem Hintergrund ist die Erwartung nicht vorschnell als naiv abzutun, die Wissenschaft könne und solle sich selbstreflexiv und verantwortlich mit ihrem selbsterzeugten Nichtwissen und dem unauflöslichen Zusammenhang zwischen Wissensgenerierung einerseits, der Erzeugung von Nichtwissen andererseits auseinandersetzen. In welcher Weise und inwieweit dies möglich ist, wird deutlicher sichtbar, sobald man detaillierter untersucht, wie durch epistemische Praktiken nicht nur Wissen, sondern zugleich auch Nichtwissen hervorgebracht wird.

3 Epistemische Praktiken: die Ko-Produktion von Wissen und Nichtwissen

Um die Möglichkeiten und Grenzen eines selbstreflexiven Umgangs der Wissenschaft mit ihrem selbst erzeugten Nichtwissen hinreichend zu erfassen, genügt es wie gesehen nicht, auf der Ebene einer allgemeinen Theorie des Wissens und des konstitutiven, unvermeidlichen Nichtwissens zu verbleiben. Notwendig ist

---

6   Vgl. auch Kourany (2015) aus der Perspektive feministischer Wissenschaftsphilosophie, Elliott (2015) mit Blick auf Umwelt- und Agrarforschung sowie Paulitz (2017) aus Sicht der feministischen Wissenschafts- und Technikforschung.

vielmehr zu analysieren, wie das konstitutive Nichtwissen im historisch und sozial situierten Prozess des Erkennens als kontingentes Nichtwissen hervorgebracht wird sowie inwieweit Letzteres wahrgenommen, bearbeitet und kommuniziert wird oder aber latent, unerkannt und unthematisiert bleibt. Man kann sich der Untersuchung dieser Fragen in zwei Schritten annähern: Zunächst können grundlegende Elemente und Dimensionen des wissenschaftlichen Erkennens hervorgehoben werden, die sowohl zum Gewinn von Wissen als auch zur Erzeugung von Nichtwissen beitragen. Auf dieser Analyseebene sind vier allgemeine Dimensionen wissenschaftlicher Wissensproduktion besonders relevant: (a) die Perspektivität und Selektivität von Theorien, Denkmodellen, Begrifflichkeiten und Metaphoriken; (b) die Isolierung und Dekontextualisierung der Erkenntnisgegenstände im Labor oder in laborähnlichen Forschungssettings; (c) die Konstitution neuartiger, nicht-antizipierter Wirkhorizonte durch die Überprüfung und Anwendung von Wissen und wissensbasierten technischen Artefakten außerhalb des Forschungskontextes sowie (d) die Wahl der Forschungsfragen, -prioritäten und -ziele, die nicht nur durch „äußere" Faktoren wie verfügbare Forschungsgelder oder zu erwartende Marktchancen beeinflusst wird, sondern auch durch wissenschaftsinterne Selektionsfilter wie die (oftmals nur scheinbar) unproblematische Bearbeitbarkeit mit den etablierten Forschungsmethoden.[7]

In einem anschließenden zweiten Analyseschritt lassen sich spezifische epistemische Praktiken daraufhin untersuchen, in welcher Weise sie einerseits Nichtwissen hervorbringen, andererseits aber auch einen reflektierten Umgang damit ermöglichen können. Unter dieser Perspektive können, ohne Anspruch auf Vollständigkeit, die folgenden sechs Aspekte der Forschungspraxis identifiziert werden, die für eine Analyse des Zusammenhangs von Wissen und Nichtwissen als besonders aufschlussreich erscheinen:

(1) die räumlichen und zeitlichen Horizonte der Wissensgenerierung;
(2) die Reaktionen auf Überraschungen und unerwartete Ergebnisse;
(3) Art und Ausmaß der De- und Rekontextualisierung der epistemischen Objekte;
(4) der Umgang mit Komplexität;

---

7   Diese allgemeinen Dimensionen der Ko-Produktion von wissenschaftlichem Wissen und Nichtwissen habe ich an anderer Stelle ausführlich behandelt (Wehling 2006: 259 ff.); an dieser Stelle muss ich auf eine nochmalige detaillierte Darstellung verzichten.

(5) die explizite Wahrnehmung, Bearbeitung und Kommunikation von Nicht-wissen;
(6) die inter- und transdisziplinäre Offenheit eines Forschungsfeldes oder einer epistemischen Kultur.[8]

Wie schon die Analysen Ludwik Flecks (1993) zu verschiedenen „Denkstilen" und „Denkkollektiven" in der Wissenschaft gezeigt und spätere Arbeiten vor allem von Karin Knorr-Cetina (2002) zu „epistemischen Kulturen" bestätigt und vertieft haben, gestalten die einzelnen Wissenschaftler und Wissenschaftlerinnen oder Forschergruppen diese Dimensionen ihrer Erkenntnispraxis nicht jeweils völlig neu und individuell. Vielmehr orientieren sie sich mehr oder weniger stark an impliziten oder expliziten Hintergrundannahmen, Standards und Routinen ihrer jeweiligen Disziplinen und Forschungsgebiete. Bei der Analyse der sechs Aspekte der Forschungspraxis und ihrer unterschiedlichen Ausprägungen geraten deshalb immer auch die jeweiligen epistemischen Kulturen oder Denkstile mit in den Blick. Dabei zeigt sich, dass epistemische Kulturen (oder Erkenntniskulturen) gleichzeitig Wissens- *und* Nichtwissenskulturen sind, weil sie mit dem Wissen immer auch in je spezifischer Weise Nichtwissen hervorbringen und dieses wahr-nehmen, reflektieren, bearbeiten und kommunizieren – oder eben *nicht* wahr-nehmen, reflektieren, bearbeiten oder kommunizieren.[9]

(1) Einen ersten thematisch relevanten Aspekt wissenschaftlicher Erkenntnisprak-tiken bilden die *räumlichen und zeitlichen (Wahrnehmungs-)Horizonte*, die den Praktiken der Wissensgenerierung und -validierung zugrunde gelegt beziehungs-weise durch diese konstituiert werden: Wie lange und in welchen räumlichen Ausschnitten, in welchen Zeitintervallen und an welchen spezifischen Orten muss beobachtet werden, um zu Ergebnissen und Aussagen zu kommen, die als gesichert gelten können? Wie lange müsste man Nutzerinnen von Mobilfunk-Telefonen (und eine Kontrollgruppe von „Handy-Verweigerern", die heutzutage kaum noch zu finden wäre) medizinisch beobachten, um Aussagen darüber

---

8   Diese sechs Aspekte sind im Rahmen des durch das Bundesministerium für Bildung und Forschung (BMBF) von 2003 bis 2007 an der Universität Augsburg geförderten Forschungsvorhabens „Nichtwissenskulturen" herausgearbeitet worden (vgl. Wehling/Böschen 2015). Zum Folgenden vgl. ausführlicher Wehling (2015: 43 ff.).
9   Sehr allgemein können unter epistemischen Kulturen die für ein bestimmtes Forschungs-oder Wissensgebiet charakteristischen Praktiken der Wissenserzeugung und -bewertung verstanden werden; vgl. dazu ausführlicher Knorr-Cetina (2002) und Sandkühler (2014); zu Nichtwissenskulturen vgl. zuletzt Böschen et al. (2010) sowie die Beiträge in Wehling/Böschen (2015), besonders Kastenhofer (2015) und Wehling (2015).

treffen zu können, ob das mobile Telefonieren gesundheitliche Risiken mit sich bringt?[10] Und wie groß müssten die beiden Gruppen sein? Über welchen Zeitraum und in welchem räumlichen Umkreis um ein sogenanntes Eisendüngungsexperiment im Ozean müssten Messungen und Beobachtungen angestellt werden, um sagen zu können, ob die Zufuhr des Metalls problematische Auswirkungen auf die maritimen Ökosysteme und Nahrungsketten hat – oder ob dies nicht der Fall ist? Wie oft müsste ein solches Experiment wiederholt werden? Offensichtlich spielen bei den entsprechenden Festlegungen auch forschungspragmatische Gegebenheiten und Zwänge wie die Verfügbarkeit von Zeit und finanziellen Ressourcen, von Testpersonen, Kontrollgruppen und Beobachtungsinstrumenten eine wesentliche Rolle. Gleichzeitig ist die Wahl der räumlichen und zeitlichen Beobachtungshorizonte aber immer auch Ausdruck der in einem Forschungsfeld, in einer epistemischen Kultur eingespielten Routinen, Standards und Normalitätsannahmen, die nicht jedes Mal aufs Neue überprüft und angepasst, sondern tradiert und extrapoliert werden.[11] Nicht zuletzt fließen in die Bestimmung der Untersuchungshorizonte teils implizite, teils explizite Erwartungen hinsichtlich der mutmaßlichen Effekte ein, etwa in der medizinischen (Risiko-)Forschung mehr oder weniger verlässliche Annahmen über mögliche Nebenwirkungen und deren Latenz- und Inkubationszeiten (vgl. Fußnote 10).

Mit den jeweils gewählten zeitlichen und/oder räumlichen Beobachtungs- und Erwartungshorizonten, die der Wissenserzeugung zugrunde gelegt werden, wird unausweichlich zugleich Nichtwissen hervorgebracht: Alles, was ‚außerhalb‘ dieser Horizonte geschieht oder geschehen könnte, wird faktisch als irrelevant ausgegrenzt, es bleibt unbeobachtet und unerkannt oder wird allenfalls durch Zufall wahrgenommen. Dies mag auf den ersten Blick als nahezu trivial erscheinen,

---

10 Vgl. mit Blick auf einen möglichen Zusammenhang von Hirntumoren und Mobilfunkstrahlung Hardell et al. (2013: 512, Box 21.1): „For cancer, particularly the solid tumours like brain cancers in contrast to cancers of the blood, such as leukemia, the latency period can be from 15–45 years on average, depending on age at exposure, type and intensity of exposure etc. This means that any study of cancer has to be at least as long as the average latent period for the tumour being studied before there will be any clear evidence of a cancer risk."

11 Anders als Paulitz (2017: 191 ff.) annimmt, beinhalten epistemische Kulturen nicht allein die lokalen Forschungsroutinen im Mikrokosmos eines Labors oder einer Arbeitsgruppe. Vielmehr fließen in diese lokalen epistemischen Praktiken immer auch übergreifende gesellschaftliche und kulturelle Prägungen ein, nicht zuletzt Geschlechterhierarchien, wenn etwa die Wirksamkeit und die Nebenwirkungen von Medikamenten über lange Zeit fast ausschließlich an männlichen Versuchspersonen getestet wurden (vgl. Kourany 2015: 157 f.).

stellt aber dennoch eine der wichtigsten Dimensionen der Ko-Produktion von Wissen und Nichtwissen dar. Denn die zeitliche und räumliche Einschränkung der Untersuchungshorizonte ist in sehr elementarer Weise *konstitutiv* für jeglichen Wissensgewinn in dem von Seel (2009) ausgeführten Sinn, da man schon aus pragmatischen, aber auch aus erkenntnistheoretischen Gründen nicht alles, nicht zeitlich unbegrenzt und nicht überall beobachten kann. *Wo* die Grenzen der Beobachtung jeweils genau gezogen werden, ist jedoch kontingent und wesentlich von den jeweils etablierten Forschungsroutinen und Vorannahmen sowie von den verfügbaren Ressourcen abhängig. Epistemische Praktiken und Kulturen unterscheiden sich vor diesem Hintergrund nicht allein darin, wie eng oder weit sie ihre räumlichen und zeitlichen Beobachtungshorizonte jeweils anlegen, sondern besonders darin, inwieweit ihnen die *Kontingenz* und *Selektivität* der entsprechenden Festlegungen bewusst bleibt und inwieweit sie die Gründe dafür reflektieren und gegebenenfalls fallspezifisch modifizieren.

(2) Im *Umgang mit Überraschungen* und unerwarteten Versuchsergebnissen liegt ein zweiter Aspekt wissenschaftlicher Erkenntnispraxis, der für das Wechselspiel von Wissen und Nichtwissen von entscheidender Bedeutung ist.[12] In vielen Forschungsgebieten und epistemischen Kulturen werden unvorhergesehene Resultate letztlich als Störungen des ‚eigentlichen‘ Wissensgewinns wahrgenommen, die es, beispielsweise durch die Variation des Versuchsaufbaus und der Randbedingungen, pragmatisch auszuschalten gelte, ohne den Gründen für die Überraschung systematisch nachzuforschen. Überraschungen können aber, im Sinne der Suche nach „liminalem Wissen", auch als wichtige Erkenntnisquelle verstanden und

---

12 Diese Dimension spielt auch in Knorr-Cetinas (2002) Gegenüberstellung von Molekularbiologie und Hochenergiephysik eine wichtige Rolle und verdeutlicht, wie sehr epistemische Kulturen zugleich Nichtwissenskulturen sind. Eine zentrale Erkenntnisstrategie der Hochenergiephysiker bestehe darin, „liminales Wissen" zu gewinnen, das heißt Wissen über ihr Nichtwissen und die Grenzen ihres Wissens. Dabei definiere die Hochenergiephysik die Störungen positiven Wissens „in Begriffen der Beschränkung ihrer *eigenen* Apparatur und ihres Ansatzes" (Knorr-Cetina 2002: 95; Hervorhebung im Original). Dagegen reagiere die Molekularbiologie auf unerwartete und unerklärbare experimentelle Ergebnisse mit einer Strategie der „blinden Variation in Kombination mit natürlicher Selektion" (ebd.: 135). „Blind" oder zumindest „halb blind" sei diese Variation, weil sie *nicht* auf dem Versuch basiere, die entstandenen Probleme theoretisch zu verstehen (ebd.: 135; 155 f.). Vielmehr verändern die Forscherinnen die Versuchsanordnungen so lange, bis sie brauchbare, tragfähige Ergebnisse liefern, ohne den Gründen für das vorangegangene Scheitern besondere Aufmerksamkeit schenken zu wollen oder (aus zeitlichen und finanziellen Gründen) zu können.

sogar aktiv gesucht werden, um die eigenen methodischen Vorgehensweisen gezielt zu überprüfen und die zugrunde liegenden theoretischen Perspektiven zu erweitern. Insofern ist die von Fleck (1993: 40 ff.) diagnostizierte „Beharrungstendenz" von Wissenssystemen, das heißt ihre Neigung, ‚unpassende' Ergebnisse entweder umzudeuten, als ‚Ausreißer' zu marginalisieren oder stillschweigend zu ignorieren, in gewissen Grenzen durchaus variabel. Die Verfügbarkeit von Zeit und finanziellen Ressourcen spielt auch in diesem Zusammenhang eine wesentliche Rolle dafür, welche Haltung eingenommen wird und werden *kann* (vgl. Kastenhofer 2015: 99 ff.). Vor allem aber ist die Unterschiedlichkeit der jeweiligen Erkenntnisziele von Bedeutung: Wenn die Forschung auf das möglichst umfassende Verständnis eines vielschichtigen und womöglich singulären Phänomens gerichtet ist, wird man sich in der Regel bemühen, alle denkbaren und beobachtbaren Einflussfaktoren mit einzubeziehen – wenngleich auch dadurch niemals ein ‚vollständiges' Bild entstehen wird. Besteht das Ziel hingegen darin, etwa für die Entwicklung eines neuen Medikaments einen bestimmten kausalen Wirkungszusammenhang aufzudecken, zu isolieren, experimentell zu stabilisieren und schließlich technisch zu reproduzieren, liegt es nahe, die Rahmenbedingungen so zu gestalten, dass mögliche ‚Störfaktoren' neutralisiert werden, ohne sie im Detail erforschen zu müssen und zu wollen.

(3) Hiermit eng verknüpft ist ein dritter für die Ko-Produktion von Wissen und Nichtwissen relevanter Aspekt wissenschaftlicher Erkenntnispraxis: die Art und der Grad der *Dekontextualisierung* und möglichen *Rekontextualisierung* der Forschungsgegenstände. In welcher Weise und in welchem Ausmaß werden die Forschungsgegenstände aus ihren jeweiligen räumlichen, zeitlichen und materialen Kontexten herausgelöst, und inwieweit wird versucht, sie später wieder in diese Bezüge ‚einzubetten', um Aussagen über ihr Verhalten und ihre Wirkungen in ihren Umwelten außerhalb des Forschungskontexts treffen zu können? Die Dekontextualisierung der Erkenntnisgegenstände ist eine grundlegende Erkenntnisstrategie vieler Forschungsbereiche und epistemischer Kulturen, keineswegs nur in den Naturwissenschaften. Die systematische Neutralisierung zufälliger, singulärer, bloß lokaler oder temporärer Einflüsse und Umweltbezüge soll verallgemeinerbare und reproduzierbare Ergebnisse ermöglichen (vgl. Bonß et al. 1993b: 181). Es ist dann allerdings damit zu rechnen, dass im Prozess der Wissenserzeugung „Ausblendungsverluste" (Bonß et al. 1993a: 60) eintreten, die sich als problematisch erweisen können, wenn die im experimentellen ‚Reinraum' gewonnenen Erkenntnisse auf die spezifische Zusammenhänge außerhalb des Labors bezogen werden oder wenn im Labor erzeugte Artefakte ‚freigesetzt' werden

(vgl. Tetens 2006).[13] Epistemische Praktiken und Kulturen können danach unterschieden werden, inwieweit und mit welchen Mitteln sie versuchen, solche Verluste „möglichst gering zu halten" (Bonß et al. 1993a: 60) oder sie durch Formen der Rekontextualisierung, also der systematischen Einbeziehung der potenziellen Anwendungskontexte auszugleichen. Wie Bonß et al. (1993b: 185) jedoch zu Recht hervorheben, wäre die Vorstellung einer gleichsam vollständigen Rekontextualisierung naiv. Dennoch können Versuche, gezielt die „Ausblendungsverluste" im Hinblick auf mögliche Anwendungsfelder abzuschätzen, zumindest in ein „präziseres Unsicherheitsbewusstsein" (Bonß et al. 1993a: 64 f.) und eine geschärfte Aufmerksamkeit für die durch Dekontextualisierung erzeugten blinden Flecken münden.

(4) Ein vierter bedeutsamer Aspekt liegt in dem unterschiedlichen Umgang epistemischer Praktiken und Kulturen mit der *Komplexität* der Erkenntnisbereiche. Ein hohes Komplexitätsbewusstsein stellt nicht nur die tendenziell unüberschaubare Vielfalt von Einflussfaktoren und die Dichte von Wechselwirkungen im untersuchten Gegenstandsbereich in Rechnung, sondern berücksichtigt weitere mit Komplexität in Verbindung zu bringende Effekte. Hierzu gehört vor allem der Umstand, dass minimale, kaum erkennbare und womöglich noch nicht einmal messbare Variationen in den Ausgangszuständen eines Phänomens im weiteren Verlauf des Geschehens erhebliche, kaum vorhersehbare Differenzen produzieren können.[14] Einzelne Ereignisse lassen sich daher im „Reich der Komplexität" (Küppers 2009: 141) selbst dann nicht hinreichend antizipieren, wenn man die allgemeinen Regelmäßigkeiten ihres Eintretens kennt. Zu Recht bemerkt Küppers daher, „im Komplexen" existierten Wissen und Nichtwissen gleichzeitig und nebeneinander: „Obwohl man alles weiß, weiß man nichts." (Küppers 2009: 141)

---

13 Hierin ist einer der wesentlichen Gründe dafür zu sehen, dass lokales, kontextspezifisches Wissen (häufig von wissenschaftlichen ‚Laien') sich in nicht wenigen Situationen gegenüber dem dekontextualisierten und generalisierten wissenschaftlichen Wissen als gleichwertig oder sogar überlegen erweist (vgl. Wynne 1996; Kleinman/Suryanarayanan 2013; Bonneuil et al. 2014). Solche erfahrungsbasierten Wissensformen beruhen auf der detaillierten, langjährigen Beobachtung spezifischer, singulärer Kontexte und ihrer Besonderheiten, von denen das wissenschaftliche Wissen gerade abstrahiert. Daher besteht ein wesentliches Unterscheidungskriterium epistemischer Kulturen auch darin, inwieweit sie bereit sind, Formen nicht-wissenschaftlichen, kontextspezifischen Wissens als relevant anzuerkennen oder sogar aufzugreifen (vgl. unten Punkt vi).

14 Anders als bei der Problematik von De- und Rekontextualisierung geht es hierbei nicht um die je unterschiedlichen Verhältnisse innerhalb und außerhalb des Laborkontextes, sondern um Phänomene, die sowohl im Labor als auch im Feld auftreten können.

Entscheidend ist in dieser Situation deshalb, mit der Latenz und überraschenden Emergenz von Phänomenen sowie mit weiträumig verteilten und/oder zeitlich extrem verzögerten Wirkungen zu rechnen (vgl. Ewald 1998). In dieser Hinsicht lassen sich Erkenntnispraktiken und epistemische Kulturen danach unterscheiden, inwieweit sie sich auf theoretisch ermittelte Gesetzmäßigkeiten und (vermeintlich) klare und eindeutige empirische Befunde verlassen oder aber diese mit dem Bewusstsein wahrnehmen, dass sich ,darunter' oder ,dahinter' unerwartete und (noch) unerkennbare, da bisher noch nicht eingetretene und manifest gewordene Effekte verbergen könnten. Die Frage ist hier also nicht, wie epistemische Kulturen mit *manifesten* Überraschungen umgehen; von Interesse ist vielmehr, welche Folgerungen sie gleichsam aus dem Ausbleiben solcher Überraschungen ziehen: Bedeutet dies, dass alles ,normal' und vorhersehbar verläuft? Oder kann nicht ausgeschlossen werden und muss deshalb in Rechnung gestellt werden, dass unerwartete, noch nicht sichtbare Effekte auftreten könnten und das gewonnene Wissen deshalb als vorläufig, lückenhaft und höchst ungewiss betrachtet werden muss?

(5) Wie die Problematik der Komplexität verdeutlicht, spielen die je unterschiedlichen Formen der *expliziten Wahrnehmung und Kommunikation von Nichtwissen* und Grenzen des Wissens eine entscheidende Rolle: Welche Definitionen und Deutungen des Nicht-Gewussten stehen in unterschiedlichen epistemischen Kulturen jeweils im Vordergrund, werden bearbeitet und kommuniziert?[15] Um die Bandbreite der Möglichkeiten zu verdeutlichen, bieten sich drei Unterscheidungsachsen des Nichtwissens an, die ich an anderer Stelle ausführlich dargestellt habe (vgl. Wehling 2006: 116 ff.): a) das *Wissen* des Nichtwissens, b) die *Intentionalität* des Nichtwissens sowie c) dessen *Zeitlichkeit* oder *Dauerhaftigkeit*.

a) Nichtwissen kann zunächst unter dem Aspekt differenziert werden, ob und inwieweit von den handelnden Akteuren *gewusst* wird, was sie nicht wissen – oder ob auch dies sich ihrer Kenntnis entzieht. Im ersteren Fall des gewussten Nichtwissens (der sogenannten *known unknowns*) lassen sich gezielte Fragen stellen und Forschungsdesigns entwerfen, um die Wissenslücken zu schließen. Bei nicht-gewusstem oder unerkanntem Nichtwissen (den *unknown unknowns*) bleibt den Akteuren dagegen sowohl verborgen, *was* sie nicht wissen, als auch, *dass* sie etwas potenziell Wichtiges nicht wissen. Folgerichtig ist in der Regel auch unklar, wie, wann und wo man das möglicherweise fehlende Wissen erlangen könnte; häufig wird daher auch keinerlei Notwendigkeit gesehen,

---

15 Vgl. zur Kommunikation von wissenschaftlicher Ungewissheit und Nichtwissen u. a. Nielsen/Sørensen (2015), Janich/Simmerling (2015).

nach unbekannten Phänomenen zu forschen, die unter Umständen überhaupt nicht existieren (vgl. Heidbrink 2003: 29). Ihre wissenschaftliche wie politische Brisanz gewinnt diese Problematik in Situationen, in denen *keine* empirischen Anhaltspunkte für ein bestimmtes Ereignis oder einen bestimmten Wirkungszusammenhang vorliegen, etwa für Gesundheitsgefahren durch Mobilfunknutzung. Dennoch bleibt auch und gerade dann offen, ob man *weiß*, dass solche Nebenwirkungen nicht existieren, oder ob die fehlenden Indizien womöglich nur bedeuten, dass man bisher ‚an der falschen Stelle' gesucht oder die Suche zu früh abgebrochen hat. Es ist unhintergehbar interpretationsabhängig, ob wir in solchen Konstellationen „negativer Evidenz" (Walton 1996: 140) über verlässliches Wissen verfügen („Telefonieren mit dem Handy ist ungefährlich") oder unwissend und ahnungslos sind, weil wichtige Indizien bisher unserer Aufmerksamkeit entgangen sind (vgl. Walton 1996: 140).

b) Nichtwissen kann zudem danach unterschieden werden, inwieweit es auf das *Handeln oder Unterlassen* von sozialen Akteuren zugerechnet werden kann oder aber unvermeidbar ist, also auch bei Erschließung und Nutzung sämtlicher verfügbarer Wissensquellen unauflösbar gewesen wäre. Das Beispiel der fatalen Nebenwirkungen des Schlafmittels Contergan verdeutlicht diese Unterscheidungsachse: Waren die schweren Schädigungen menschlicher Föten bei der Markteinführung von Contergan völlig unvorhersehbar und deren Unkenntnis somit unvermeidbar? Oder hätte der Hersteller des Mittels sie vorher mithilfe umfangreicherer und sorgfältigerer Tests entdecken können oder sogar müssen? Wie sich hier zeigt, beinhaltet Intentionalität des Nichtwissens erheblich mehr als ‚nur' die *bewusste* und *gezielte* Weigerung von Akteuren, etwas Bestimmtes in Erfahrung zu bringen oder zur Kenntnis zu nehmen. Auch unzureichende Wissensbemühungen, Fahrlässigkeit oder begrenztes Erkenntnisinteresse kommen als sozial zurechenbare Gründe für Nichtwissen in Frage, ohne dass dahinter notwendigerweise ein ausdrückliches Nicht-Wissen-Wollen stehen muss. Es überrascht deshalb nicht, dass es (wie auch im Contergan-Fall) regelmäßig höchst umstritten ist, inwieweit bestimmten Akteuren die rechtliche, moralische oder politische Verantwortung für Nichtwissen und seine Folgen zugewiesen werden kann.

c) Schließlich kann Nichtwissen nach seiner *zeitlichen Dauerhaftigkeit* differenziert werden: Handelt es sich lediglich um ein vorübergehendes Noch-Nicht-Wissen, das schon bald durch Wissen ersetzt werden wird, oder hat man es mit einem lang anhaltenden, möglicherweise sogar gänzlich unüberwindbaren Nicht-Wissen-Können zu tun? Auch diese Unterscheidung bringt keine objektiven Charakteristika von Gegenständen des Wissens oder Nichtwissens zum Ausdruck; die Zuschreibung von ‚Wissbarkeit' oder (prinzipieller) ‚Nicht-Wissbarkeit' wird vielmehr von sozialen Akteure in kontingenter und häufig äußerst strittiger Weise vorgenommen: Werden wir jemals sicher wissen können (und wenn ja, wann), ob Versuche, den Strahlungshaushalt der Erde technisch zu beeinflussen (sogenanntes *Solar Radiation Management*), die erhofften Wirkungen haben werden und mit welchen unerwünschten Nebeneffekten dabei gerechnet werden muss?

Epistemische Kulturen unterscheiden sich vor diesem Hintergrund vor allem danach, ob sie ihr eigenes Nichtwissen vorwiegend als eingegrenztes, spezifiziertes und temporäres Noch-Nicht-Wissen wahrnehmen und kommunizieren oder ob sie die Möglichkeit unerkannten und unüberwindlichen Nichtwissens einräumen und in Rechnung stellen. Die „Temporalisierung" des Nichtwissens (Bauman 1992: 295) zu einem bloßen Durchgangsstadium auf dem Weg zu sicherem Wissen war und ist zweifellos das dominierende Wahrnehmungsmuster in modernen Gesellschaften und der neuzeitlichen Wissenschaft, das mittlerweile aber dennoch nicht mehr ganz unumstritten und unangefochten ist (vgl. Beck/Wehling 2012). Relevante Differenzen zwischen epistemischen Kulturen können sich außerdem auch darin zeigen, in welchem Ausmaß sie ihre Wissenslücken als ‚unvermeidbar' auf die Intransparenz der Forschungsgegenstände zurechnen oder aber sie als einen zumindest potenziell und partiell vermeidbaren Effekt der eigenen Forschungspraktiken und theoretischen Vorannahmen begreifen.

(6) Wie schon Fleck (1993: 53) deutlich gemacht hat, sind Denkstile oder epistemische Kulturen aufgrund ihrer „Beharrungstendenz" immer auch durch eine konstitutive „Harmonie der Täuschungen" geprägt, die sie aus sich heraus nicht auflösen können. Deshalb besteht ein sechster relevanter Aspekt epistemischer Praktiken darin, inwieweit sie *inter- oder transdisziplinär aufnahmebereit und -fähig* für korrigierende Einflüsse von ‚außen' sind. Oben habe ich bereits darauf hingewiesen, dass das Erfahrungswissen nicht-wissenschaftlicher Akteure nicht selten ein wichtiges Korrektiv darstellt, um blinde Flecken bestimmter wissenschaftlicher Sichtweisen aufzudecken oder sogar Wissenslücken zu schließen (vgl. Frickel et al. 2010 sowie mit Blick auf die Medizin Wehling et al. 2015). Eine solche Funktion können andere wissenschaftliche Erkenntniskulturen oder Forschungsgebiete ebenfalls übernehmen, wenngleich es nicht ohne weiteres möglich ist, Fragestellungen, Hypothesen oder Erkenntnisse aus einer wissenschaftlichen Disziplin in eine andere ‚einzubauen'. Dennoch sollten, so Sandkühler (2009: 69), die innere Homogenität und wechselseitige Inkompatibilität epistemischer Kulturen nicht überschätzt werden; auch Fleck (1993: 142 ff.) hat ausdrücklich auf die Möglichkeit des „interkollektiven Denkverkehrs", das heißt des Kontakts

und Austausches zwischen unterschiedlichen Denkstilen hingewiesen. Dessen „wichtigste erkenntnistheoretische Bedeutung" sah er in der Umgestaltung und Veränderung eines gegebenen Denkstils, wodurch „neue Entdeckungsmöglichkeiten" eröffnet und „neue Tatsachen" geschaffen würden (Fleck 1993: 144). Die Wissenschaftsgeschichte kennt zahlreiche Beispiele für die oft sehr produktive Interaktion verschiedener Disziplinen und Wissenschaftsbereiche, etwa in Form von Theorietransfers oder Methodenimporten. Solche Effekte sollten vor allem dann zu erwarten sein, wenn verschiedene Forschungsrichtungen in inter- oder transdisziplinär strukturierten Feldern agieren und dabei mit konkurrierenden Sichtweisen oder kontrastierenden Befunden konfrontiert sind, wie es etwa bei der Risikoforschung zu großtechnischem *Climate Engineering* der Fall ist (vgl. Szerszynski/Galarraga 2013). Gerade in solchen Kontexten können epistemische Praktiken und Kulturen darin divergieren, bis zu welchem Grad und in welcher Weise sie sich von anderen Wissensbereichen irritieren lassen und deren Fragestellungen oder Ergebnisse nutzen, um die eigenen Vorannahmen, Routinen und eingespielten Wahrnehmungshorizonte zu überprüfen.

4 Verantwortung für das Unvermeidliche: Handlungsspielräume in Wissenschaft, Politik und Gesellschaft

Der Blick auf diese Erkenntnispraktiken und ihre jeweiligen Ausprägungen in unterschiedlichen epistemischen Kulturen macht zweierlei sichtbar: Zum einen wird durch die räumlich-zeitliche Fokussierung der Beobachtung, durch De- und Rekontextualisierung der Forschungsgegenstände, durch den jeweiligen Umgang mit Überraschungen sowie durch die Reduktion von Komplexität nicht nur Wissen, sondern unausweichlich auch Nichtwissen hervorgebracht. Zum anderen zeigt sich aber, dass die Form und das Ausmaß, in dem dies geschieht, durchaus beeinflussbar sind: Die skizzierten epistemischen Praktiken bieten mehr oder weniger große Spielräume, reflexiv auf die Ko-Produktion von Wissen und Nichtwissen zu reagieren. Dies kann und darf allerdings nicht dazu verleiten, gleichsam durch die Hintertür die falsche, idealisierende Vorstellung wieder einzuführen, die Wissenschaft könne durch eine Kombination optimaler Forschungspraktiken die Erzeugung von Nichtwissen am Ende doch vollständig vermeiden. Welche Erkenntnisstrategien auch immer gewählt werden, gänzlich verhindern lässt sich niemals, dass im und durch den Prozess der Wissensproduktion, wenn auch in variablen Formen und Graden, zugleich Unbestimmtheiten, Wissenslücken und blinde Flecken hervorgebracht werden.

Deshalb ist es nicht nur von Seiten der Wissenschaftsforschung, sondern auch der Wissenschaftspolitik zwingend geboten, die *Unvermeidlichkeit* der Ko-Produktion von Wissen und Nichtwissen in aller Deutlichkeit hervorzuheben und öffentlich zu kommunizieren (vgl. Douglas 2015; Nielsen/Sørensen 2017). Andernfalls könnten sich sowohl problematische gesellschaftliche Erwartungen an eine vermeintlich ‚allwissende' Wissenschaft als auch unbegründete Autoritätsansprüche und fragwürdige Allmachtsphantasien in der Wissenschaft selbst etablieren oder – wo sie bereits bestehen – sich weiter verfestigen. Dabei ist, um dies nochmals zu unterstreichen, die Gleichzeitigkeit von Wissen und Nichtwissen, von Bestimmtheit und Unbestimmtheit, kein Kennzeichen ‚schlechter' Forschung – oder, wie manchmal nahegelegt wird, charakteristisch nur für eine ‚vorsintflutliche', unzureichend ausgestattete Wissenschaft, wie sie in der Vergangenheit betrieben wurde. Das Wechselspiel von Wissen und Nichtwissen ist auch durch noch komplexere und umfassendere Methoden der Messung, Datensammlung und -auswertung (Big Data etc.) nicht auflösbar, sondern – aus den in Kap. 2 erläuterten Gründen – konstitutiv für jegliche Wissensproduktion und insofern unvermeidbar. Und dennoch kann dies kein Grund sein, die Wissenschaft (und die Wissenschaftspolitik) aus ihrer Verantwortung für dieses Nichtwissen und seine mitunter katastrophalen Folgen (z. B. in Fällen wie FCKW, Contergan, DDT etc.) zu entlassen.

Das Postulat der Verantwortung für das Unvermeidliche kann sich auf zwei wichtige Einsichten stützen:

a) Erstens steht keineswegs fest, dass alle Wissenslücken und blinden Flecken, die zunächst als unvermeidbar *erscheinen* mögen, auch tatsächlich unvermeidbar waren. Unter Umständen hätte sich Nichtwissen bei größerer reflexiver Distanz zu den im eigenen Forschungsfeld eingespielten, als selbstverständlich geltenden Methoden, Standards und Routinen sowie bei selbstkritischer Überprüfung der eigenen Vor- und Hintergrundannahmen durchaus vermeiden oder zumindest reduzieren lassen (vgl. Kirk 1999 zum Contergan-Fall). Ludger Heidbrink hat bei seinen Überlegungen zur Verantwortbarkeit von nicht-intendierten und nicht-antizipierten Handlungsfolgen allerdings einschränkend argumentiert, zusätzliche, risikovermindernde Wissenssuche müsse den betreffenden Akteuren nicht nur möglich, sondern auch *zumutbar* sein, um ihnen in legitimer Weise Verantwortung für ihr Nichtwissen zurechnen zu können (vgl. Heidbrink 2013: 126 f.). In der Regel existieren jedoch keine eindeutigen und objektivierbaren Kriterien für die Zumutbarkeit von Wissensbemühungen; Zeitknappheit, hohe Kosten oder mögliche Wettbewerbsnachteile sind jedenfalls keine Faktoren, wodurch entsprechende Aktivitäten *per se* unzumutbar etwa für Wirtschaftsunternehmen

oder Forschergruppen würden. Denn dies würde bedeuten, es sei legitim, wirt-
schaftlichen Profit oder Vorteile in der wissenschaftlichen Konkurrenz durch die
Externalisierung der mit (möglicherweise vermeidbarem) Nichtwissen einher-
gehenden Risiken zu erzielen.[16]

Mit Blick auf die Wissenschaft wird in diesem Zusammenhang deutlich, dass
die Frage nach der Zumutbarkeit einer reflexiven Erkenntnispraxis, die der Möglichkeit selbst erzeugten und unerkannten Nichtwissens Rechnung trägt, auch
eine Frage der politischen Gestaltung von Zielen und Rahmenbedingungen der
Forschung ist: Solange die Aufgabe der Wissenschaft vorrangig oder ausschließlich darin gesehen wird, möglichst schnell möglichst viel neues und (nach den
gängigen Standards) gesichertes Wissen zu produzieren, und solange nur *dieses*
Ziel durch Forschungsgelder oder akademische Reputation prämiert wird, wird
die Forderung, verantwortlich und selbstreflexiv auch mit dem selbst erzeugten
eigenen Nichtwissen umzugehen, den wissenschaftlichen Akteuren in der Tat
als unzumutbare Zeitverschwendung erscheinen. Hierauf muss Wissenschaftspolitik mit einer tiefgreifenden Umstrukturierung von Forschungsprogrammen,
institutionellen Rahmenbedingungen und innerwissenschaftlichen Belohnungs-
mechanismen reagieren, um die zeitlichen, finanziellen wie intellektuellen Frei-
und Spielräume zu schaffen, die eine selbstreflexive Gestaltung der Ko-Produktion
von Wissen und Nichtwissen ermöglichen. Die Wissenschaftspolitik muss sich
dabei von der fragwürdigen modernistischen Erwartung lösen, die Forschung
solle immer mehr technologisch nutzbares Wissen und wirtschaftlich verwertbare
Innovationen zur Verfügung stellen. Erforderlich ist vielmehr ein ‚risikogesell-
schaftlich‘ reflektiertes Verständnis der gesellschaftlichen Rolle und Implikationen
von Wissenschaft, das diese darauf verpflichtet, sich nicht ausschließlich auf die
Produktion positiven Wissens zu konzentrieren, sondern sich gleichrangig auch
mit dessen Schattenseite, dem selbst erzeugten Nichtwissen und den damit potenziell verbundenen sozialen, technologischen und ökologischen Risiken auseinanderzusetzen (vgl. Jaeger/Scheringer 2009). Denn nicht mehr primär die
(häufig nur vermeintliche) Überlegenheit des wissenschaftlichen Wissens gegenüber anderen Wissensformen, sondern die „Ungewißheit wissenschaftlicher
Kenntnisse selbst" (Ewald 1998: 20) erweist sich als Charakteristikum der gegenwärtigen gesellschaftlichen Situation.

---

16 Die „unterlassene Einführung riskanter Marktprodukte" (Heidbrink 2013: 127) durch
   ein Wirtschaftsunternehmen mag tatsächlich zu einem Wettbewerbsnachteil oder gar
   einer „unverhältnismäßigen Schlechterstellung" (ebd.) des Unternehmens führen.
   Allerdings kann daraus wohl kaum ein Freibrief abgeleitet werden, solche Produkte
   vorschnell auf den Markt werfen zu dürfen.

b) Nach den Überlegungen in den Kapiteln 2 und 3 wäre es gleichwohl naiv und kurzschlüssig, primär oder sogar ausschließlich an die einzelnen Wissenschaftlerinnen und Wissenschaftler oder die einzelne Forschergruppe die Erwartung zu richten, das durch ihre Arbeit miterzeugte Nichtwissen zu erschließen und vollständig offen zu legen – also unerkanntes Nichtwissen wenn schon nicht in Wissen, so doch mindestens in erkanntes Nichtwissen umzuwandeln. Nicht nur würde diese Forderung erneut in die Nähe der illusorischen Vorstellung geraten, sämtliches Nichtwissen ließe sich durch ,bessere' Forschung aufdecken oder gar eliminieren. Vor allem aber wären, gerade bei potenziell folgenreichen realexperimentellen Interventionen in die natürliche oder soziale Welt (von der Freisetzung von Nanopartikeln oder genmodifizierten Organismen bis zum großformatigen Geo-Engineering), die betreffenden Wissenschaftler und Wissenschaftlerinnen mit der Aufgabe völlig überfordert, die weiträumigen und langfristigen Konsequenzen dieser Eingriffe zu antizipieren und zu kontrollieren. Was wissenschaftliche Arbeitsgruppen gleichwohl tun können und tun sollen, ist, sich ein „präziseres Unsicherheitsbewusstsein" (Bonß et al. 1993a: 64 f.) im Hinblick auf die durch ihre eigene Forschung hervorgebrachten Ungewissheiten und blinden Flecken zu erarbeiten: Wo liegen problematische, im Forschungsgebiet unreflektiert tradierte theoretische Setzungen? Welche impliziten, möglicherweise fragwürdigen Vorannahmen und Extrapolationen sind in etablierte Methoden, Beobachtungsinstrumente oder Messverfahren eingeflossen? In welchen Räumen, Zeithorizonten und Kontexten sollte man auf unerwartete Effekte gefasst sein? Die Beantwortung derartiger Fragen ist indessen nur begrenzt möglich, da ein Denkstil, eine epistemische Kultur sich immer nur partiell selbst beobachten kann; dennoch können solche selbstreflexiven Bemühungen hilfreich sein, um gesellschaftlich angemessene Reaktionen auf die Problematik des wissenschaftlichen Nichtwissens zu finden.

Als weitere Konsequenz ergibt sich hieraus: In dem Maße, wie der Umgang mit wissenschaftlich erzeugtem Nichtwissen und die Verantwortung für dessen Folgen den Horizont wie auch die Fähigkeiten der Wissenschaften übersteigen, müssen sie als öffentliche Angelegenheit und politisch-gesellschaftliche Aufgabe begriffen werden. Dies beinhaltet zunächst (wie es in der EU ansatzweise im Fall der landwirtschaftlichen Gentechnik geschehen ist), geeignete politisch-rechtliche Regulierungen und adäquate Beobachtungshorizonte für nicht-antizipierte, aber während der Nutzung und ,Freisetzung' wissenschaftlich-technisch erzeugter Objekte möglicherweise eintretende negative Effekte zu schaffen.

Wenn aber die Verantwortung für die Beobachtung und Kontrolle der möglichen Folgen wissenschaftlichen (Nicht-)Wissens zu einem wesentlichen Teil auf

Politik und Gesellschaft übergeht, muss dies auch bedeuten: Die demokratischen Mitsprache- und Entscheidungsmöglichkeiten der Gesellschaft über die Richtung wissenschaftlicher Forschung und besonders über den Einstieg in risikoreiche, mit einem hohen Ausmaß an Nichtwissen verbundene Großexperimente müssen erheblich gestärkt und ausgeweitet werden. Dies schließt ein, die unterschiedlichen gesellschaftlichen Wahrnehmungen und Bewertungen des wissenschaftlich erzeugten Nichtwissens als gleichermaßen legitim und begründet anzuerkennen: Der Wissenschaft kommt deshalb keine ultimative Deutungshoheit darüber zu, ob man es mit bloß vorübergehendem oder dauerhaftem Nichtwissen, mit unvermeidlicher oder vermeidbarer Unkenntnis, mit begrenzten Wissenslücken oder mit tiefer Ahnungslosigkeit zu tun hat. Erst diese Anerkennung von pluralen, gleichberechtigten Nichtwissens-Deutungen schafft den Raum für offene gesellschaftliche Auseinandersetzungen und politische Entscheidungen über die Implikationen von und den Umgang mit wissenschaftlichem Nichtwissen. Ausdrücklich müssen diese Entscheidungen es als *legitime* Möglichkeit einbeziehen, wissenschaftlich-technische Entwicklungen oder Großexperimente ‚nur‘ deshalb abzubrechen oder gar nicht erst zu beginnen, weil das dabei absehbar erzeugte Nichtwissen zu große und unkontrollierbare Ausmaße anzunehmen droht (vgl. mit Blick auf Geo-Engineering Winter 2011).

Literatur

Bauman, Zygmunt (1992): Moderne und Ambivalenz. Das Ende der Eindeutigkeit. Frankfurt am Main.

Beck, Ulrich/Wehling, Peter (2012): The politics of non-knowing: an emerging area of social and political conflict in reflexive modernity. In: Dominguez Rubio, Fernando/Baert, Patrick (Hrsg.): The Politics of Knowledge. London, 33–57.

Böschen, Stefan/Kastenhofer, Karen/Rust, Ina/Soentgen, Jens/Wehling, Peter (2010): Scientific non-knowledge and its political dynamics: the cases of agribiotechnology and mobile phoning. In: Science, Technology and Human Values 35.6, 783–811.

Bonneuil, Christophe/Foyer, Jean/Wynne, Brian (2014): Genetic fallout in biocultural landscapes: molecular imperialism and the cultural politics of (not) seeing transgenes in Mexico. In: Social Studies of Science 44.6, 901–929.

Bonß, Wolfgang/Hohlfeld, Rainer/Kollek, Regine (1993a): Soziale und kognitive Kontexte des Risikobegriffs in der Gentechnologie. In: Dies. (Hrsg.): Wissenschaft als Kontext – Kontexte der Wissenschaft. Hamburg, 53–67.

Bonß, Wolfgang/Hohlfeld, Rainer/Kollek, Regine (1993b): Kontextualität – ein neues Paradigma der Wissenschaftsanalyse. In: Dies. (Hrsg.): Wissenschaft als Kontext – Kontexte der Wissenschaft. Hamburg, 171–191.

Buddeberg, Eva (2016): Verantwortung: Existenzial oder Versatzstück neoliberaler Apologetik? In: Deutsche Zeitschrift für Philosophie 64.2, 232–245.

Douglas, Heather (2015): Politics and science: untangling values, ideologies, and reasons. In: The Annals of the American Academy of Political and Social Science 658.1, 296–306. DOI: 10.1177/0002716214557237 (abgerufen 28.7.2016).

Elliott, Kevin (2015): Selective ignorance in environmental research. In: Gross, Matthias/McGoey, Linsey (Hrsg.): Routledge International Handbook of Ignorance Studies. New York/London, 165–173.

Ewald, François (1998): Die Rückkehr des *genius malignus*: Entwurf zu einer Philosophie der Vorbeugung. In: Soziale Welt 49.1, 5–24.

Fleck, Ludwik (1993): Entstehung und Entwicklung einer wissenschaftlichen Tatsache. Einführung in die Lehre vom Denkstil und Denkkollektiv. Frankfurt am Main. [Orig. 1935.]

Frickel, Scott/Gibbon, Sahra/Howard, Jeff/Kempner, Joanna/Hess, David (2010): Undone science: charting social movement and civil society challenges to research agenda setting. In: Science, Technology and Human Values 35.4, 444–473.

Hardell, Lennart/Carlberg, Michael/Gee, David (2013): Mobile phones and brain tumour risk: early warnings, early actions? In: EEA – European Environment Agency (Hrsg.): Late lessons from early warnings: science, precaution, innovation. EEA-Report 1/2013. Copenhagen, 509–529.

Heidbrink, Ludger (2003): Kritik der Verantwortung. Zu den Grenzen verantwortlichen Handelns in komplexen Kontexten. Weilerswist.

Heidbrink, Ludger (2013): Nichtwissen und Verantwortung: Zum Umgang mit nichtintendierten Handlungsfolgen. In: Peter, Claudia/Funcke, Dorett (Hrsg.): Wissen an der Grenze. Zum Umgang mit Ungewissheit und Unsicherheit in der modernen Medizin. Frankfurt am Main, 111–139.

Jäger, Jochen/Scheringer, Martin (2009): Von Begriffsbestimmungen des Nichtwissens zur Umsetzung des Vorsorgeprinzips. In: Erwägen – Wissen – Ethik 20.1, 129–132.

Janich, Nina/Simmerling, Anne (2015): Linguistics and ignorance. In: Gross, Matthias/McGoey, Linsey (Hrsg.): Routledge International Handbook of Ignorance Studies. New York/London, 125–137.

Kastenhofer, Karen (2015): Die Rekonstruktion idealtypischer Nichtwissenskulturen: Beispiele aus der Risikoforschung zu Grüner Gentechnik und Mobilfunk. In: Wehling/Böschen (Hrsg.): 67–119.

Kirk, Beate (1999): Der Contergan-Fall: eine unvermeidbare Arzneimittelkatastrophe? Stuttgart.

Kleinman, Daniel Lee/Suryanarayanan, Sainath (2013): Dying bees and the social production of ignorance. In: Science, Technology and Human Values 38.4, 492–517.

Knorr-Cetina, Karin (2002): Wissenskulturen. Ein Vergleich naturwissenschaftlicher Wissensformen. Frankfurt am Main.

Kourany, Janet (2015): Science: For better or worse, a source of ignorance as well as knowledge. In: Gross, Matthias/McGoey, Linsey (Hrsg.): Routledge International Handbook of Ignorance Studies. New York/London, 155–164.

Küppers, Günter (2009): Komplexität – Eine neue Verschränkung von Wissen und Nicht-Wissen. In: Erwägen – Wissen – Ethik 20.1, 140–141.

Luhmann, Niklas (1992): Ökologie des Nichtwissens. In: Ders.: Beobachtungen der Moderne. Opladen, 149–220.

Luhmann, Niklas (1995): Die Soziologie des Wissens: Probleme ihrer theoretischen Konstruktion. In: Luhmann, Niklas: Gesellschaftsstruktur und Semantik. Bd. 4. Frankfurt am Main, 151–180.

Nielsen, Kristian/Sørensen, Mads (2017): How to take non-knowledge seriously, or "the unexpected virtue of ignorance". In: Public Understanding of Science 26.3, 385–392.

Paulitz, Tanja (2017): Wissenskulturen und Machtverhältnisse. Nichtwissen als konstitutive Leerstelle in der Wissenspraxis und ihre Bedeutung für Technikkulturen. In: Friedrich, Alexander/Gehring, Petra/Hubig, Christoph/Kaminski, Andreas/Nordmann, Alfred (Hrsg.): Technisches Nichtwissen. Jahrbuch Technikphilosophie 2017. Baden-Baden, 189–210.

Ravetz, Jerome (1986): Usable knowledge, usable ignorance. In: Clark, William C./Munn, Robert E. (Hrsg.): Sustainable development of the biosphere. Cambridge, 415–432.

Ravetz, Jerome (1990): The merger of knowledge with power. Essays in critical science. London/New York.

Sandkühler, Hans-Jörg (2009): Kritik der Repräsentation. Einführung in die Theorie der Überzeugungen, des Wissens und der Wissenskulturen. Frankfurt am Main.

Sandkühler, Hans-Jörg (Hrsg.) (2014): Wissen. Wissenskulturen und die Kontextualität des Wissens. Frankfurt am Main.

Seel, Martin (2009): Vom Nachteil und Nutzen des Nicht-Wissens für das Leben. In: Gugerli, David/Hagner, Michael/Sarasin, Philipp/Tanner, Jakob (Hrsg.): Nach Feierabend: Züricher Jahrbuch für Wissensgeschichte 5. Zürich, 37–49.

Szerszynski, Bronislaw/Galarraga, Maialen (2013): Geoengineering knowledge: interdisciplinarity and the shaping of climate engineering research. In: Environment and Planning A 45.12, 2817–2824.

Tetens, Holm (2006): Das Labor als Grenze der exakten Naturforschung. In: Philosophia Naturalis 43.1, 31–48.

Vogelmann, Frieder (2014): Im Bann der Verantwortung. Frankfurt am Main.

Walton, Douglas (1996): Arguments from ignorance. University Park (PA).

Wehling, Peter (2006): Im Schatten des Wissens? Perspektiven der Soziologie des Nichtwissens. Konstanz.

Wehling, Peter (2009): Nichtwissen: Bestimmungen, Abgrenzungen, Bewertungen (Hauptartikel). In: Erwägen – Wissen – Ethik 20.1, 95–106.

Wehling, Peter (2015): Nichtwissenskulturen – Theoretische Konturen eines neuen Konzepts der Wissenschaftsforschung. In: Wehling/Böschen (Hrsg.): 23–66.

Wehling, Peter/Böschen, Stefan (Hrsg.) (2015): Nichtwissenskulturen und Nichtwissensdiskurse. Über den Umgang mit Nichtwissen in Wissenschaft und Öffentlichkeit. Baden-Baden.

Wehling, Peter/Viehöver, Willy/Koenen, Sophia (Hrsg.) (2015): The public shaping of medical research. Patient associations, health movements and biomedicine. New York/London.

Winter, Gerd (2011): Climate engineering and international law: last resort or the end of humanity? In: RECIEL – Review of European Community & International Environmental Law 20.3, 277–289.

Wynne, Brian (1996): May the sheep safely graze? A reflexive view of the expert-lay knowledge divide. In: Lash, Scott/Szerszynski, Bronislaw/Wynne, Brian (Hrsg.): Risk, environment and modernity: towards a new ecology. London, 165–198.

Armin Grunwald (Karlsruhe)

Aus Unsicherheit lernen? Die hermeneutische Dimension unsicherer Zukünfte

Abstract: Uncertain knowledge is wide-spread in many areas of sciences. It is usually regarded as a kind of scandalon or, less pathetic, as motivation for complains and an imperative to produce more and better knowledge in order to reduce or overcome uncertainty. Uncertainty is a pejorative notion in the Western civilization characterized by scientific reasoning and the technological advance. While the uncertainty of knowledge is a general issue in the sciences it shows specific characteristics in the field of prospective knowledge, in particular in the field of technology assessment. Strategic planners, managers and policy-makers often ask for certain or at least reliable knowledge as basis of planning and decision-making. In spite of the fact that this is understandable in many cases I will consider the other side of the coin in this contribution and ask for the possible positive value of uncertainty. By uncovering specific limitations to the certainty of prospective knowledge and identifying different modes of orientation I will demonstrate that this value lies (a) in maintaining the awareness of the openness and malleability of societal futures instead of slipping into a deterministic understanding of history, and (b) in opportunities for learning in several respects. It turns out that a hermeneutic view on prospective knowledge supports regarding uncertainty not only as a deficient type of knowledge but also as a chance.

Keywords: Unsicherheit – Zukunftswissen – Technikfolgenabschätzung – Szenario – Hermeneutik – Orientierungsmodi – Technikzukünfte

1 Fragestellung und Überblick

Üblicherweise wird über die Unsicherheit des Wissens in einem bedauernden Tonfall gesprochen. Insbesondere wenn es um Zukunftswissen geht, wird vielfach beklagt, dass Vorhersagen in diesem oder jenem Bereich schwierig, riskant oder gänzlich unmöglich seien. Dieser Klageton wird zum einen von Planern und Entscheidungsträgern in Politik und Wirtschaft angestimmt, zum anderen aber auch in denjenigen Wissenschaften, die, z. B. über Modellierung und Simulation, dieses schwierig zu erzeugende Zukunftswissen bereitstellen und dabei mit den Unsicherheiten direkt konfrontiert sind.

Dieser Beitrag wendet sich den *lamentationes* seitens der Wissenschaften zu und konzentriert sich auf unsicheres Zukunftswissen. Die erste Anfangsthese ist, dass hinter den Klagen ein doppeltes Verständnis von Unsicherheit des Wissens steht, verteilt auf die Ebenen der Beschreibung und Bewertung. Offenkundig ist die Rede von der Unsicherheit des Wissens zunächst *deskriptiv* zu verstehen. Sie beschreibt eine fast alltägliche Erfahrung. Wissen *ist* eben einfach vielfach unsicher – diese auf Erfahrung beruhende Beschreibung reicht von lebensweltlichen Einschätzungen, die regelmäßig daneben liegen, über den täglichen Wetterbericht und die volkswirtschaftlichen Konjunkturaussichten bis hin zu den großen Fragen des demographischen Wandels oder der nachhaltigen Entwicklung.

Beschreibungen alleine sind jedoch noch keine Klage. Die Unsicherheit des Wissens über ihre reine Diagnose hinaus zu beklagen, bedarf eines normativen Grundes, relativ zu dem sie als beklagenswert *bewertet* werden kann. Erst die Bewertung der Unsicherheit des Wissens als minderwertig und zu überwindend führt zu den *lamentationes* und zu Erwartungen, dass neue Methoden der Wissenschaften wie Big-Data-Verfahren oder neue Algorithmen es erlauben werden, dem Missstand, man möchte fast sagen, dem ‚Skandal‘ der Unsicherheit des Wissens wenigstens ein Stück weit zu Leibe zu rücken.

Die normative Basis, die es erlaubt, die deskriptive Diagnose der Unsicherheit in eine Klage zu verwandeln, hängt, und dies ist die zweite Ausgangsthese des Beitrags, mit dem Selbstverständnis der modernen Wissenschaften zusammen. In einer wissenschaftlich-technisch geprägten Gesellschaft ist ‚unsicher‘ grundsätzlich negativ konnotiert und wird als Defizit wahrgenommen, als ein „Noch-nicht-Wissen" oder ein „Noch-nicht-genug-Wissen". Wissenschaften sollen Wissen schaffen und sich mit Unsicherheiten des Wissens nicht zufrieden geben. Das Ideal der Sicherheit ist tief verankert und deklariert Unsicherheit als Störfaktor und als ‚minderwertig‘. Auch wenn Unsicherheiten offen angesprochen und zugegeben werden, geschieht dies zumeist im Modus des Bedauerns, dass die Wissenschaft „noch nicht" weiter ist – dass aber Hoffnung bestehe, dies zu ändern, z. B. durch neue Methoden. Hier schließt sich zwanglos die Diagnose weiteren Forschungsbedarfs zur Reduktion von Unsicherheit an.

Gilt dies für unsicheres Wissen generell, so stellen sich Unsicherheiten in Bezug auf Zukunftswissen in besonderer Weise dar. Denn wir können bekanntlich nur (halbwegs sicher) das für die Zukunft prognostizieren, was heute schon (hinreichend gut) feststeht (vgl. Urban 1973). Prognostizierbarkeit im Sinne eines verlässlichen Zukunftswissens funktioniert für determinierte Verläufe wie z. B. in der Himmelsmechanik, nicht aber für offene Entwicklungen, wie sie den gesellschaftlichen Bereich prägen: Hier hängen zukünftige Entwicklungen davon ab, wie Menschen sich entscheiden oder wie Konstellationen sich ändern, z. B. nach demokratischen Wahlen mit Mehrheitswechseln.[1] Das wissenschaftliche Ideal der Sicherheit in diesem Feld würde letztlich ein deterministisches Geschichtsverständnis implizieren und damit kausal bedingte Gesetzmäßigkeiten annehmen statt Gestaltbarkeit nach Zielen und Zwecken. Umgekehrt, wenn man letzteres hoch halten will, geht die Klage über die Unsicherheit des Zukunftswissens in die Leere, denn dann ist Unsicherheit über die Zukunft kein zu überwindendes Defizit, sondern Ausdruck der Offenheit der Zukunft und damit auch ihrer wenigstens teilweisen Gestaltbarkeit. Die Wünsche nach (möglichst großer) Sicherheit des Zukunftswissens und nach der (möglichst weitgehenden) Gestaltung der Zukunft nach Maßgabe von Wissen und Werten schließen sich gegenseitig aus, wenn sie auf das gleiche Feld bezogen werden. Hier kommt es zu einer Paradoxie: Wissenschaft soll einerseits zur Gestaltung der Welt beitragen, negiert aber ihre Gestaltbarkeit, wenn sie auf sicheres Zukunftswissen setzt. Diese Diagnose mag hier als zugespitzt und sogar überspitzt erscheinen, dennoch bleibt es bei dem logischen Widerspruch zwischen sicherem Zukunftswissen (Vorsehbarkeit) und Gestaltbarkeit (vgl. Grunwald 2000).

In diesem Beitrag kann nur ein Teil der aufgeworfenen Fragen behandelt werden. Am Beispiel der auf Zukunftswissen angewiesenen Technikfolgenabschätzung mit ihrem konsequentialistischen Paradigma (Teil 2) werde ich zunächst die notwendigerweise auftretenden Grenzen von Wünschen nach Sicherheit des Wissens aufzeigen (Teil 3), um sodann verschiedene Modi der Gewinnung von Orientierung aus Zukunftswissen zu unterscheiden (Teil 4). Dieses Spektrum gibt Anlass, den versteckten Wunsch nach Sicherheit und die Klage über Unsicherheiten des Wissens zurückzuweisen und stattdessen auf den *Wert* der Unsicherheit des Wissens hinzuweisen – und zwar nicht nur geschichtsphilosophisch als Kehrseite der Offenheit der Zukunft, sondern auch als Möglichkeit zur Gewinnung von Erkenntnis (Teil 5). Die Herausforderung wäre dann nicht mehr, Unsicherheiten möglichst zu reduzieren oder zu eliminieren, wie dies das traditionelle Paradigma der Wissenschaften nahelegt, sondern aus den Unsicherheiten *zu lernen*. Dies erfordert, und das ist die methodologische Pointe zum Schluss der Überlegungen, einen *hermeneutischen Zugang* zum Verstehen der Unsicherheiten.

---

1 Man denke an die Kehrtwendungen in der deutschen Energiepolitik nach den Wahlen 1998 (mit der Konsequenz des Atomausstiegs) und 2009 (mit der Konsequenz der Laufzeitverlängerung für Kernkraftwerke).

2 Das Folgenparadigma der Technikfolgenabschätzung

Die systematische Befassung mit den Folgen des wissenschaftlich-technischen Fortschritts in der Technikfolgenabschätzung (TA) und verwandten Ansätzen hat bereits eine jahrzehntelange Tradition.[2] Die Technikfolgenabschätzung stellt eine Reaktion auf Probleme an der Schnittstelle zwischen Technik, Politik und Gesellschaft dar. Hauptsächliche Motivation in ihrer Entstehung war das vermehrte Auftreten massiver, nicht-intendierter Folgen des wissenschaftlich-technischen Fortschritts. Katastrophale Unfälle in technischen Anlagen (z. B. Tschernobyl, Bhopal), Folgen für die natürliche Umwelt (z. B. Klimawandel und Biodiversitätsverlust), Gesundheitsfolgen (z. B. durch Asbest) und soziale Nebenfolgen der Technisierung (z. B. Verdrängung ganzer gesellschaftlicher Gruppen vom Arbeitsmarkt durch technische Rationalisierung) sind bekannte Beispiele. Vor allem die immens vergrößerte Reichweite der Technikfolgen in räumlicher und zeitlicher Hinsicht und die dadurch erfolgte Ausweitung des Kreises der von Nebenfolgen möglicherweise Betroffenen auf die gesamte gegenwärtige und eventuell auch zukünftige Menschheit (z. B. in der Endlagerung radioaktiver Abfälle oder in Bezug auf den Klimawandel) haben die Folgenproblematik ins allgemeine Bewusstsein gerückt und den naiven Fortschrittsoptimismus in eine tiefe Krise gestürzt (vgl. Kunze 2013). Teils massive Konflikte (vor allem zu Kernenergie, Gentechnik und zu biomedizinischen Entwicklungen wie Reproduktionsmedizin und Stammzellforschung) waren und sind die Folge, deren Kern unterschiedliche Einschätzungen zu den Folgen der Nutzung dieser Techniken ausmachen, insbesondere anlässlich unterschiedlicher Beurteilungen ihrer Akzeptabilität oder Wünschbarkeit. Die hohe Folgenunsicherheit in Bezug auf Chancen- oder Risikotypen, Eintrittswahrscheinlichkeiten, mögliche Schadensarten und -höhen, die Einlösbarkeit von Erwartungen und Versprechungen oder auch die Verteilung von Vorteilen und Zumutungen ist ein Kennzeichen dieser Konflikte und der sie begleitenden wissenschaftlichen und gesellschaftlichen Debatten.

Aufgabe der Technikfolgenabschätzung ist vor diesem Hintergrund die prospektive Befassung mit den Folgen der Technik in einem umfassenden, d. h. die Nebenfolgen explizit einbeziehenden Sinn, um das dadurch entstehende Wissen frühzeitig in Entscheidungsprozesse einzubringen: als ein Wissen zum Handeln. Dies schließt ein, Strategien zum Umgang mit den dabei unweigerlich auftretenden Unsicherheiten des Wissens zu erarbeiten sowie zur konstruktiven Bewältigung gesellschaftlicher Technikkonflikte und Legitimationsprobleme von Technik

---

2 Dieses Kapitel stützt sich auf Grunwald (2010 und 2011a), teils unter angepasster Übernahme der inhaltlichen und textlichen Darstellung.

beizutragen. In den genannten Orientierungsproblemen und Konflikten geht es nicht nur um Technikfolgen im engeren Sinne. Oft kommen auch Vorstellungen über die zukünftige Gesellschaft, z. B. die gerechte Verteilung von Chancen und Risiken, über Machtfragen und über die Zukunft des Menschen und seines Verhältnisses zu Technik und zur Natur mit den darin enthaltenen ethischen und politischen Aspekten zur Sprache. Daher umfasst die Technikfolgenabschätzung nicht nur recht techniknahe Folgenanalysen (z. B. die Emissionsproblematik des zivilen Luftverkehrs betreffend), sondern reicht bis zu anthropologischen und ethischen Fragen (z. B. zu den Folgen und Implikationen einer technischen Verbesserung des Menschen, vgl. z. B. Schöne-Seifert et al. 2009).

Ursprünglich war Technikfolgenabschätzung auf die *Vorhersage* von Technikfolgen ausgerichtet. Im Technikdeterminismus der 1970er- und 1980er-Jahre (vgl. Ropohl 1982) wurde die technische Entwicklung als eigendynamisch ablaufend vorgestellt, die mit ihren Folgen gesellschaftliche Prozesse dominiere. Der Gesellschaft bliebe dann nur eine antizipative Befassung mit diesen Folgen, um sich möglichst frühzeitig darauf einstellen zu können, um Chancen zu nutzen und Risiken zu minimieren. Im Wesentlichen ist Technikfolgenabschätzung in dieser Ausrichtung eine „Frühwarnung" vor negativen Technikfolgen, verbunden mit der Ausarbeitung von Konzepten ihrer Vermeidung oder Bewältigung (vgl. Paschen/Petermann 1992). Nach der sozialkonstruktivistisch motivierten Beendigung der Dominanz des Technikdeterminismus (vgl. Bijker et al. 1987) wurde komplementär zur Folgenfrüherkennung die *Gestaltung* von Technik selbst in den Blick genommen, um durch geeignete Gestaltungsprozesse positive Entwicklungen zu verstärken und negative Folgen sozusagen an der Wurzel zu verhindern (z. B. im Constructive Technology Assessment/CTA, vgl. Rip et al. 1995).

Die konzeptionelle Übereinstimmung zwischen Folgen- und Gestaltungsperspektive besteht – unbeschadet vieler Differenzen in Bezug auf die Umsetzung – darin, Wissenschafts- und Technikfolgen *zu antizipieren*, um daraus Orientierung zu gewinnen, ob nun eher für die wissenschaftliche Politikberatung im ersten oder für die Technik gestaltenden Forschungs- und Entwicklungsprozesse im zweiten Fall. Hauptsächlicher Gegenstand der Analyse sind in beiden Fällen Technikfolgen, die es noch gar nicht gibt und vielleicht auch nie geben wird (vgl. Bechmann et al. 2007). Nur die Ziele der Orientierungsleistung sind unterschiedlich: Das sind zum einen politische Maßnahmen der Anpassung, Regulierung, Förderung oder Kompensation, während im anderen Fall die Entwicklungslabors und die Ingenieurwissenschaften angesprochen werden sollen. Das prospektive Wissen über Technikfolgen soll Orientierung geben, z. B. für politische Entscheidungsprozesse über Forschungsförderung oder Regulierung, in der deliberativen Austragung von Technikkonflikten in der Öffentlichkeit oder eben in den Entwicklungsabteilungen der Unternehmen.

Damit folgt die Technikfolgenabschätzung, wie es letztlich auch der Begriff schon sagt, dem konsequentialistischen Paradigma (vgl. Grunwald 2011a). Handlungsoptionen oder alternative Entscheidungsmöglichkeiten in der Ausgestaltung des wissenschaftlich-technischen Fortschritts und der Nutzung seiner Ergebnisse werden *im Hinblick auf ihre antizipierten Folgen* entwickelt und beurteilt (Abb. 1).

Abb. 1: Das konsequentialistische Muster der Generierung von Orientierung durch Zukunftsbetrachtungen (modifiziert nach Grunwald 2014)

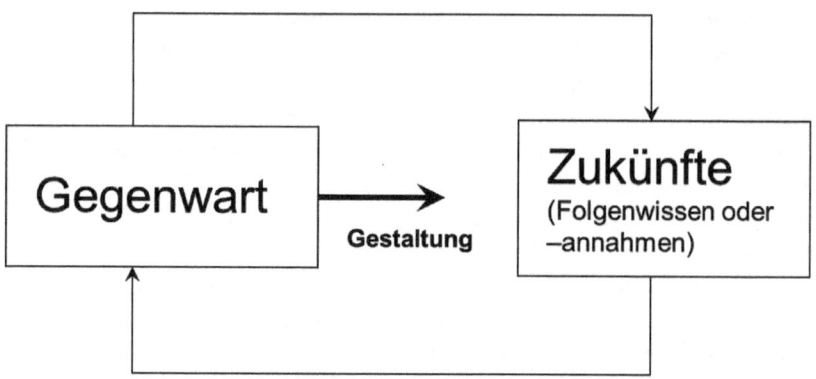

Extrapolationen, Prognosen, Szenarien, Simulationen, Zielsetzungen, Erwartungen, Hoffnungen und Befürchtungen etc.

Gegenwart → **Gestaltung** **Zukünfte** (Folgenwissen oder –annahmen)

Orientierungen, Bewertungen, Planungs- und Entscheidungsgrundlagen, Beratungsleistungen etc.

3 Unsicherheiten und Grenzen prospektiven Wissens

Eine zentrale Frage ist jedoch, inwieweit das wissenschaftlich produzierte Zukunftswissen den Erwartungen an seine Orientierungsleistung genügen kann. Bereits auf den ersten Blick stellen sich Zweifel ein. Denn das Zukunftswissen ist häufig selbst umstritten (vgl. Brown et al. 2000) und zeigt tief gehende Ambivalenzen (vgl. Grunwald 2006). Die Tatsache, dass es unsicher ist, potenziert die Orientierungsprobleme, die sich in einer pluralistischen Gesellschaft aufgrund der Vielfalt moralischer Positionen und entsprechender Konflikte zeigen: Epistemische Unsicherheit trifft auf normative Unsicherheit. Hier orientierenden Konsens zu erwarten erscheint naiv, zumal in Zukunftsdebatten Werte, Menschenbilder, Hoffnungen, Befürchtungen und Vorstellungen der zukünftigen Gesellschaft mit verhandelt werden, in denen sich selbstverständlich die unterschiedlichsten weltanschaulichen und politischen Positionen widerspiegeln (z. B. Sandel 2007; Harris 2010 für das *human enhancement*). Wahrscheinlich trägt die moderne Gesellschaft wesentliche Konflikte gerade über Zukunftsdebatten aus: Technikzukünfte sind Medium gesellschaftlicher Zukunftsdebatten und von Technikgestaltung (vgl. Grunwald 2012). Die Unsicherheit des Zukunftswissens wird gerade in diesem Kontext oft beklagt, erschwert sie es doch beträchtlich, in den laufenden Kontroversen die argumentative Lage zu klären und Spekulationen von halbwegs gesichertem Wissen klar zu unterscheiden (siehe Abschnitt 3.1) – auch dort, wo ‚Hilfskonstrukte‘ wie Szenarien zur Einhegung der Unsicherheiten nur bedingt helfen (siehe Abschnitt 3.2).

3.1 Unsichere Technikfolgen

Fragen nach der Möglichkeit oder Unmöglichkeit, Wissen über *zukünftige* Folgen zu gewinnen, gehören von Beginn an auch zu den zentralen Konzeptualisierungsproblemen der Technikfolgenabschätzung. Es lässt sich eine eigene Geschichte dieser Konzeptualisierungen schreiben, in der sich gleichermaßen optimistische, skeptische und gänzlich pessimistische Annahmen hinsichtlich der Möglichkeit wissenschaftlichen Zukunfts- und Folgenwissens zeigen (z. B. Bullinger 1991; Bechmann 1994; Renn 1996). Dies hat sich vor allem in der Diskussion um die Konzeptualisierung von Technikfolgenabschätzung als Frühwarnung vor technikbedingten Gefahren (Paschen/Petermann 1992) gezeigt, mittels derer mögliche Risiken *ex ante* erkannt und bewertet werden sollten, um ihr Eintreffen entweder verhindern oder wenigstens kompensatorische und vorbeugende Maßnahmen dagegen ergreifen zu können. Optimistischen Annahmen (wie bei Bullinger 1991) stehen skeptische Positionen (wie Bechmann 1994) gegenüber, die die Frühwarnung auf ein ‚Prozessieren von Nichtwissen‘ beschränken – eine Formulierung, die für Entscheider in der Praxis, welche auf Orientierung durch Technikfolgenwissen setzen, nur wie eine Provokation wirken kann.

Der prekäre Charakter von Zukunftswissen über Technikfolgen (vgl. Grunwald 2013a) führt zu Paradoxien und Dilemmata. Die Technikfolgenabschätzung sei ein Feld, in dem in der Praxis Studien über die Zukunft der Technik angefertigt würden, deren theoretische Unmöglichkeit jedoch gleichzeitig nachgewiesen werde (vgl. Weyer 1994). In der Absicht, etwas zu gestalten, würden – so eine andere Position – Prognosen verwendet, die selbst einen Determinismus enthalten und damit gerade den Verzicht auf Gestaltungsmöglichkeit bedeuten (vgl.

Urban 1973). Oder angesichts der diagnostizierten Unvermeidlichkeit der durch Nanotechnologie vor uns liegenden ‚ultimativen Katastrophe' sei es die einzige Möglichkeit, diese Katastrophe durch ein Projektieren der Zukunft (vgl. Dupuy/ Grinbaum 2004) zu vermeiden.

Zukunftswissen über Technikfolgen scheint damit, jedenfalls wenn es um gesellschaftliche Folgen in bestimmten Bereichen geht, in der Gefahr der Beliebigkeit zu stehen. Statt dass Zukunftswissen als belastbares und im Diskurs rechtfertigbares Wissen erwiesen werden kann, scheint es durch Vertreter politisch-gesellschaftlicher Positionen, substantieller Werte und spezifischer Interessen beliebig zur Durchsetzung ihrer partikularen Positionen genutzt zu werden (vgl. Brown et al. 2000). Diese Befürchtungen auf die Spitze getrieben, würde bedeuten: Nicht das Technikfolgenwissen als solches trägt zur Orientierung anstehender Entscheidungen unmittelbar bei (vgl. Abb. 1), sondern es werden zuerst Entscheidungen getroffen, z. B. nach Interessenlage, und erst danach wird das dazu passende Zukunftswissen hergenommen, um die schon getroffene Entscheidung nachträglich zu legitimieren. Auch wenn man dieser Befürchtung nicht folgen muss, jedenfalls nicht pauschal, so ist dennoch klar, dass es hier zu schwerwiegenden konzeptionellen Problemen kommt, welche die Hoffnung, über Zukunftsdebatten Orientierung zu schaffen, als zunächst naiv erscheinen lassen können (vgl. Grunwald 2013b). Zu nennen sind

– das *Beliebigkeitsproblem*: Wenn Technikfolgenwissen so beliebig wäre, dass es keine Möglichkeit gibt, nach epistemischen Kriterien „bessere" von „schlechteren" Zukünften zu unterscheiden, würde der oben genannte Kreisgang (Abb. 1) leer laufen. Er würde keine belastbare Erkenntnis oder Orientierung für Entscheidungen produzieren, sondern nur leeren Schein, vielleicht als rhetorisches Mittel der Interessenvertretung nutzbar, nicht aber als Argument in einer deliberativ-demokratischen Auseinandersetzung.

– das *Ambivalenzproblem*: Wenn die Unsicherheit über Technikfolgen besonders groß ist, können aus positiven Erwartungen Horrorvisionen, aus Utopien Dystopien werden. Die Geschichte der Nanotechnologie, aber auch die des Internets, ist reich an derart konvertierten Visionen (vgl. Grunwald 2006), die zwischen Erlösungs- und Paradiesfantasien und apokalyptischer Düsternis oszillieren. In diesem Effekt wird das erwähnte Beliebigkeitsproblem auf die Spitze getrieben.

– das *Intransparenzproblem*: Häufig fehlt die erforderliche Transparenz in Bezug auf Prämissen und Annahmen, die bestimmtem Technikfolgenwissen zugrunde liegen. Gerade im Bereich der modellgestützten Simulationen ist dies ein Problem, da die zugrunde liegenden – und für die Ergebnisse entscheidenden – Annahmen der Modellierung in der Regel nicht öffentlich gemacht sind (vgl. Dieckhoff 2015). Aber auch im Feld der narrativen Technikfolgenprospektionen bleiben die grundlegenden Diagnosen, Werte und Interessen ihrer Autoren oder auch der Nutzer dieser Narrative häufig im Dunkeln.

– das *Interventionsproblem*: Die Kommunikation von gesellschaftlichen Zukünften stellt eine Intervention dar und verändert die Konstellation, für die sie erstellt wurde. Über Zukunft nachdenken ist nicht von einer kontemplativen Beobachterperspektive aus möglich, sondern die Produzenten von Zukunftswissen sind Teil des Systems, für das sie Zukünfte entwerfen. Hier schließt die bekannte Problematik der *self-fulfilling* und *self-destroying prophecy* an.

Das Ausmaß der Unsicherheit und damit auch das Ausmaß der resultierenden Probleme, aus prospektivem Technikfolgenwissen Schlussfolgerungen zum Handeln und Entscheiden zu ziehen, variiert stark je nach Technikbereich, Anwendungskontext, Reifegrad der Technik, Dynamik der Entwicklung und in Abhängigkeit von sicherlich weiteren Faktoren (vgl. dazu Kap. 4).

3.2 Energieszenarien zur Einhegung von Unsicherheit

Das Feld der Energieszenarien (vgl. Grunwald 2011b; Dieckhoff 2015) eignet sich ausgezeichnet, um einen weiteren Aspekt der Problematik zu illustrieren. Die Szenario-Methode ist gerade dazu entwickelt worden, um auch angesichts irreduzibler Unsicherheiten des Zukunftswissens Orientierung durch Zukunftsüberlegungen zu ermöglichen. Szenarien sind ,mögliche‘ Zukünfte unter Ansprüchen von Plausibilität und Konsistenz. Sie sind damit nicht einfach ,denkmöglich‘, sondern möglich relativ zum gegenwärtigen Wissensstand und konsistent zu diesem. Energieszenarien sind ein praktisch hoch relevantes und methodisch anspruchsvolles Anwendungsgebiet (vgl. Dieckhoff et al. 2014).

Obwohl Szenarien ein Mittel zum Umgang mit Unsicherheit darstellen, zeigen sich erhebliche Probleme der Beliebigkeit, der Ambivalenz und der Intransparenz (vgl. Grunwald 2011b; Dieckhoff 2015). Vielfach werden in der Erzeugung von Energieszenarien bestimmte Annahmen mangels Wissen einfach ,gesetzt‘, z. B. über die zukünftige Rolle der Kernenergie, über Trends hin zu einer eher dezentralen oder zu einer Renaissance zentraler Energieversorgungssysteme oder über die zukünftige Verfügbarkeit von neuen Energieträgern. Im Energiebereich werden seit Jahrzehnten inkompatible und divergierende Energieszenarien diskutiert (Abb. 2), ohne dass klar ist, welche Szenarien wie weit durch Wissen abgesichert sind, wo die Konsensbereiche liegen und wo wenig oder gar nicht gesicherte Annahmen über Randbedingungen und gesellschaftliche Entwicklungen die Ergebnisse und daraus zu ziehenden Schlussfolgerungen für heutige

Entscheidungsprozesse determinieren. Die Divergenz der Energieszenarien ist beträchtlich: Es geht nicht um so etwas wie Fehlerbalken, mit denen man die Abweichungen untereinander illustrieren könnte, sondern es geht um Divergenzen um Faktoren von zwei bis vier, sowohl in der Erwartung des Gesamtenergiebedarfs im Jahre 2050 als auch in den Erwartungen seiner Verteilung auf die unterschiedlichen Energieträger.

Abb. 2: Szenarien des Weltenergieverbrauchs für das Jahr 2050 und Vergleich mit dem Verbrauch 1999: Shell-Szenario „Nachhaltige Entwicklung"; WEC = Szenarien der Weltenergiekonferenzen 1995 und 1998; RIGES = „Renewable Intensive Global Energy Scenario"; Faktor 4-Szenario Wuppertal-Institut; SEE = Szenario „Solar Energy Economy"

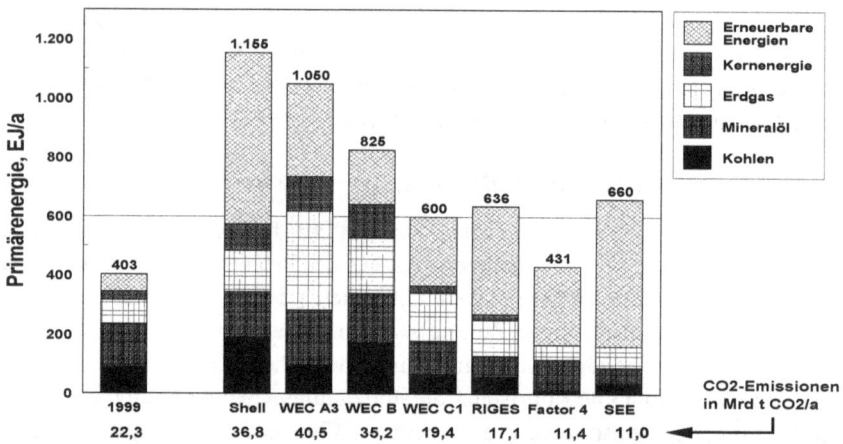

Quelle: Nitsch/Rösch 2002: 305

Für Entscheider in Energiepolitik und Energieforschung, die über Energieszenarien nach Orientierung suchen, stellt sich angesichts dieser Unübersichtlichkeit, der damit verbundenen Intransparenz und der *contested futures* (vgl. Brown et al. 2000) eine spezifische Aufgabe: *Vor* der eigentlichen Entscheidung, z. B. im Hinblick auf die Modernisierung des Kraftwerkparks oder eine Neufassung des Erneuerbare-Energien-Gesetzes (EEG), müssen sie sich angesichts der Vielzahl der angebotenen und konkurrierenden Energieszenarien entscheiden, welche Energiezukunft sie ihrer Entscheidung zugrunde legen wollen – welchen Energieszenarien sie ‚trauen' wollen. Energiepolitische Entscheidungen sind danach *zweistufig*: Auf der ersten Stufe wird über die Energiezukünfte befunden, die sodann den Rahmen für die eigentliche Entscheidung auf der zweiten Stufe abgeben.

Diese Diagnose betrifft nicht den Energiesektor alleine, sondern stellt ein allgemeines Problem und eine Herausforderung an Entscheider dar: Wie finden Entscheider heraus, auf welche der unterschiedlichen Formen und Ausprägungen von Zukunftswissen in dem betreffenden Feld sie ihre Entscheidungen gründen sollen? Klar ist, *dass* sie Zukunftswissen verwenden müssen, unklar aber, *welches* – und nach welchen Kriterien sich die Auswahl richten solle. Damit bedroht die Unsicherheit des Zukunftswissens grundlegend die Möglichkeit, daraus Orientierung zu gewinnen und scheint – sogar im Fall von Szenarien, die doch als Mittel zum Umgang mit Unsicherheit dienen sollen – eher zur Desorientierung als zur Orientierung beizutragen.

4 Modi der Orientierung durch Folgenwissen

Technik(folgen)forschung und -reflexion sind problemorientiert, d. h. praktische Zwecke der Orientierungsleistung stehen im Vordergrund (vgl. Grunwald 2010). Die erbrachte Orientierung muss nachvollziehbar wissenschaftlichen Kriterien genügen, dies ist die Grundlage ihrer Legitimation. Abhängig von der epistemischen Qualität des Folgenwissens sind, wie die kursorische Darstellung in Kap. 3 gezeigt hat, unterschiedliche Typen der Orientierung möglich und kommen unterschiedliche Legitimationsstrategien mit ihren je eigenen Schwierigkeiten für die Orientierungsleistung infrage. Je nach epistemischer Belastbarkeit von Zukunftswissen sind unterschiedliche Methoden der Gewinnung von Orientierung angesagt und mit unterschiedlichen Grenzen konfrontiert. Diese Beobachtung war Anlass für die folgende Dreiteilung (vgl. Grunwald 2014; als Überblick siehe Tab. 1):

Mode 1 (prognostische) Orientierung: Durch die Prognose von zukünftigen Technologien und ihren Folgen soll ein belastbarer Rahmen erzeugt werden, um Entscheidungsträger, z. B. in Fragen der Regulierung oder des Ausbaus von Infrastrukturen, zu orientieren bzw. Entscheidungen zu optimieren (z. B. Bullinger 1991). Dieser Ansatz wurde vor allem in der Anfangszeit der Technikfolgenabschätzung verfolgt und entspricht einem prognose-optimistischen Vorgehen. Das Ideal ist es, sicheres Zukunftswissen zu gewinnen, das entscheidungstheoretisch im Rahmen des Rational-Choice-Ansatzes zur Orientierung genutzt werden kann. Durch eine Reihe von Misserfolgen dieses Ansatzes und theoretische Überlegungen, die grundsätzliche Schwierigkeiten aufgedeckt haben, wird dieser Ansatz zumindest in der Technikfolgenabschätzung gegenwärtig praktisch nicht mehr verfolgt (vgl. Grunwald 2003).

Mode 2 (szenarische) Orientierung: Anstelle von Prognosen haben sich Szenarien als ‚mögliche Zukünfte' in vielen Bereichen der Technikfolgenabschätzung, z. B. in Nachhaltigkeitsuntersuchungen, als Standardkonzept für das systematische Nachdenken über eine prinzipiell offene und daher nicht prognostizierbare Zukunft etabliert. Besonders häufig sind sie dort anzutreffen, wo ein Bedarf an Orientierung in komplexen Problemstellungen von übergreifender, gesellschaftlicher Bedeutung besteht und wo unterschiedliches Wissen, verschiedene Meinungen und Ansichten zu integrieren sind (z. B. Heinrichs et al. 2012). Ihre besondere Stärke entfalten sie dort, wo sich ‚mögliche Zukünfte' von den weniger gut möglichen nachvollziehbar und transparent abgrenzen lassen, und wo in dem verbleibenden Raum der möglichen Zukünfte Unterscheidungen mit guter Orientierungsleistung eingezogen werden können (z. B. nach dem Muster von *best case*- oder *worst case*-Szenarien). Auf diese Weise hat Technikfolgenabschätzung gelernt, mit der Offenheit der Zukunft und der dadurch implizierten Nicht-Prognostizierbarkeit konstruktiv umzugehen und in dieser Offenheit Orientierungsmöglichkeiten zu entwickeln, z. B. durch robuste Handlungsstrategien. Das Ideal ist die Eingrenzung eines Raumes ‚plausibler Zukünfte' und der Ausschluss von nicht weiter zu betrachtenden, nicht plausiblen Zukünften.

Mode 3 (hermeneutische) Orientierung: Wenn das Zukunftswissen allerdings so unsicher ist oder die Zukunftsbilder so stark divergieren, dass es keine validen Argumente mehr für eine Abgrenzung zwischen plausiblen und weniger oder gar nicht plausiblen Zukünften und damit für eine Strukturierung in Form von Szenarien gibt, dann erscheinen Zukunftsprojektionen als beliebig (siehe oben, insbesondere für das Feld der *new and emerging sciences and technologies* (NEST); vgl. Grunwald 2016). Es bleibt in dieser epistemologisch aussichtslosen Situation nur, und das ist Thema im verbleibenden Teil dieses Kapitels, im Sinne einer ‚hermeneutischen Wende' (Grunwald 2016) zu verstehen, warum das so ist, was diese Widersprüche über uns heute aussagen und was wir daraus für Orientierungszwecke lernen können.

Die Metapher des Zukunftskegels kann hier zur Illustration dienen, wenngleich die Suggestion eines festen Randes dieses Kegels problematisch ist. Die prognostische Orientierung entspräche einem Kegel mit dem Öffnungswinkel null Grad, also der Reduktion auf *eine* Zukunft. Die hermeneutische Orientierung antwortet auf die Situation, dass der Kegel, metaphorisch gesprochen, einen großen Öffnungswinkel (im Extremfall 180 Grad) hat und daher von sich aus keine Orientierung bieten kann. Szenarische Orientierung ist im Bereich dazwischen möglich, mit fließenden Grenzen.

Tab 1: *Wesentliche Eigenschaften der Modi der Orientierung durch Zukunftswissen (modifiziert nach Grunwald 2014, Tab. 1)*

	Prognostic	Scenario-based	Hermeneutic
Approach to the future	one future	corridor of sensible futures	open space of futures
Spectrum of futures	convergence as ideal	bounded diversity	unbounded divergence
Preferred methodology	quantitative, model-based	quantitative or qualitative; participatory	narrative
Knowledge used	causal and statistical knowledge	models, knowledge of stakeholders	associative knowledge, qualitative arguments
Role of normative issues	low	depends on case	high
Orientation provided	decision-making support, optimization	robust action strategies	self-reflection and contemporary diagnostics

5 Hermeneutik unsicherer Wissenskonstellationen

Bis hierher haben wir gesehen, dass (1) Zukunftswissen eine Quelle für Orientierung sein soll, dass (2) im gesellschaftlichen Bereich notwendigerweise Unsicherheiten des Zukunftswissens bestehen, dass (3) die Unsicherheiten Schwierigkeiten für die in der Technikfolgenabschätzung gewünschten Orientierungsleistungen nach sich ziehen, und dass (4) die Unsicherheiten von sehr unterschiedlicher Qualität sind. Anders gesagt: Zukunftswissen kann in sehr unterschiedlichen Weisen unsicher sein, mit entsprechend unterschiedlichen Folgen für die gewünschte Orientierungsleistung.

Dies alles ist das Ergebnis analytischer Überlegungen, die ohne die eingangs erwähnten *lamentationes* über die Unsicherheiten des Wissens auskommen. Die Diagnose von Schwierigkeiten, z. B. sich in einer Fülle divergierender Energieszenarien zurechtfinden zu müssen, ist eben eine Diagnose, aber keine Klage. Statt hier in einen Klagemodus zu verfallen (selbstverständlich kann man über Schwierigkeiten immer in dem Sinne klagen, dass man sie lieber nicht hätte), sei im Folgenden versucht, positive Seiten der Unsicherheit des Zukunftswissens ausfindig zu machen.

Die erste und relativ naheliegende Möglichkeit, die Unsicherheit des Zu-kunftswissens positiv zu deuten, besteht darin, sie als Kehrseite der Offenheit der Zukunft zu interpretieren, wie dies im Eingangskapitel bereits angelegt ist. Sicheres Zukunftswissen impliziert kausal oder statistisch determinierte Ab-läufe. Dies für gesellschaftliche Entwicklungen anzunehmen, widerspricht allen Erfahrungen und ist handlungstheoretisch nicht haltbar (vgl. z. B. Schwemmer 1976). Diesem durch das wissenschaftliche Paradigma ‚Sicherheit' motivierten Wunsch nach Sicherheit des Zukunftswissens und der Reduktion verbleibender Unsicherheiten nachzulaufen, ist daher in sich nicht nur sinnlos, sondern mög-licherweise dahingehend gefährlich, dass vermeintlich sichere wissenschaftliche Aussagen über Zukünftiges den Blick für Gestaltbarkeiten verbauen und zu einer bloßen Anpassung an prognostizierte Entwicklungen führen können. Dies wäre eine szientistische Fixierung zukünftiger Entwicklungen auf Basis gegen-wärtigen Wissens und gegenwärtiger Annahmen (kritisch hierzu z. B. Nord-mann 2014). Die Unsicherheit des Zukunftswissens ist als Teil der *conditio humana* wertzuschätzen, weil sie untrennbar mit Erwartungen an die Gestalt-barkeit der Zukunft verbunden ist (vgl. Grunwald 2003). Letztlich kann sogar vermutet werden, ohne dass dem hier nachgegangen werden kann, dass der Wunsch nach Sicherheit des Zukunftswissens in einen performativen Wider-spruch damit gerät, dass das Wissen ja ein Wissen zum Handeln und Gestalten sein soll.

Wenn also die Unsicherheit des Zukunftswissens die genannte positive Seite hat, die Gestaltbarkeit von Zukunft auszudrücken, so bleibt es dennoch dabei, dass sie zu Schwierigkeiten dabei führt, Orientierung zu gewinnen. Insbeson-dere in dem oben eingeführten Modus 3 verliert das konsequentialistische Pa-radigma der Technikfolgenabschätzung den epistemischen Boden unter den Füßen. Der eingangs erwähnte Reflexionslauf, um durch Zukunftsüberlegungen Orientierungen für heute anstehende Entscheidungen zu gewinnen (Abb. 1), läuft dann erkenntnistheoretisch leer. Wenn die Zukunftsüberlegungen nicht in Form von Vorhersagen (Modus 1) oder Szenarien (Modus 2) argumentativ eingrenzbar sind, können keine legitimen Schlussfolgerungen gezogen werden. Es verblieben nur, um eine Handlungsoption A zu untermauern, *mere possibility arguments* (vgl. Hansson 2006), die aber deswegen nicht helfen, weil auch für eine konträre Handlungsoption B solche *mere possibility arguments* ins Feld geführt werden könnten. Der Konsequentialismus kommt hier an eine nicht

überwindbare erkenntnistheoretische Grenze und hilft als Modus der Generierung von Orientierung nicht weiter.[3]
	Mit einem ‚hermeneutischen Blick' soll in einem anderen Modus versucht
werden, aus der jeweiligen Situation und den (üblicherweise dann extrem großen)
Unsicherheiten zu lernen und damit so weit wie möglich dennoch Orientierung
zu erbringen. Dieser Blick betrachtet die entsprechenden Zukunftsdebatten und
die involvierten ‚Technikzukünfte' nicht als Versuche einer Annäherung an zukünftige Entwicklungen, sondern als Expressionen von Gegenwartsdiagnosen,
gegenwärtigen Einschätzungen und Problemwahrnehmungen, gegenwärtigen
Hoffnungen und Befürchtungen. Statt auf zukünftige Entwicklungen und ihre
möglichen Folgen zu schauen, richtet sich das Erkenntnisinteresse auf die heutige
Debattenlage in den betroffenen Technikfeldern, die Kontroversen, Argumente
und Positionen sowie die dort eingesetzten sprachlichen oder nichtsprachlichen
Mittel (weiterführend: Jahrbuch Technikphilosophie 2018).
	Zentrales Medium in diesen Debatten sind ‚Technikzukünfte' (Grunwald
2012; van der Burg 2014). Ihre Diversität und Divergenz gilt es in den Blick
zu nehmen, um aus Diversität und Divergenz (um das Wort „Unsicherheit" zu
vermeiden) hermeneutisch lernen zu können. Es muss darum gehen, die Ursachen und Quellen von Diversität und Divergenz aufzudecken und nach ihrer
Bedeutung zu fragen, sowohl auf der Ebene einzelner Technikzukünfte wie auch
auf der Ebene des Spektrums unterschiedlichster Technikzukünfte im gleichen
Technikfeld. Das Aufdecken dieser Bedeutungen im Sinne des ‚Verstehens von
Unsicherheiten' wäre die erwartete Erkenntnis- und damit möglicherweise auch
Orientierungsleistung.
	Der Ansatz einer hermeneutischen Erforschung von Technikzukünften ist,
sie als soziale Konstrukte zu begreifen. Technikzukünfte werden erzeugt und
‚hergestellt' durch Menschen, Gruppen und Organisationen zu je bestimmten
Zeitpunkten (vgl. Grunwald 2012: 23 ff.). Zukunftsbilder entstehen aus einer
Komposition von Zutaten in bestimmten Verfahren (z. B. den Methoden der
Zukunftsforschung, in Think Tanks oder in den Köpfen von Schriftstellern). Dabei
gehen die je gegenwärtigen Wissensbestände, aber auch Zeitdiagnosen, Werte und
andere Formen der Weltwahrnehmung, in diese Zukunftsbilder ein. Diversität
und Divergenz der Zukünfte spiegeln die Pluralität der Gegenwart, und diese ist

3	Die drei Modi der Orientierung bilden ein Kontinuum mit fließenden Übergängen.
	Ich werde mich im Folgenden auf den Modus 3 beschränken, weil sich hier die ver-
	tretenen Thesen besonders gut illustrieren lassen. Hermeneutisch aus Unsicherheiten
	zu lernen, ist aber selbstverständlich auch im Rahmen der szenarischen Orientierung
	möglich und sinnvoll.

nicht nur eine Pluralität der Werte, sondern auch eine der wissenschaftlichen wie der außerwissenschaftlichen Meinungen über epistemisch nicht klassifizierbare Zukunftsbilder.

Damit erzählen Zukünfte, wenn prognostische oder szenarische Orientierungen nicht gelingen, etwas *über uns heute*. Technikzukünfte als ein Medium gesellschaftlicher Debatten (vgl. Grunwald 2012) bergen Wissen und Einschätzungen, die es zu explizieren lohnt, um eine transparentere demokratische Debatte und entsprechende Entscheidungsfindung zu erlauben. Die Erwartung an eine hermeneutische Orientierungsleistung besteht darin, aus Technikzukünften in ihrer Diversität und Divergenz etwas über uns, unsere gesellschaftlichen Praktiken, unterschwelligen Sorgen, impliziten Hoffnungen und Befürchtungen lernen zu können. Diese Form der Orientierung ist freilich weitaus bescheidener als die konsequentialistische Erwartung, mit Prognosen oder Szenarien ‚richtiges Handeln' mehr oder weniger direkt orientieren oder gar, wie es in manchen Verlautbarungen heißt, „optimieren" zu können. Sie besteht letztlich in nicht mehr als darin, die Bedingungen dafür zu verbessern, dass demokratische Debatten und Zukunftsentscheidungen aufgeklärter, transparenter und offener ablaufen können.

Im Vergleich zum konsequentialistischen Paradigma mit seiner zentralen Ausrichtung auf Fragen der Art, welche Folgen neue Technologien haben können, wie wir diese beurteilen und ob und unter welchen Bedingungen wir diese Folgen willkommen heißen oder ablehnen, geraten in dieser Perspektive weitere Fragestellungen in den Blick (vgl. zu einigen Fragen auch TATuP 2014; Grunwald 2016):

– Wie wird wissenschaftlich-technischen Entwicklungen, die ja zunächst im Labor nichts weiter als eben wissenschaftlich-technische Entwicklungen sind, eine gesellschaftliche, ethische, soziale, ökonomische, kulturelle etc. Bedeutung zugeschrieben? Welche Rollen spielen dabei z. B. (visionäre) Technikzukünfte? Wer schreibt diese Bedeutungen zu und warum?

– Wie werden Bedeutungszuweisungen kommuniziert und diskutiert? Welche Rollen spielen sie in den großen Technikdebatten unserer Zeit? Welche kommunikativen Formate und sprachlichen Mittel werden verwendet und warum? Welche außersprachlichen Mittel (z. B. Filme, Kunstwerke) spielen hier eine Rolle und was sagt ihre Nutzung aus?

– Warum thematisieren wir wissenschaftlich-technische Entwicklungen in der jeweiligen Weise, mit den jeweils verwendeten Technikzukünften und mit den jeweiligen Bedeutungszuweisungen und nicht anders? Welche alternativen Bedeutungszuschreibungen wären denkbar und warum werden diese nicht aufgegriffen?

– Haben nicht auch traditionelle Formen der Technikfolgenreflexion (Prognostik, Szenarien) eine hermeneutische Seite? Werden vielleicht hermeneutisch bedeutsame Konstellationen hinter scheinobjektiven Zahlenreihen, Prognosen und in Diagrammen geradezu versteckt?

In der Beantwortung dieser Fragen erweitert sich das interdisziplinäre Spektrum der Technikfolgenabschätzung. Sprachwissenschaften, hermeneutische Ansätze in Philosophie und Geisteswissenschaften, Kulturwissenschaften und auch die Hermeneutik in der Kunst – insofern z. B. Technikzukünfte mit künstlerischen Mitteln erzeugt und kommuniziert werden – müssen mitspielen im interdisziplinären Orchester der Technikfolgenabschätzung.

Es sollte hier nun nicht behauptet werden, dass die Technikfolgenabschätzung sich mit Fragen dieser Art noch nie befasst habe. Technikfolgenabschätzung als Diskursanalyse zum Beispiel war und ist hier teils nahe dran. Jedoch ist m. E. das Verhältnis zu anderen Formen der Orientierungsleistung durch Technikfolgenabschätzung bislang nicht systematisch geklärt worden, genauso wenig wie die hermeneutische Seite der Technikfolgenabschätzung einmal explizit in den Blick genommen wurde. Diese ,hermeneutische Erweiterung' der Technikfolgenabschätzung sei damit zur Diskussion gestellt.

Literatur

Bechmann, Gotthard (1994): Frühwarnung – die Achillesferse der TA? In: Grunwald, Armin/Sax, Hartmut (Hrsg.): Technikbeurteilung in der Raumfahrt. Anforderungen, Methoden, Wirkungen. Berlin, 88–100.

Bechmann, Gotthard/Decker, Michael/Fiedeler, Ulrich/Krings, Bettina-Johanna (2007): TA in a complex world. In: International journal of foresight and innovation policy 4, 4–21.

Bijker, Wiebe E./Hughes, Thomas P./Pinch, Trevor J. (Hrsg.) (1987): The social construction of technological systems. Cambridge (Mass.).

Brown, Nik B./Rappert, Brian/Webster, Andrew (Hrsg.) (2000): Contested futures. A sociology of prospective techno-science. Burlington.

Bullinger, Hans-Jörg (1991): Technikfolgenabschätzung – Wissenschaftlicher Anspruch und Wirklichkeit. In: Kornwachs, Klaus (Hrsg.): Reichweite und Potential der Technikfolgenabschätzung. Stuttgart, 103–114.

Dieckhoff, Christian (2015): Modellierte Zukunft – Energieszenarien in der wissenschaftlichen Politikberatung. Bielefeld.

Dieckhoff, Christian/Appelrath, Hans-Jürgen/Fischedick, Manfred/Grunwald, Armin/Höffler, Felix/Mayer, Christoph/Weimer-Jehle, Wolfgang (2014): Zur Interpretation von Energieszenarien. München.

Dupuy, Jean-Pierre/Grinbaum, Alexei (2004): Living with uncertainty: toward the ongoing normative assessment of nanotechnology. In: Techné 8, 4–25.

Grunwald, Armin (2000): Handeln und Planen. München.

Grunwald, Armin (2003): Die Unterscheidung von Gestaltbarkeit und Nicht-Gestaltbarkeit der Technik. In: Grunwald, Armin (Hrsg.): Technikgestaltung zwischen Wunsch und Wirklichkeit. Berlin et al., 19–38.

Grunwald, Armin (2006): Nanotechnologie als Chiffre der Zukunft. In: Nordmann, Alfred/Schummer, Joachim/Schwarz, Astrid (Hrsg.): Nanotechnologien im Kontext. Berlin, 49–80.

Grunwald, Armin (2010): Technikfolgenabschätzung – eine Einführung, 2. Aufl. Berlin.

Grunwald, Armin (2011a): Folge. In: Kolmer, Petra/Wildfeuer, Armin G. (Hrsg.): Neues Handbuch philosophischer Grundbegriffe. Bd. 1: Absicht – Gemeinwohl. Freiburg, 758–771.

Grunwald, Armin (2011b): Energy futures: diversity and the need for assessment. In: Futures 43, 820–830. DOI:10.1016/j.futures.2011.05.024.

Grunwald, Armin (2012): Technikzukünfte als Medium von Zukunftsdebatten und Technikgestaltung. Karlsruhe.

Grunwald, Armin (2013a): Der prekäre Status von Zukunftswissen zwischen hoher praktischer Relevanz und drohender Beliebigkeit. In: Banse, Gerhard/Hauser, Robert/Machleidt, Petr/Parodi, Oliver (Hrsg.): Von der Informations- zur Wissensgesellschaft. Berlin, 343–360.

Grunwald, Armin (2013b): Techno-visionary sciences: challenges to policy advice. In: Science, technology and innovation studies 9.2, 21–38.

Grunwald, Armin (2014): Modes of orientation provided by futures studies: making sense of diversity and divergence. In: European Journal of Futures Studies 2. https://link.springer.com/article/10.1007/s40309-013-0030-5 (open access) (aberufen 17.2.2018)

Grunwald, Armin (2016): The hermeneutic side of responsible research and innovation. London.

Hansson, Sven Ove (2006): Great uncertainty about small things. In: Schummer, Joachim/Baird, Davis (Hrsg.): Nanotechnology challenges – implications for philosophy, ethics and society. Singapur et al., 315–325.

Harris, John (2010): Enhancing evolution: the ethical case for making better people. Princeton (NJ).

Heinrichs, Dirk/Krellenberg, Kerstin/Hansjürgens, Bernd/Martínez, Francisco (Hrsg.) (2012): Risk habitat megacity. Heidelberg.

Jahrbuch Technikphilosophie (2018): Technikhermeneutik: Ein kritischer Austausch zwischen Armin Grunwald und Christoph Hubig. In: Jahrbuch Technikphilosophie 2018: Arbeit und Technik. Baden-Baden, 339–372.

Kunze, Rolf-Ulrich (2013): Krise des Fortschrittsoptimismus. In: Grunwald, Armin (Hrsg.): Handbuch Technikethik. Stuttgart, 67–72.

Nitsch, Joachim/Rösch, Christine (2002): Perspektiven für die Nutzung regenerativer Energien. In: Grunwald, Armin/Coenen, Reinhard/Nitsch, Joachim/Sydow, Achim/Wiedemann, Peter (Hrsg.): Forschungswerkstatt Nachhaltigkeit. Berlin, 297–319.

Nordmann, Alfred (2014): Responsible innovation, the art and craft of anticipation. In: Journal of responsible innovation 1.1, 87–98.

Paschen, Herbert/Petermann, Thomas (1992): Technikfolgenabschätzung – ein strategisches Rahmenkonzept für die Analyse und Bewertung von Technikfolgen. In: Petermann, Thomas (Hrsg.): Technikfolgen-Abschätzung als Technikforschung und Politikberatung. Frankfurt am Main, 19–42.

Renn, Ortwin (1996): Kann man die technische Zukunft voraussagen? In: Pinkau, Klaus/Stahlberg, Christina (Hrsg.): Technologiepolitik in demokratischen Gesellschaften. Stuttgart, 76–92

Rip, Arie/Misa, Thomas J./Schot, Johan (Hrsg.) (1995): Managing technology in society. London.

Ropohl, Günter (1982): Kritik des technologischen Determinismus. In: Rapp, Friedrich/Durbin, Paul T. (Hrsg.): Technikphilosophie in der Diskussion. Braunschweig, 3–18.

Sandel, Michael J. (2007): The case against perfection. Ethics in the age of genetic engineering. Harvard.

Schöne-Seifert, Bettina/Ach, Johann S./Talbot, Davinia/Opolka, Uwe (Hrsg.) (2009): Neuro Enhancement. Ethik vor neuen Herausforderungen. Paderborn.

Schwemmer, Oswald (1976): Theorie der rationalen Erklärung. München.

TATuP – Technikfolgenabschätzung. Theorie und Praxis (2014): Schwerpunktheft „Risikodiskurse/Diskursrisiken: Sprachliche Formierungen von Technologierisiken und ihre Folgen". TATuP 23.2.

Urban, Peter (1973): Zur wissenschaftstheoretischen Problematik zeitraumüberwindender Prognosen. Köln.

van der Burg, Simone (2014): On the hermeneutic need for future anticipation. In: Journal of responsible innovation 1.1, 99–102.

Weyer, Johannes (1994): Wissenschaftstheoretische Implikationen des Praktisch-Werdens der sozialwissenschaftlichen Technikfolgenabschätzung. In: Weyer, Johannes (Hrsg.): Theorie und Praktiken der Technikfolgenabschätzung. Wien, 7–14.

Übersicht über die Autorinnen und Autoren

Dr. Daniel Barben, Professor für Technik- und Wissenschaftsforschung an der Alpen-Adria-Universität Klagenfurt. Forschungsschwerpunkte: Governance von Wissenschaft, Technik und Innovation; globale Herausforderungen und nachhaltige Entwicklung; Bioökonomie und Biotechnologie, Energiesystem-Transformation, Klimapolitik und Climate Engineering. Leitung des DFG-Projektes „Climate Engineering im Verhältnis von Wissenschaft und Politik: Kontroverse Deutungen wissenschaftlicher und politischer Verantwortung gegenüber der globalen Herausforderung Klimawandel" (CE-SciPol, 2013–2016, zusammen mit Nina Janich, TU Darmstadt) im Rahmen des DFG-Schwerpunktprogramms 1689 „Climate Engineering – Risks, Challenges, Opportunities?"; Leitung des SPP-Folgeprojektes „Verantwortliche Erforschung und Governance an der Schnittstelle von Wissenschaft und Politik des Klimawandels" (CE-SciPol2, 2017–2019, zusammen mit Silke Beck, UFZ Leipzig).
Website: https://www.aau.at/team/barben-daniel/
E-Mail: daniel.barben@aau.at

Berend Barkela, wissenschaftlicher Mitarbeiter am Institut für Kommunikationspsychologie und Medienpädagogik der Universität Koblenz-Landau. Forschungsschwerpunkte: Interne Organisationskommunikation, Kunst- und Kultursoziologie, Wissenschaftskommunikation, qualitative Forschungsmethoden. Mitarbeiter in Projekten zur Kommunikation wissenschaftlicher Evidenz von Zukunftstechnologien und ihrer Wirkung auf Medienrezipienten im Rahmen des DFG-Schwerpunktprogramms 1409 „Wissenschaft und Öffentlichkeit".
Website: kompsych.uni-landau.de/barkela/
E-Mail: barkela@uni-landau.de

Dr. Armin Grunwald, Professor für Technikethik und Technikphilosophie am Karlsruher Institut für Technologie (KIT), Leiter des Instituts für Technikfolgenabschätzung und Systemanalyse (ITAS) am KIT und Leiter des Büros für Technikfolgen-Abschätzung beim Deutschen Bundestag (TAB). Forschungsschwerpunkte: Theorie und Methodik der Technikfolgenabschätzung, Technikphilosophie, Ethik neuer Technologien, Ethik der Digitalisierung, Konzepte und Methoden nachhaltiger Entwicklung.
Website: http://www.itas.kit.edu/mitarbeiter_grunwald_armin.php
E-Mail: armin.grunwald@kit.edu

Dr. Lars Guenther, wissenschaftlicher Mitarbeiter am Institut für Kommunikationswissenschaft der Friedrich-Schiller Universität Jena und Extraordinary Senior Lecturer an der Universität Stellenbosch (Südafrika). Forschungsschwerpunkte: Wissenschafts- und Gesundheitskommunikation, Journalistik, Rezeptions- und Wirkungsforschung, empirische Methoden. Mitarbeiter an drei Projekten im Rahmen des DFG-Schwerpunktprogramms 1409 „Wissenschaft und Öffentlichkeit".
Website: http://www.ifkw.uni-jena.de/grundlagen-und-medienwirkung/lars-guenther
E-Mail: lars.guenther@uni-jena.de

Dr. Hermann Held, Professor für Nachhaltige Umweltentwicklung an der Universität Hamburg. Forschungsschwerpunkt: Entscheidung unter heterogener Unsicherheit im Kontext nachhaltiger Entwicklung, insbes. Klimapolitikoptionen. Leitung des DFG-Projektes „Contextualizing Climate Engineering and Mitigation: Complement, Substitute or Illusion?" (CEMICS, 2013–2016 & 2016–2019, zusammen mit Jens Hartmann, Universität Hamburg, Ottmar Edenhofer und Elmar Kriegler, Potsdam Institut für Klimafolgenforschung, Mark Lawrence, Institute for Advanced Sustainability Studies Potsdam, und Harald Stelzer, Universität Graz) im Rahmen des DFG-Schwerpunktprogramms 1689 „Climate Engineering – Risks, Challenges, Opportunities?".
Website: http://www.fnu.uni-hamburg.de
E-Mail: hermann.held@uni-hamburg.de

Dr. Imke Hoppe, PostDoc im DFG-geförderten Forschungsverbund „Integrated Climate System Analysis and Prediction" (CliSAP) an der Universität Hamburg. Forschungsschwerpunkte: Klimakommunikation, Nachhaltigkeitskommunikation, Rezeptions- und Wirkungsforschung, Online-Kommunikation, Storytelling und Dramaturgie. Mitarbeit im Projekt „Klimawandel aus Sicht der Medienrezipienten" im Rahmen des DFG-Schwerpunktprogramms 1409 „Wissenschaft und Öffentlichkeit".
Website: http://www.wiso.uni-hamburg.de/professuren/kommunikationswissenschaft/team/i-hoppe/
E-Mail: imke.hoppe@uni-hamburg.de

Dr. Nina Janich, Professorin für Germanistische Linguistik an der Technischen Universität Darmstadt. Forschungsschwerpunkte: Wissenschaftskommunikation/Fachsprachenforschung, Text- und Diskurslinguistik, Werbe- und Wirtschaftskommunikation, Sprachkritik/Sprachkulturforschung. Mitantragstellerin des DFG-Schwerpunktprogramms 1689 „Climate Engineering – Risks, Challenges, Opportunities" (2013–2019) und Leitung des Projekts „Climate Engineering im Verhältnis von Wissenschaft und Politik: Kontroverse Deutungen wissenschaft-

licher und politischer Verantwortung gegenüber der globalen Herausforderung Klimawandel" (CE-SciPol, 2013–2016, zusammen mit Daniel Barben, Universität Klagenfurt) im Rahmen des SPP 1689. Leitung des Projekts „Was können wir (nicht) wissen? Was sollen wir tun?' Vom Umgang der Wissenschaftler und Wissenschaftsjournalisten mit Nichtwissen und unsicherem Wissen in laienadressierten Texten" (2011–2013/15) im Rahmen des DFG-Schwerpunktprogramms 1409 „Wissenschaft und Öffentlichkeit".
Website: https://www.linglit.tu-darmstadt.de/index.php?id=janich
E-Mail: janich@linglit.tu-darmstadt.de

Dr. Michaela Maier, Professorin für Angewandte Kommunikationspsychologie an der Universität Koblenz-Landau. Forschungsschwerpunkte: Politische Kommunikation, Wissenschaftskommunikation und Methoden der Kommunikationswissenschaft. Leitung mehrerer Forschungsprojekte zur Kommunikation wissenschaftlicher Evidenz von Zukunftstechnologien und ihrer Wirkung auf Medienrezipienten in den drei Bewilligungsperioden des DFG-Schwerpunktprogramms 1409 „Wissenschaft und Öffentlichkeit" (2009–2016), gemeinsam mit Georg Ruhrmann, Universität Jena, und Jutta Milde, Universität Koblenz-Landau.
Website: kompsych.uni-landau.de/mmaier/
E-Mail: mmaier@uni-landau.de

Nils Matzner, M.A., wissenschaftlicher Mitarbeiter am Institut für Technik- und Wissenschaftsforschung an der Alpen-Adria-Universität Klagenfurt. Forschungsschwerpunkte: Epistemische Gemeinschaften, Schnittstelle Wissenschaft-Politik, Mixed Methods in der empirischen Sozialforschung, Diskursanalyse. Mitarbeit im Projekt „Climate Engineering im Verhältnis von Wissenschaft und Politik: Kontroverse Deutungen wissenschaftlicher und politischer Verantwortung gegenüber der globalen Herausforderung Klimawandel" (CE-SciPol, 2013–2016) sowie im Folgeprojekt „Verantwortliche Erforschung und Governance an der Schnittstelle von Wissenschaft und Politik des Klimawandels" (CE-SciPol2, 2017–2019) im Rahmen des DFG-Schwerpunktprogramms 1689 „Climate Engineering – Risks, Challenges, Opportunities?".
Website: https://www.aau.at/team/matzner-nils/
E-Mail: nils.matzner@aau.at

Dr. Jutta Milde, wissenschaftliche Mitarbeiterin in der Interdisziplinären Forschungsgruppe Umwelt der Universität Koblenz-Landau. Forschungsschwerpunkte: Wissenschaftskommunikation, Umweltkommunikation, Medieninhaltsforschung, Rezeptions- und Wirkungsforschung. Mitarbeit an und Leitung von Forschungsprojekten zur Kommunikation wissenschaftlicher Evidenz von

Zukunftstechnologien und ihrer Wirkung auf Medienrezipienten in den drei Be-
willigungsperioden des DFG-Schwerpunktprogramms 1409 „Wissenschaft und
Öffentlichkeit" (2009–2016), gemeinsam mit Georg Ruhrmann, Universität Jena,
und Michaela Maier, Universität Koblenz-Landau.
Website: ifgu.uni-landau.de/teamordner-ifg/jutta-milde-ifg/
E-Mail: milde@uni-landau.de

Dr. Andreas Oschlies, Professor für Marine Biogeochemische Modellierung am
GEOMAR Helmholtz-Zentrum für Ozeanforschung Kiel und der Universität
Kiel. Forschungsschwerpunkte: Erdsystemmodellierung, Klimasensitivität bio-
geochemischer Stoffkreisläufe, Entwicklung und Bewertung ökologischer und
biogeochemischer Modelle, Datenassimilation und Parameteroptimierung. Spre-
cher des Sonderforschungsbereichs 754 „Climate-Biogeochemistry Interactions
in the Tropical Ocean" und federführender Antragsteller sowie Koordinator des
DFG-Schwerpunktprogramms 1689 „Climate Engineering: Risks, Challenges,
Opportunities?" (2013–2019).
Website: https://www.geomar.de/index.php?id=aoschlies
E-mail: aoschlies@geomar.de

Anne Reif, wissenschaftliche Mitarbeiterin der Abteilung Kommunikations- und
Medienwissenschaften an der Technischen Universität Braunschweig. Forschungsschwerpunkte: Online-Kommunikation, Wissenschaftskommunikation und Vertrauen in Wissenschaft, Nutzungs- und Wirkungsforschung, Medienpsychologie
und Methodologie. Mitarbeit im Projekt „Klimawandel aus Sicht der Medienrezipienten: Zur Wahrnehmung und Deutung eines Wissenschaftsthemas im Prozess öffentlicher Kommunikation" im Rahmen des DFG-Schwerpunktprogramms
1409 „Wissenschaft und Öffentlichkeit".
Website: https://www.tu-braunschweig.de/kmw/team/reif
E-Mail: a.reif@tu-braunschweig.de

Dr. Lisa Rhein, wissenschaftliche Mitarbeiterin im Fachgebiet Germanistische
Linguistik am Institut für Sprach- und Literaturwissenschaft der Technischen
Universität Darmstadt. Forschungsschwerpunkte: wissenschaftsinterne Kom-
munikation, Nichtwissenskommunikation, Selbstdarstellungs- und Diskussions-
verhalten von Wissenschaftlern.
Website: https://www.linglit.tu-darmstadt.de/index.php?id=rhein
E-Mail: rhein@linglit.tu-darmstadt.de

Dr. Georg Ruhrmann, Professor für Kommunikationswissenschaft an der
Friedrich-Schiller Universität Jena. Forschungsschwerpunkte: Risiko- und Wissenschaftskommunikation, (Des)Integration und Medien. Leitung mehrerer

Forschungsprojekte zur Kommunikation wissenschaftlicher Evidenz von Zukunftstechnologien und ihrer Wirkung auf Medienrezipienten in den drei Bewilligungsperioden des DFG-Schwerpunktprogramms 1409 „Wissenschaft und Öffentlichkeit" (2009–2016), gemeinsam mit Michaela Maier und Jutta Milde, Universität Koblenz-Landau.
Website: www.ifkw.uni-jena.de/grundlagen-und-medienwirkung/prof-dr-georg-ruhrmann
E-Mail: Georg.Ruhrmann@uni-jena.de

Dr. Martin Scheringer, Professor für Umweltchemie an der Masaryk-Universität Brünn und Wissenschaftler (Senior Scientist) an der ETH Zürich. Forschungsschwerpunkte: Persistenz und Ferntransport von Umweltchemikalien, Umweltverhalten persistenter organischer Substanzen, Umweltverhalten von Nanomaterialien, Expositionsanalyse, Bewertung persistenter, bioakkumulierender und toxischer Substanzen; Interaktion von Wissenschaft und Politik. Mitbegründer und Vorsitzender des *International Panel on Chemical Pollution* (IPCP).
Website: https://www.muni.cz/en/people/229967-martin-scheringer
E-Mail: scheringer@chem.ethz.ch

Christiane Stumpf, M.A. Wissenschaftliche Mitarbeiterin am Projekt „Climate Engineering im Verhältnis von Wissenschaft und Politik: Kontroverse Deutungen wissenschaftlicher und politischer Verantwortung gegenüber der globalen Herausforderung Klimawandel" im Rahmen des DFG-Schwerpunktprogramms 1689 „Climate Engineering: Risks, Challenges, Opportunities?" (2013–2016).

Dr. Monika Taddicken, Professorin für Kommunikations- und Medienwissenschaften an der Technischen Universität Braunschweig. Forschungsschwerpunkte: Online-Kommunikation, Wissenschaftskommunikation, Nutzungs- und Wirkungsforschung und Methodologie. Mitarbeit an und Leitung von drei Folgeprojekten zum Thema „Klimawandel aus Sicht der Medienrezipienten: Zur Wahrnehmung und Deutung eines Wissenschaftsthemas im Prozess öffentlicher Kommunikation" in den drei Bewilligungsperioden des DFG-Schwerpunktprogramms 1409 „Wissenschaft und Öffentlichkeit" (2009-2016), gemeinsam mit Irene Neverla, Universität Hamburg.
Website: https://www.tu-braunschweig.de/kmw/team/monikataddicken
E-Mail: m.taddicken@tu-braunschweig.de

Dr. Peter Wehling, Privatdozent und Projektleiter am Institut für Soziologie der Johann Wolfgang Goethe-Universität zu Frankfurt am Main. Forschungsschwerpunkte: Soziologie des Wissens und Nichtwissens, Wissenschafts- und

Technikforschung, Soziologie der Biomedizin und Biopolitik, Kritische Gesellschaftstheorie. U. a. Leitung des vom BMBF geförderten Projekts „Nichtwissenskulturen" am Wissenschaftszentrum der Universität Augsburg (zusammen mit Stefan Böschen und Jens Soentgen, 2003–2007). Zahlreiche Publikationen zur gesellschaftlichen und politischen Relevanz wissenschaftlichen Nichtwissens. Website: http://www.fb03.uni-frankfurt.de/46359875/090_Peter_Wehling
E-Mail: wehling@em.uni-frankfurt.de

Wissen – Kompetenz – Text

Herausgegeben von Christian Efing / Britta Hufeisen / Nina Janich

Band 1 Nina Janich / Alfred Nordmann / Liselotte Schebek (Hrsg.): Nichtwissenskommunikation in den Wissenschaften. Interdisziplinäre Zugänge. 2012.

Band 2 Markus Wienen: Lesart und Rezipienten-Text. Zur materialen Unsicherheit multimodaler und semiotisch komplexer Kommunikation. 2011.

Band 3 Christiane Stumpf: Toilettengraffiti. Unterschiedliche Kommunikationsverhalten von Männern und Frauen. 2013.

Band 4 Gabriele Klocke: Entschuldigung und Entschuldigungsannahme im Täter-Opfer-Ausgleich. Eine soziolinguistische Untersuchung zu Gesprächsstrukturen und Spracheinstellungen. 2013.

Band 5 Christian Efing (Hrsg.): Ausbildungsvorbereitung im Deutschunterricht der Sekundarstufe I. Die sprachlich-kommunikativen Facetten von "Ausbildungsfähigkeit". 2013.

Band 6 Zhouming Yu: Überlebenschancen der Kleinsprachen in der EU im Schatten nationalstaatlicher Interessen. 2013.

Band 7 Karl-Hubert Kiefer / Christian Efing / Matthias Jung / Annegret Middeke (Hrsg.): Berufsfeld-Kommunikation: Deutsch. 2014.

Band 8 Lisa Rhein: Selbstdarstellung in der Wissenschaft. Eine linguistische Untersuchung zum Diskussionsverhalten von Wissenschaftlern in interdisziplinären Kontexten. 2015.

Band 9 Christian Efing (Hrsg.): Sprache und Kommunikation in der beruflichen Bildung. Modellierung – Anforderungen – Förderung. 2015.

Band 10 Marcel Dräger / Martha Kuhnhenn (Hrsg.): Sprache in Rede, Gespräch und Kommunikation. Linguistisches Wissen in der Kommunikationsberatung. 2017.

Band 11 Sandra Ballweg (Hrsg.): Schreibberatung und Schreibförderung: Impulse aus Theorie, Empirie und Praxis. 2016.

Band 12 Christian Efing / Karl-Hubert Kiefer (Hrsg.): Sprachbezogene Curricula und Aufgaben in der beruflichen Bildung. Aktuelle Konzepte und Forschungsergebnisse. 2017.

Band 13 Nina Janich / Lisa Rhein (Hrsg.): Unsicherheit als Herausforderung für die Wissenschaft. Reflexionen aus Natur-, Sozial- und Geisteswissenschaften 2018.

www.peterlang.com

Zeitfracht Medien GmbH
Ferdinand-Jühlke-Straße 7
99095 Erfurt, Deutschland
produktsicherheit@kolibri360.de

Druck:
CPI Druckdienstleistungen GmbH
im Auftrag der
Zeitfracht Medien GmbH
Ein Unternehmen der Zeitfracht - Gruppe
Ferdinand-Jühlke-Str. 7
99095 Erfurt